土木工程制图

主　编　吴艳丽
副主编　阴钰娇　曹瑞峰
参　编　郭　艳　荆国松　董　帅
主　审　姬程飞　王涛涛

北京理工大学出版社
BEIJING INSTITUTE OF TECHNOLOGY PRESS

内 容 简 介

本书编写力求理论联系实际，密切结合专业，条理性强，既简明扼要又突出重点。全书除绪论外，共10章，主要内容包括制图的基本知识，投影基本知识，点、直线和平面的投影，基本几何体的投影，投影变换，立体的截交线与相贯线，轴测投影，组合体的投影，剖面图和断面图，标高投影。

本书可作为高等院校土木工程类相关专业制图课程的教材，亦可作为研究生、相关工程技术人员的参考书。

版权专有　侵权必究

图书在版编目（CIP）数据

土木工程制图/吴艳丽主编. —北京：北京理工大学出版社，2019.8
ISBN 978-7-5682-7418-0

Ⅰ. ①土…　Ⅱ. ①吴…　Ⅲ. ①土木工程－建筑制图－高等学校－教材
Ⅳ. ①TU204

中国版本图书馆 CIP 数据核字（2019）第 170083 号

出版发行／北京理工大学出版社有限责任公司
社　　址／北京市海淀区中关村南大街5号
邮　　编／100081
电　　话／（010）68914775（总编室）
　　　　　（010）82562903（教材售后服务热线）
　　　　　（010）68948351（其他图书服务热线）
网　　址／http://www.bitpress.com.cn
经　　销／全国各地新华书店
印　　刷／北京紫瑞利印刷有限公司
开　　本／787毫米×1092毫米　1/16
印　　张／16.5　　　　　　　　　　　　　　　责任编辑／陆世立
字　　数／400千字　　　　　　　　　　　　　文案编辑／赵　轩
版　　次／2019年8月第1版　2019年8月第1次印刷　责任校对／周瑞红
定　　价／66.00元　　　　　　　　　　　　　责任印制／李志强

图书出现印装质量问题，请拨打售后服务热线，本社负责调换

前 言

本教材在充分分析应用型本科高校特点的基础上，参照国家土木工程制图标准，并认真听取相关专家各方面的建议、参阅国内同类优秀教材的基础上编写。本教材与《土木工程识图》（吴艳丽、杨焱主编）配合使用，分别设在两个不同的学期。本教材是制图的重点部分，内容较多，建议学时：每周4节；《土木工程识图》为识图部分，包括了土木类的所有专业的识图：建筑工程（建筑、结构、水、电、暖）、桥涵工程、道路工程、隧道工程，内容比较丰富，各高校可以根据不同专业特点进行选学，建设学时：每周4节。

与本教材配套的有《土木工程制图习题集》（吴艳丽主编）。本教材中部分理论较抽象、难度大，设计配套习题，帮助学生更好的学习。本教材具有以下特点：

1. 本教材在充分分析应用型本科教材特点的基础上，参照了《房屋建筑制图统一标准》（GB/T 50001—2017）和有关标准规范，适当降低了画法几何的深度和难度，更加注重专业制图的应用，力求做到以"应用"为主，注重基本理论、基本概念和基本方法的阐述，深入浅出，图文结合，具有针对性和实用性。

2. 每章的开头均有教学要求，便于学生理清学习思路，了解应达到的教学效果，明白学习每章的目的及重要性。本教材有配套的习题册与多媒体教学课件PPT，便于学生自学，达到学与练相结合，使抽象的理论学习与习题练习相结合。

3. 本教材密切结合工程实际，书中大部分专业例图取自实际工程图，使专业制图与实际工程结合起来，便于学生在学习过程中理论联系实际，增强学习效果。

本教材由吴艳丽担任主编，由阴钰娇和曹瑞峰担任副主编，郭艳、荆国松、董帅参与了本教材部分章节的编写。具体编写分工为：吴艳丽编写了绪论（0）、点、直线和平面的投影（3）、轴测投影（7）、标高投影（10）；阴钰娇编写了制图的基本知识（1）、投影基本知识（2）；曹瑞峰编写了基本几何体的投影（4）、投影变换（5）；郭艳编写了立体的截交线与相贯线（6）；荆国松编写了组合体的投影（8）；董帅编写了剖面图和断面图（9）。全书由姬程飞、王涛涛主审。

参加本教材绘图及相关编写工作的还有宋彦军、高卫亮、王丹、刘军、靳丽娜、李雪等。

本教材编写过程中，参考了赵文兰主编的《画法几何与土木工程制图》及林国华主编的《土木工程制图》等书籍，在此表示衷心感谢。

由于编者水平有限，书中难免存在错漏及不妥之处，敬请读者和同行批评指正。

编　者

目 录

0 绪论 ………………………………………………………………………………… (1)

0.1 本课程的性质、任务 ………………………………………………………… (1)
0.1.1 本课程的性质 ………………………………………………………… (1)
0.1.2 本课程的任务 ………………………………………………………… (1)
0.2 本课程的主要内容和基本要求 ……………………………………………… (2)
0.2.1 本课程的主要内容 …………………………………………………… (2)
0.2.2 本课程的基本要求 …………………………………………………… (2)
0.3 本课程的学习方法 …………………………………………………………… (3)

1 制图的基本知识 …………………………………………………………………… (4)

1.1 制图基本规定 ………………………………………………………………… (4)
1.1.1 图幅 …………………………………………………………………… (4)
1.1.2 标题栏、会签栏与图纸编排顺序 …………………………………… (7)
1.1.3 图线 …………………………………………………………………… (9)
1.1.4 字体 …………………………………………………………………… (11)
1.1.5 比例 …………………………………………………………………… (13)
1.2 制图工具和使用方法 ………………………………………………………… (14)
1.2.1 图板 …………………………………………………………………… (14)
1.2.2 丁字尺和三角板 ……………………………………………………… (14)
1.2.3 圆规和分规 …………………………………………………………… (16)
1.2.4 绘图工具 ……………………………………………………………… (17)
1.2.5 建筑模板与曲线板 …………………………………………………… (18)
1.2.6 比例尺 ………………………………………………………………… (19)
1.3 尺寸标注 ……………………………………………………………………… (20)
1.3.1 尺寸的组成 …………………………………………………………… (20)
1.3.2 常用尺寸的排列、布置及注写方法 ………………………………… (21)

1.3.3　尺寸的简化标注 …………………………………………………… (24)
1.4　几何作图 …………………………………………………………………… (25)
　　1.4.1　直线 …………………………………………………………………… (25)
　　1.4.2　多边形及圆内接正多边形 ………………………………………… (27)
　　1.4.3　圆弧连接 ……………………………………………………………… (28)
　　1.4.4　椭圆的画法 …………………………………………………………… (29)
1.5　平面图形的分析与画法 …………………………………………………… (30)
　　1.5.1　平面图形的尺寸分析 ………………………………………………… (30)
　　1.5.2　平面图形的线段分析 ………………………………………………… (30)
　　1.5.3　作平面图形的一般步骤 ……………………………………………… (31)
1.6　制图的一般步骤 …………………………………………………………… (31)
　　1.6.1　准备工作 ……………………………………………………………… (32)
　　1.6.2　画底稿 ………………………………………………………………… (32)
　　1.6.3　图样加深 ……………………………………………………………… (32)
　　1.6.4　图样校对与检查 ……………………………………………………… (33)
　　1.6.5　图样复制 ……………………………………………………………… (33)

2　投影基本知识 ……………………………………………………………… (34)

2.1　投影的概念及分类 ………………………………………………………… (34)
　　2.1.1　投影的概念 …………………………………………………………… (34)
　　2.1.2　投影的分类 …………………………………………………………… (35)
　　2.1.3　工程上常用的投影图 ………………………………………………… (36)
2.2　平行投影的特性 …………………………………………………………… (37)
2.3　物体三视图 ………………………………………………………………… (39)
　　2.3.1　三面投影体系的建立 ………………………………………………… (40)
　　2.3.2　三视图的形成 ………………………………………………………… (40)
　　2.3.3　三视图之间的投影关系 ……………………………………………… (41)
　　2.3.4　三视图之间的位置关系 ……………………………………………… (41)
　　2.3.5　物体与三视图之间的方位关系 ……………………………………… (41)
　　2.3.6　画三视图的方法与步骤 ……………………………………………… (42)

3　点、直线和平面的投影 …………………………………………………… (44)

3.1　点的投影 …………………………………………………………………… (44)
　　3.1.1　点的投影规律 ………………………………………………………… (44)
　　3.1.2　点的坐标 ……………………………………………………………… (49)
　　3.1.3　两点的相对位置 ……………………………………………………… (53)
3.2　直线的投影 ………………………………………………………………… (56)
　　3.2.1　直线的投影特性 ……………………………………………………… (56)

  3.2.2 两直线的相对位置 …………………………………………………………… (67)
 3.3 平面的投影 ………………………………………………………………………………… (74)
  3.3.1 平面的表示法 ………………………………………………………………… (74)
  3.3.2 各种位置平面的投影 ………………………………………………………… (75)
  3.3.3 平面上的点和直线 …………………………………………………………… (80)
  3.3.4 平面上的投影面平行线和最大坡度线 ……………………………………… (82)
 3.4 直线与平面、平面与平面的相对位置 …………………………………………………… (85)
  3.4.1 直线与平面、平面与平面平行 ……………………………………………… (85)
  3.4.2 直线与平面、平面与平面相交 ……………………………………………… (87)
  3.4.3 直线与平面、平面与平面垂直 ……………………………………………… (92)

4 基本几何体的投影 ………………………………………………………………………… (99)

 4.1 概述 ………………………………………………………………………………………… (99)
 4.2 平面立体的投影 …………………………………………………………………………… (100)
  4.2.1 棱柱 …………………………………………………………………………… (100)
  4.2.2 棱锥 …………………………………………………………………………… (102)
 4.3 曲面立体的投影 …………………………………………………………………………… (104)
  4.3.1 曲线与曲面的基本概念 ……………………………………………………… (104)
  4.3.2 回转曲面 ……………………………………………………………………… (106)
  4.3.3 几种常见的非回转曲面 ……………………………………………………… (113)
  4.3.4 圆柱螺旋面 …………………………………………………………………… (118)

5 投影变换 ……………………………………………………………………………………… (125)

 5.1 投影变换概述 ……………………………………………………………………………… (125)
 5.2 变换投影面法 ……………………………………………………………………………… (127)
  5.2.1 新投影面的建立 ……………………………………………………………… (127)
  5.2.2 点的投影变换 ………………………………………………………………… (127)
  5.2.3 直线的变换 …………………………………………………………………… (129)
  5.2.4 平面的变换 …………………………………………………………………… (130)
  5.2.5 应用举例 ……………………………………………………………………… (131)
 5.3 旋转法 ……………………………………………………………………………………… (135)
  5.3.1 绕投影面垂直轴线旋转 ……………………………………………………… (135)
  5.3.2 绕投影面平行轴线旋转 ……………………………………………………… (137)
  5.3.3 应用举例 ……………………………………………………………………… (139)

6 立体的截交线与相贯线 …………………………………………………………………… (141)

 6.1 概述 ………………………………………………………………………………………… (141)
 6.2 平面与立体相交 …………………………………………………………………………… (142)

6.2.1　平面与平面立体表面相交 …………………………………………… (142)
　　6.2.2　平面与曲面立体表面相交 …………………………………………… (144)
　6.3　两立体表面相交 ………………………………………………………………… (151)
　　6.3.1　两平面立体相贯 ……………………………………………………… (153)
　　6.3.2　平面立体与曲面立体相贯 …………………………………………… (155)
　　6.3.3　两曲面立体相贯 ……………………………………………………… (157)
　　6.3.4　相贯线的近似画法 …………………………………………………… (163)
　　6.3.5　屋面交线 ……………………………………………………………… (163)

7　轴测投影 …………………………………………………………………………… (167)

　7.1　轴测投影图的基本知识 ………………………………………………………… (167)
　　7.1.1　轴测图的形成与作用 ………………………………………………… (167)
　　7.1.2　轴测图的特性与基本概念 …………………………………………… (168)
　　7.1.3　绘制轴测图的步骤与方法 …………………………………………… (169)
　7.2　正轴测投影 ……………………………………………………………………… (170)
　　7.2.1　正等测 ………………………………………………………………… (170)
　　7.2.2　正二测 ………………………………………………………………… (172)
　7.3　斜轴测投影 ……………………………………………………………………… (174)
　　7.3.1　斜等测 ………………………………………………………………… (174)
　　7.3.2　斜二轴测图 …………………………………………………………… (175)
　7.4　圆的轴测投影 …………………………………………………………………… (176)
　　7.4.1　圆的正等测投影 ……………………………………………………… (176)
　　7.4.2　圆的正二测投影 ……………………………………………………… (180)
　　7.4.3　圆的斜二测投影 ……………………………………………………… (181)
　7.5　非圆曲线的轴测投影 …………………………………………………………… (182)
　7.6　轴测图的选择 …………………………………………………………………… (183)
　　7.6.1　轴测类型的选择 ……………………………………………………… (183)
　　7.6.2　投影方向的选择 ……………………………………………………… (184)
　7.7　轴测图的剖切 …………………………………………………………………… (186)
　　7.7.1　画剖切轴测图时应注意的问题 ……………………………………… (186)
　　7.7.2　剖切轴测图的画法 …………………………………………………… (187)

8　组合体的投影 ……………………………………………………………………… (188)

　8.1　概述 ……………………………………………………………………………… (188)
　　8.1.1　组合体的组成方式 …………………………………………………… (189)
　　8.1.2　组合体的三视图 ……………………………………………………… (191)
　8.2　组合体三视图的绘制 …………………………………………………………… (192)
　　8.2.1　形体分析 ……………………………………………………………… (192)

8.2.2　视图选择 …………………………………………………………………… (193)
　　8.2.3　画出视图 …………………………………………………………………… (195)
　　8.2.4　画组合体投影图的注意事项 ………………………………………………… (197)
　8.3　组合体的尺寸标注 ………………………………………………………………… (197)
　　8.3.1　基本体的尺寸标注 …………………………………………………………… (197)
　　8.3.2　组合体的尺寸标注 …………………………………………………………… (199)
　　8.3.3　组合体尺寸标注中的注意事项 ……………………………………………… (200)
　8.4　组合体的识读方法 ………………………………………………………………… (200)
　　8.4.1　组合体三视图读图的基本知识 ……………………………………………… (200)
　　8.4.2　组合体的读图方法 …………………………………………………………… (201)
　　8.4.3　根据组合体的两面投影补画第三面投影 …………………………………… (204)
　　8.4.4　补绘图中遗漏的图线 ………………………………………………………… (205)

9　剖面图和断面图 …………………………………………………………………… (207)

　9.1　视图 ………………………………………………………………………………… (207)
　　9.1.1　基本投影视图 ………………………………………………………………… (207)
　　9.1.2　镜像投影视图 ………………………………………………………………… (208)
　9.2　剖面图 ……………………………………………………………………………… (209)
　　9.2.1　剖面图的形成 ………………………………………………………………… (209)
　　9.2.2　剖面图的画法 ………………………………………………………………… (210)
　　9.2.3　剖面图的种类 ………………………………………………………………… (211)
　　9.2.4　剖面图的尺寸标注 …………………………………………………………… (214)
　9.3　断面图 ……………………………………………………………………………… (215)
　　9.3.1　断面图的形成 ………………………………………………………………… (215)
　　9.3.2　断面图和剖面图的区别 ……………………………………………………… (215)
　　9.3.3　断面图的绘制 ………………………………………………………………… (215)
　　9.3.4　断面图的种类 ………………………………………………………………… (215)
　9.4　轴测图中形体的剖切 ……………………………………………………………… (217)
　　9.4.1　轴测剖面图的形成 …………………………………………………………… (217)
　　9.4.2　轴测剖面图的画法 …………………………………………………………… (218)
　9.5　第三角投影画法简介 ……………………………………………………………… (219)

10　标高投影 …………………………………………………………………………… (223)

　10.1　概述 ……………………………………………………………………………… (223)
　10.2　点和直线的标高投影 …………………………………………………………… (224)
　　10.2.1　点的标高投影 ……………………………………………………………… (224)
　　10.2.2　直线的标高投影 …………………………………………………………… (225)
　10.3　平面的标高投影 ………………………………………………………………… (229)

10.3.1　平面标高投影相关概念 ……………………………………………（229）
　　10.3.2　平面的表示法 ………………………………………………………（231）
　　10.3.3　两平面的相对位置 …………………………………………………（235）
　　10.3.4　坡面交线、坡脚线或开挖线 ………………………………………（236）
10.4　曲面的标高投影 ……………………………………………………………（237）
　　10.4.1　圆锥面的标高投影 …………………………………………………（237）
　　10.4.2　同坡曲面的标高投影 ………………………………………………（239）
　　10.4.3　地形面的标高投影 …………………………………………………（241）
10.5　标高投影在土木工程中的应用 ……………………………………………（244）
　　10.5.1　平面与地形面的交线 ………………………………………………（244）
　　10.5.2　曲面与地形面的交线 ………………………………………………（248）

参考文献 ………………………………………………………………………………（254）

绪 论

0.1 本课程的性质、任务

0.1.1 本课程的性质

工程图样是工程设计、工程施工、加工生产和技术交流的重要技术文件，主要用于反映设计思想、指导施工和制造加工等，被称为"工程界的技术语言"。在土木工程行业，无论是住宅、厂房、办公楼，还是其他建筑物、构筑物的施工，都需要根据设计完善的图纸进行施工。这是因为只有通过图纸才可以将其表达出来。图纸是建筑工程不可缺少的重要技术资料，所有从事工程技术的人员都必须掌握制图和读图技能。

"土木工程制图"是工科（或应用理科）院校学生必修的一门工程科学课程。本教材是根据我国应用型本科教育的特点，结合行业对土木、房建、道路桥梁、交通工程、测量专业应用型人才的要求编写的。学习本课程的目的是培养绘制和阅读工程图样的基本能力和空间想象能力。在学习本课程之后，还要结合有关后续课程的学习和生产实践等环节，才能深刻领会、熟练掌握阅读和设计表达工程图样。

本课程以制图基本知识为主线，循序渐进、深入浅出，既有系统的理论又有较强的实践性，需要将理论和实践相结合，不断地进行训练。

0.1.2 本课程的任务

在生产建设中，无论是建造房屋，还是修筑道路、桥梁、水利工程、水电站等，都离不开工程图。因为它们的形状、大小、位置及其他有关信息等，都很难用语言和文字表达清楚，这就需要在平面图上用图形把它们表达出来。根据投影原理，在平面上用二维图表或图画来表达空间工程形体如建筑、结构、机械、电气和管路等的图就称为工程图。

学习本课程的任务如下：

（1）学习各种投影法，尤其是正投影法的基本理论与工程应用，培养学生谦虚、好学、勤于思考、做事认真的良好作风，培养空间想象能力和空间思维能力。

（2）熟悉相关制图标准，掌握各种规定画法和简化画法的应用，培养沟通能力及团队协作精神和勇于创新、敬业乐业的工作作风。

（3）培养绘图与阅读工程图样的能力，具体地说，就是要会正确使用绘图仪器和工具，熟练掌握绘图技巧，培养分析问题、解决问题的能力，树立质量意识、安全环保意识、增强社会责任心。

（4）熟悉并能适当运用各种表达物体形状和大小的方法。

（5）学会凭观察估计物体各部分的比例，从而具备徒手绘制草图的基本技能。

本教材以整个土木行业为主线，按实际工作任务确定教学内容。通过学习，学生能够掌握工程制图及识图知识，培养对工程图样的阅读能力，同时为以后针对土木工程相关专业开设课程的学习和技能训练奠定基础。

本课程只能为绘图打下一定的基础，学生要达到合格的工科学生所必须具备的有关要求，还有待在后续课程、生产实习、课程设计和毕业设计中继续训练。

0.2　本课程的主要内容和基本要求

0.2.1　本课程的主要内容

0. 绪论
1. 制图的基本知识
2. 投影基本知识
3. 点、直线和平面的投影
4. 基本几何体的投影
5. 投影变换
6. 立体的截交线与相贯线
7. 轴测投影
8. 组合体的投影
9. 剖面图和断面图
10. 标高投影

0.2.2　本课程的基本要求

本课程画法几何部分，主要通过系统讲课，将基本理论讲明讲透，讲课要贯彻"少而精"原则，举例要注意空间分析及典型性。在学习过程中注意培养学生的自学能力。

本课程学习基本要求如下：

（1）通过学习制图的基本知识与技能，熟悉国家制图标准的基本规定，学会正确使用绘图工具和仪器，初步掌握绘制草图的技能。能正确使用绘图工具和仪器，掌握徒手作图技巧，绘制出符合国家制图标准的图纸，并能正确地阅读一般工程图纸。

(2) 学习投影法，掌握几种投影法的基本理论及其应用。其中，正投影法的基本原理是识读和绘图的理论基础，是本课程的核心内容，通过学习，应掌握运用正投影法表达空间形体的图示方法，掌握各种投影法的作图方法。

(3) 培养徒手绘制草图的能力。

(4) 土木工程图的绘制是本课程的主要内容，也是学习本课程的目的所在。通过学习要求学生具有绘制和阅读工程图样的基本能力。

(5) 掌握用图样准确地表现空间形体的方法，并培养空间的想象力、分析力及读图能力，具备以图交流设计思想的能力。

(6) 通过本课程的学习，掌握制图的初步内容与工程图样的阅读能力。

(7) 能用作图方法解决空间度量问题和定位问题。

(8) 教学应结合学生熟悉的生活环境，培养学生养成善于观察和勤于动手的良好习惯，逐步提高空间想象能力。在工程制图的基本技能训练过程中渗透职业意识和道德教育，使学生具有认真负责的工作态度、严谨细致和理论联系实际的工作作风；具备主动学习新知识的意识、刻苦钻研新技术的精神。

0.3 本课程的学习方法

(1) 掌握规律：自始至终将物体的投影与物体的形状紧密联系，不断"由物画图"和"由图想物"，既要想象物体的形状，又要思考作图的投影规律，逐步提高空间想象和构思能力，用二维平面图形表达三维空间物体的形状，由二维平面图形想象三维空间物体的形状。

(2) 学练结合：学中练，练中学；多想，多看，多画。在学习或复习过程中不能单纯看书，必须同时用直尺和圆规在纸上进行作图，还可以借助现有的教学模型或者用硬纸板、钢丝等做一些简单的模型，以帮助理解空间形体。除此之外，还可以采用 AutoCAD、天正建筑 CAD 等计算机辅助绘图软件绘制三维图形来帮助理解空间形体。

(3) 遵循标准：规律性的投影作图、规范性的制图标准。工程图样不仅是我国工程界的技术语言，也是国际工程界通用的技术语言。工程图样是按照国际上共同遵守的规则绘制的。这些规则归纳为两个方面：一是规律性的投影作图；二是规范性的制图标准。

(4) 前后联系：土木工程制图是按点、线、面、体，由浅入深、由简及繁、由易到难的顺序编排的，前后联系非常紧密。学习时，必须对前面的基本内容真正理解，基本作图方法熟练掌握后，才能进行下一步的学习。

(5) 细化理解概念：由于土木工程制图研究的是图示法或图解法，涉及的是空间形体与平面图形之间的对应关系，所以学习时必须注意空间几何关系的分析以及空间刚体元素与平面图形之间的联系。对于每一个概念、每一个原理、每一条规律和每一种方法，都要弄清楚它们的空间意义和空间关系，以便掌握并熟练应用。

制图的基本知识

★教学内容

制图基本规定；制图工具和使用方法；尺寸标注；几何作图；平面图形的分析与画法；制图的一般步骤。

★教学要求

1. 掌握国家制图标准中的有关基本规定，并在实践中严格遵守。
2. 正确使用绘图工具和仪器。
3. 熟练掌握几何作图的方法。
4. 掌握工程图纸尺寸标注的方法与注意事项。
5. 掌握平面图形的尺寸和线段分析，正确拟定平面图形的作图步骤。
6. 初步养成良好的绘图习惯和一丝不苟的工作作风。

1.1 制图基本规定

1.1.1 图幅

图纸幅面是指图纸宽度与长度组成的图面，简称图幅。为了便于工程图样的绘制、使用和管理，图纸图面应按照国家标准规定的统一尺寸进行设计和剪裁。图上限定绘图区域的线框称为图框，图框要用粗实线绘制。图纸幅面及图框尺寸应满足表1.1的要求。

表 1.1 图纸幅面及图框尺寸   mm

尺寸代号 幅面代号	A0	A1	A2	A3	A4
$b \times l$	841×1 189	594×841	420×594	297×420	210×297
c	10			5	
a	25				

注：表中 b 是图纸幅面短边尺寸，l 是图纸幅面长边尺寸，c 是图框线与图纸幅面线间的距离，a 是图框线与装订边间的距离。

幅面的长边与短边的比例为 $l:b=\sqrt{2}$，A0 号图幅的面积为 1 m²，长边为 1 189 mm，短边为 841 mm，A1 号幅面是 A0 号幅面的对开，A2 号幅面是 A1 号幅面的对开，其他幅面依次类推，如图 1.1 所示。

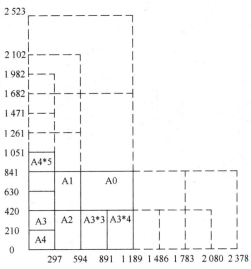

图 1.1 幅面尺寸

★ 特别提示

需要缩微复制的图纸，其一个边上应附有一段准确米制尺度，四个边上均应附有对中标志，米制尺度的总长应为 100 mm，分格应为 10 mm。对中标志应画在图纸内框各边长的中点处，线宽应为 0.35 mm，伸入内框边，在框外应为 5 mm。

对中标志的作用：图样复制和缩微摄影时定位方便。

如果表 1.1 中图纸幅面的大小不能满足使用需求，图纸可沿长边加长（短边不可加长），加长后的尺寸应满足表 1.2 的要求。

表 1.2 图纸长边加长尺寸   mm

幅面代号	长边尺寸	长边加长后的尺寸			
A0	1 189	1 486 (A0+1/4l)　1 783 (A0+1/2l) 2 080 (A0+3/4l)　2 378 (A0+l)			
A1	841	1 051 (A1+1/4l)　1 261 (A1+1/2l)　1 471 (A1+3/4l)　1 682 (A1+1l) 1 892 (A1+5/4l)　2 102 (A1+3/2l)			

续表

幅面代号	长边尺寸	长边加长后的尺寸
A2	594	743（A2+1/4l）　891（A2+1/2l）　1 041（A2+3/4l）　1 189（A2+1l） 1 338（A2+5/4l）　1 486（A2+3/2l）　1 635（A2+7/4l）　1 783（A2+2l） 1 932（A2+9/4l）　2 080（A2+5/2l）
A3	420	630（A3+1/2l）　841（A3+1l）　1 051（A3+3/2l）　1 261（A3+2l） 1 471（A3+5/2l）　1 682（A3+3l）　1 892（A3+7/2l）

注：有特殊需要的图纸，可采用 $b \times l$ 为 841 mm×891 mm 与 1 189 mm×1 261 mm 的幅面。

一般情况下，工程设计中每个专业所使用的图纸，不宜多于两种幅面，不含目录及表格所采用的 A4 幅面。

图纸以短边作为垂直边应为横式，以短边作为水平边应为立式，如图 1.2 所示。A0～A3 图纸宜横式使用；必要时，也可立式使用。

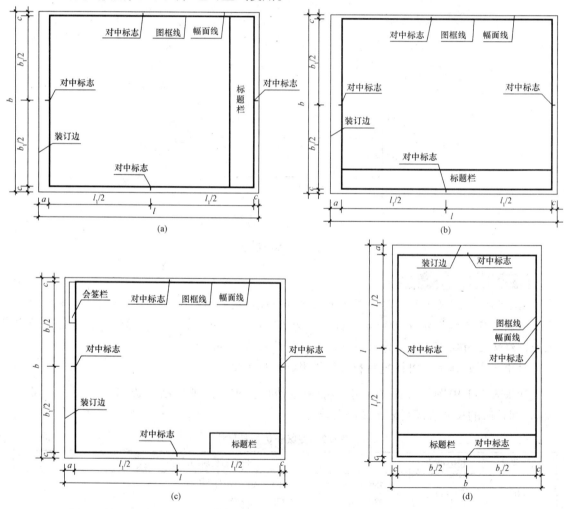

图 1.2　幅面

(a)(b) A0～A3 横式幅面；(c) A0～A1 横式幅面；(d) A0～A4 立式幅面

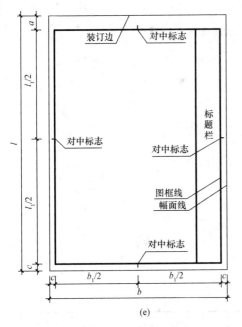
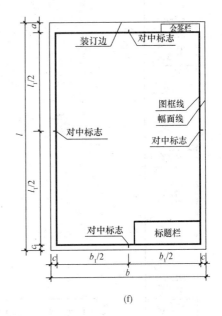

图 1.2　幅面（续）

(e) A0~A4 立式幅面；(f) A0~A2 立式幅面

★ 特别提示

工程中有时候不需要留装订边，无论是否留装订边，都应在图幅内画出图框，图框用粗实线绘制。

1.1.2　标题栏、会签栏与图纸编排顺序

（1）标题栏。标题栏简称图标。标题栏一般画在图纸的下方或者右侧，底边应与下图框线重合，左边线与左图框线重合，右边线与右图框线重合。

标题栏应按图 1.3 所示布局，根据工程的需要选择确定其尺寸、格式及分区。签字栏应包括实名列和签名列。涉外工程的标题栏内，各项主要内容的中文下方应附有译文，设计单位的上方或左方，应加"中华人民共和国"字样。在计算机制图文件中使用电子签名与认证时，应符合国家有关电子签名的相关规定。

（2）会签栏。需要会签的图纸，在图纸的左侧上方图框线外有会签栏，会签栏是为各工种负责有签字用的表格，其尺寸为 100 mm × 20 mm，其格式如图 1.4 所示。栏内应填写会签人员所代表的专业、姓名、日期（年、月、日）。当一个会签栏不够时，可另加，两个会签栏应并列，不需会签栏的图纸可不设会签栏。

（3）图纸编排顺序。

1）工程图纸应按专业顺序编排。以建筑工程图为例，其图纸编排顺序应为图纸目录、总图、建筑图、结构图、给水排水图、暖通空调图、电气图等。

2）各专业的图纸，应按图纸内容的主次关系、逻辑关系进行分类排序。

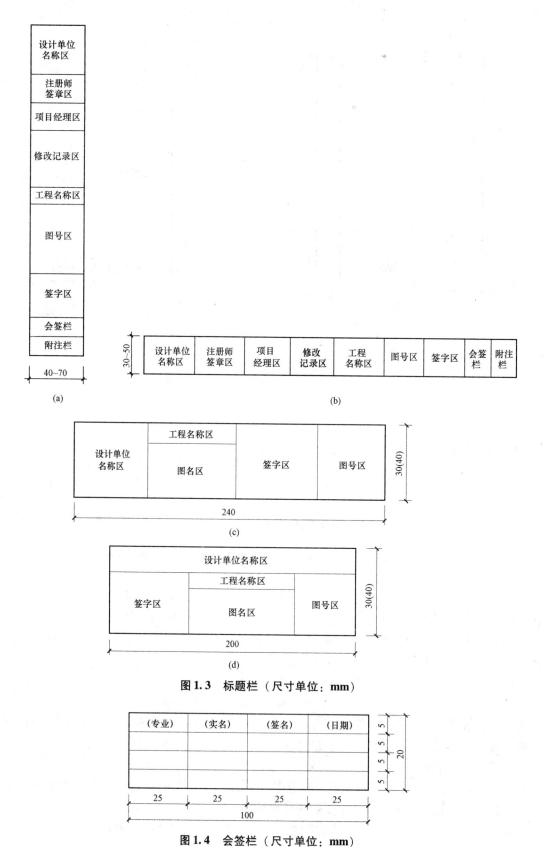

图1.3 标题栏（尺寸单位：mm）

图1.4 会签栏（尺寸单位：mm）

1.1.3 图线

图线是指图纸上的线条，绘制工程图样时，为了突出重点，分清主次，区别不同的内容，需要采用不同的线宽和线型。首先要根据图样的复杂程度和比例大小来确定基本线宽 b，宜从 1.4、1.0、0.7、0.5（mm）线宽系列中选取，再从表1.3中选取相应的线宽组。

表1.3 线宽比和线宽组　　　　　　　　　　　　　　　　　　mm

线宽比	线宽组			
b	1.4	1.0	0.7	0.5
$0.7b$	1.0	0.7	0.5	0.35
$0.5b$	0.7	0.5	0.35	0.25
$0.25b$	0.35	0.25	0.18	0.13

图纸的图框线和标题栏线可采用表1.4中的线宽比。

表1.4 图框线、标题栏线的线宽比

幅面代号	图框线	标题栏外框线	标题栏分格线
A0、A1	b	$0.5b$	$0.25b$
A2、A3、A4	b	$0.7b$	$0.35b$

工程图样上常用的线型有实线、虚线、点画线、折断线、波浪线等，具体如何选用可参考表1.5。

表1.5 图线的线型、线宽及其用途

名称		线型	线宽	用途
实线	粗	——————	b	主要可见轮廓线
	中粗	——————	$0.7b$	可见轮廓线、变更云线
	中	——————	$0.5b$	可见轮廓线、尺寸线
	细	——————	$0.25b$	图例填充线、家具线
虚线	粗	– – – – –	b	见各有关专业制图标准
	中粗	– – – – –	$0.7b$	不可见轮廓线
	中	– – – – –	$0.5b$	不可见轮廓线、图例线
	细	– – – – –	$0.25b$	图例填充线、家具线
单点长画线	粗	—·—·—·—	b	见各有关专业制图标准
	中	—·—·—·—	$0.5b$	见各有关专业制图标准
	细	—·—·—·—	$0.25b$	中心线、对称线、轴线等
双点长画线	粗	—··—··—	b	见各有关专业制图标准
	中	—··—··—	$0.5b$	见各有关专业制图标准
	细	—··—··—	$0.25b$	假想轮廓线、成型前原始轮廓线

续表

名称	线型	线宽	用途
折断线	细		0.25b	断开界线
波浪线	细		0.25b	断开界线

在画图线时应满足表1.6的要求,且注意以下几点:
(1) 在同一张图纸内,相同比例的图样,应选用相同的线宽组。
(2) 虚线、单点长画线或双点长画线的线段长度和间隔,宜各自相等。虚线线段长度可画3~6 mm,间隔为0.5~1 mm。点画线线段长度可画15~20 mm。
(3) 单点长画线或双点长画线的两端,不应是点。点画线与点画线交接点或点画线与其他图线交接时,应是线段处交接。
(4) 单点长画线或双点长画线,当在较小图形中绘制有困难时,可用实线代替。
(5) 虚线与虚线交接或虚线与其他图线交接时,应是线段交接。虚线为实线的延长线时,不得与实线相接。
(6) 图线不得与文字、数字或符号重叠、混淆,不可避免时,应首先保证文字的清晰。

表1.6 图线相交的正误对比表

名称	举例	
	正确	错误
实线相交	(相交处要整齐)	(相交处有空隙不整齐)
实线与虚线相交	(相交处在短画) (延长处在空隙)	(相交处有空隙) (延长处在短画)
实线与点画线相交	(相交处在线段)	(相交处有空隙)
两虚线相交	(相交处在短画)	(相交处有空隙)
虚线与点画线相交	(相交处在线段)	(相交处有空隙)

续表

名称	举例	
	正确	错误
两点画线相交	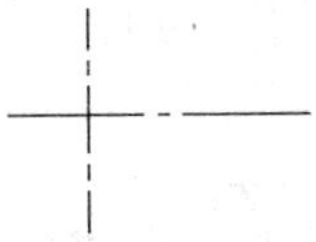 （相交处在线段）	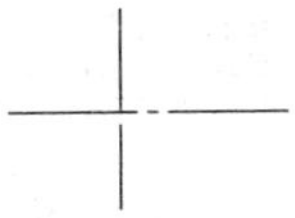 （相交处有空隙）
实线圆与中心线相交	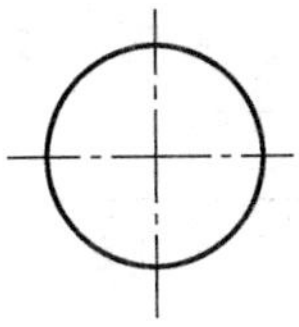 （相交处在线段）	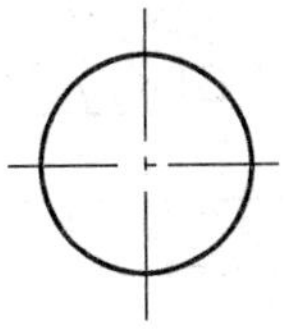 （相交处有空隙）

1.1.4 字体

工程图样上，除要有绘制的图形外，还应该用文字填写标题栏和技术要求，用数字标注尺寸。

（1）汉字。

1）图纸上所需书写的文字、数字或符号等，均应笔画清晰、字体端正、排列整齐；标点符号应清楚正确（图1.5）。

2）文字的字高，应从表1.7中选用。字高大于10 mm 的文字宜采用 True type 字体，如需书写更大的字，其高度应按$\sqrt{2}$的倍数递增。

表1.7　文字的字高　　　　　　　　　　　　　　　　　　　mm

字体种类	汉字矢量字体	True type 字体及非汉字矢量字体
字高	3.5、5、7、10、14、20	3、4、6、8、10、14、20

3）图样及说明中的汉字，宜优先采用 True type 字体中的字体类型，采用矢量字体时应为长仿宋体字型。同一图纸字体种类不应超过两种。矢量字体的宽高比宜为0.7，且应符合表1.8的规定，打印线宽宜为0.25~0.35 mm。True type 字体宽高比宜为1。大标题、图册封面、地形图等的汉字，也可书写成其他字体，但应易于辨认，其宽高比宜为1。

表1.8　长仿宋字体高宽关系　　　　　　　　　　　　　　　　mm

字高	20	14	10	7	5	3.5
字宽	14	10	7	5	3.5	2.5

4）汉字的简化字书写应符合国家有关汉字简化方案的规定，如图1.5所示为汉字书写示例。

（2）字母与数字。图1.6所示为字母和数字书写示例。字母和数字书写应满足以下要求：

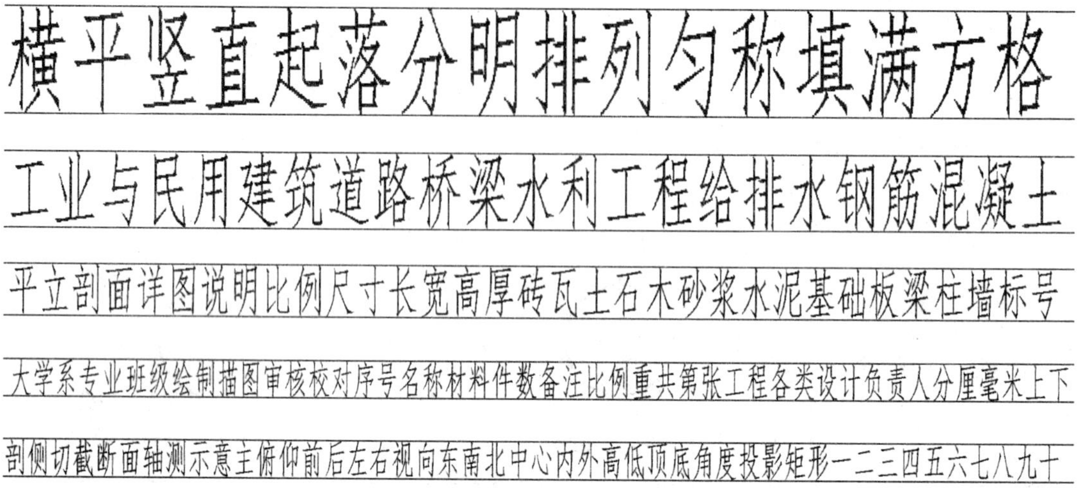

图1.5　长仿宋体字示例

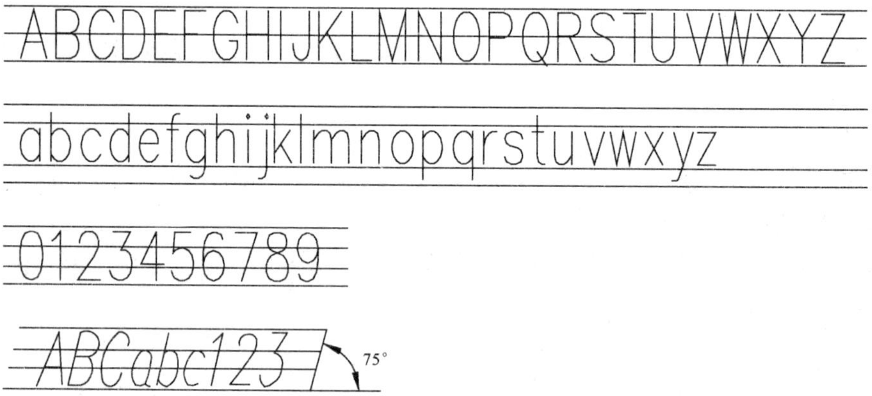

图1.6　字母和数字书写示例

1）图样及说明中的字母、数字，宜优先采用True type字体中的Roman字型。书写规则应符合表1.9的规定。

表1.9　字母及数字的书写规则

书写格式	字体	窄字体
大写字母高度	h	h
小写字母高度（上下均无延伸）	$7/10h$	$10/14h$
小写字母伸出的头部或尾部	$3/10h$	$4/14h$
笔画宽度	$1/10h$	$1/14h$
字母间距	$2/10h$	$2/14h$
上下行基准线的最小间距	$15/10h$	$21/14h$
词间距	$6/10h$	$6/14h$

2）字母及数字，如需写成斜体字，其斜度应是从字的底线逆时针向上倾斜75°。斜体字的高度和宽度应与相应的直体字相等。

3）字母及数字的字高不应小于2.5 mm。

4）数量的数值注写，应采用正体阿拉伯数字。各种计量单位凡前面有量值的，均应采用国家颁布的单位符号注写。单位符号应采用正体字母。

5）分数、百分数和比例的注写，应采用阿拉伯数字和数字符号。

6）当注写的数字小于1时，应写出各位的"0"，小数点应采用圆点，对齐基准线书写。

1.1.5 比例

比例是指图中图形与其实物相应要素的线性尺寸之比。比例的符号为"："，比例用阿拉伯数字表示，如1∶100。

比例的大小是指比值的大小，比例包括原值比例、放大比例和缩小比例三种。

原值比例［图1.7（a）］：比值为1的比例，即1∶1。

放大比例［图1.7（b）］：比值大于1的比例，如2∶1。

缩小比例［图1.7（c）］：比值小于1的比例，如1∶2。

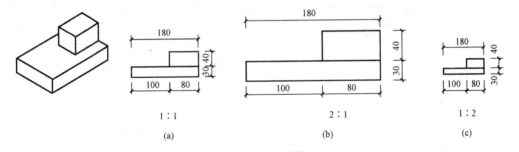

图1.7 比例种类

(a) 原值比例；(b) 放大比例；(c) 缩小比例

比例宜注写在图名的右侧，字的基准线应取平；比例的字高宜比图名的字高小一号或二号，如图1.8所示。

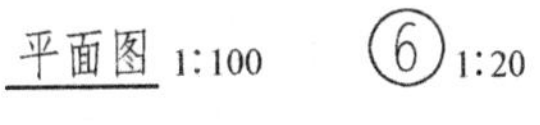

平面图 1∶100   ⑥ 1∶20

图1.8 比例的注写

绘图所用的比例应根据图样的用途与被绘对象的复杂程度，从表1.10中选用，并应优先采用表中的常用比例。

表1.10 绘图所用的比例

常用比例	1∶1、1∶2、1∶5、1∶10、1∶20、1∶30、1∶50、1∶100、1∶150、1∶200、1∶500、1∶1 000、1∶2 000
可用比例	1∶3、1∶4、1∶6、1∶15、1∶25、1∶40、1∶60、1∶80、1∶250、1∶300、1∶400、1∶600、1∶5 000、1∶10 000、1∶20 000、1∶50 000、1∶100 000、1∶200 000

在一般情况下，一个图样应选用一种比例。根据专业制图需要，同一图样可选用两种比例。特殊情况下也可自选比例，这时除应注出绘图比例外，还必须在适当位置绘制出相应的比例尺。

1.2 制图工具和使用方法

1.2.1 图板

图板（图1.9）是铺放和固定图纸并置于绘图桌上进行绘图用的工具。图板一般用胶合板制成，周围镶有较硬的木质边框，板面必须平整，角边应垂直。图板应防止受潮、暴晒和烘烤，不用时应竖立保管，以免变形。

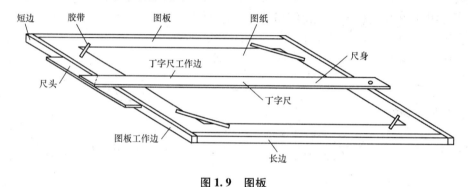

图1.9 图板

图板有各种大小，其尺寸较同号图纸略大，详见表1.11，在学习中多用 A2 或 A1 号图板。

表1.11 图板的规格   mm

图板规格代号	A0	A1	A2	A3
图板尺寸（宽×长）	920×1 220	610×920	460×610	305×460

1.2.2 丁字尺和三角板

丁字尺由尺头和尺身两部分构成，通常用透明的有机玻璃制成，尺身上带有刻度，主要用来绘制水平线。使用时左手握尺，使尺头内侧紧靠图板的左侧边，右手持笔沿丁字尺工作边从左到右画出水平线。丁字尺工作边必须保持平直光滑，不用的时候应悬挂起来，以免尺身变形。

三角板由有机玻璃制成，一副三角板有两块，一块是等腰直角三角板，另一块是30°的直角三角板。丁字尺与三角板配合画水平线和竖直线，以及两块三角尺配合画各种斜度的相互平行或垂直的直线，其画法如图1.10和图1.11所示。

一副三角板可画出任意倾斜直线的平行线或垂直线,也可与丁字尺配合画出15°的倍数的倾斜直线(图1.12)。

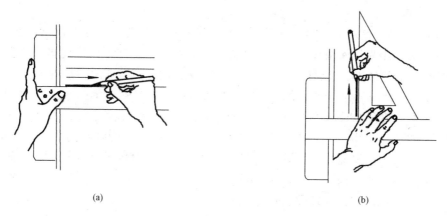

图1.10 丁字尺与三角板配合画水平线和竖直线
(a)画水平线;(b)画竖直线

图1.11 用三角板配合画平行线及垂直线

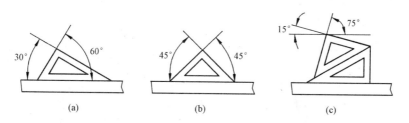

图1.12 三角板与丁字尺配合画倾斜直线

1.2.3 圆规和分规

1.2.3.1 圆规

圆规（图1.13）是用来画圆及圆弧的工具。圆规的一腿为可固定紧的活动钢针，其中有台阶状的一端多用来加深图线时用；另一腿上附有插脚，根据不同用途可换上铅芯插脚、鸭嘴笔插脚、针管笔插脚、接笔杆（供画大圆用）。画图时应先检查两脚是否等长，当针尖插入图板后，留在外面的部分应与铅芯尖端平（画墨线时，应与鸭嘴笔脚平），如图1.13（a）所示。铅芯可磨成约65°的斜截圆柱状，斜面向外，也可磨成圆锥状。

画圆时［图1.13（b）］，首先调整铅芯与针尖的距离等于所画圆的半径，再用左手食指将针尖送到圆心上轻轻插住，尽量不使圆心扩大，并使笔尖与纸面的角度接近垂直；然后右手转动圆规手柄，转动时，圆规应向画线方向略为倾斜，速度要均匀，沿顺时针方向画圆，整个圆一笔画完。在绘制较大的圆时，可将圆规两插杆弯曲，使它们仍然保持与纸面垂直［图1.13（c）］。直径在10 mm以下的圆，一般用点圆规来画。使用时，右手食指按顶部，大拇指和中指按顺时针方向迅速地旋动套管，画出小圆，如图1.13（d）所示。需要注意的是，画圆时必须保持针尖垂直于纸面，圆画出后，要先提起套管，然后拿开点圆规。

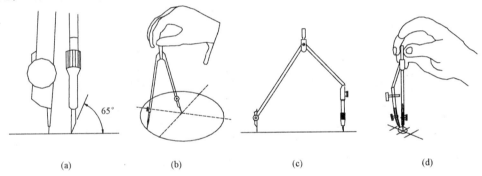

图1.13 圆规的针尖和画圆的姿势

1.2.3.2 分规

分规是截取长度和等分线段的工具，它的两条腿必须等长，两针尖合拢时应会合成一点［图1.14（a）］。

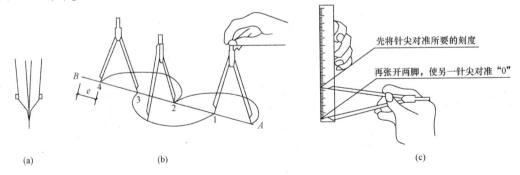

图1.14 分规的用法

（a）针尖应对齐；（b）用分规等分线段；（c）用分规截取长度

用分规等分线段的方法如图 1.14（b）所示。例如，分线段 AB 为 4 等份，先凭目测估计，将分规两脚张开，使两针尖的距离大致等于 AB/4，然后交替两针尖划弧，在该线段上截取 1、2、3、4 等分点；假设点 4 落在 B 点以内，距差为 e，这时可将分规再开 e/4，再行试分，若仍有差额（也可能超出 AB 线外），则照样再调整两针尖距离（或加或减），直到恰好等分为止。

1.2.4 绘图工具

（1）绘图铅笔。绘图铅笔有各种不同的硬度，如图 1.5（a）所示。标号 B、2B、…、6B 表示软铅芯，数字越大，表示铅芯越软；标号 H、2H、…、6H 表示硬铅芯，数字越大，表示铅芯越硬。标号 HB 表示中软。画底稿宜用 H 或 2H，徒手作图可用 HB 或 B，加重直线用 H、HB（细线）、HB（中粗线）、B 或 2B（粗线）。铅笔尖应削成锥形，芯露出 6～8 mm。削铅笔时要注意保留有标号的一端，以便始终能识别其软硬度，如图 1.5（b）所示。使用铅笔绘图时，用力要均匀，用力过大会划破图纸或在纸上留下凹痕，甚至折断铅芯。画长线时要边画边转动铅笔，使线条粗细一致。画线时，从正面看笔身应倾斜约 60°，从侧面看笔身应铅直 [图 1.15（b）]。持笔的姿势要自然，笔尖与尺边距离始终保持一致，线条才能画得平直准确。

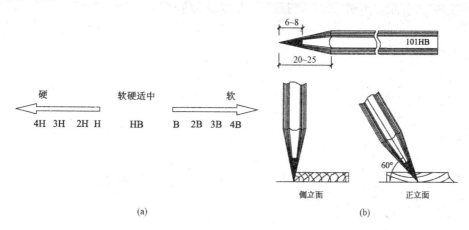

图 1.15 铅笔及其用

（2）绘图墨水笔。绘图墨水笔即针管笔（图 1.16），笔尖粗细共分 12 种，从 0.1 mm 到 1.2 mm，间隔为 0.1 mm，每支笔只可画一种线宽。画图时笔头可略倾斜 10°～15°，但是不能重压笔尖。需要注意的是：绘图墨水笔用后要洗净才能存放在盒内。

图 1.16 绘图墨水笔

（3）墨线笔。墨线笔（图 1.17 和图 1.18）可分为直线笔（又称鸭嘴笔）和针管笔两种，是描图上墨画线的工具。笔内一次含墨高度不超过 6 mm 为宜，笔杆切不可外倾或内倾。加墨应在所画图纸范围外操作。

图1.17 鸭嘴笔上墨水方法

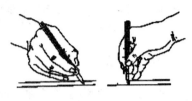
图1.18 持鸭嘴笔手势

1.2.5 建筑模板与曲线板

1.2.5.1 建筑模板

建筑模板主要用来画各种建筑标准图例和常用符号，如柱、墙、门开启线、污水盆、详图索引符号、轴线圆圈等。模板上刻有可以画出各种不同图例或符号的孔（图1.19），且其大小已符合一定的比例。

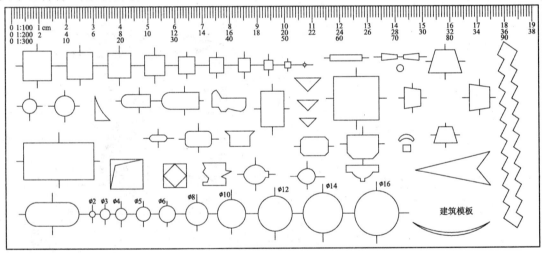

图1.19 建筑模板

1.2.5.2 曲线板

绘图时，有些曲线需要用曲线板（图1.20）分段连接起来。

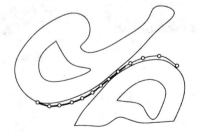

图1.20 曲线板

1 制图的基本知识

1.2.6 比例尺

比例尺是用来放大或缩小线段长度的尺子。有的比例尺做成三棱柱状,叫作三棱尺。三棱尺上刻有6种刻度,分别表示为1∶100、1∶200、1∶300、1∶400、1∶500、1∶600的比例。有的做成直尺形状(图1.21),叫作比例尺,它只有一行刻度和三行数字,表示三种比例,即1∶100、1∶200、1∶500。比例尺上的数字以米(m)为单位。现以比例直尺为例,说明其用法。

(1)用比例尺量取图上线段长度。已知图的比例为1∶200,要知道图上线段 AB 的实长,可以用比例尺上1∶200的刻度去量读(图1.21)。将刻度上的零点对准 A 点,而 B 点恰好在刻度4.2 m处,则线段 AB 的长度可直接读得4.2 m,即4 200 mm。

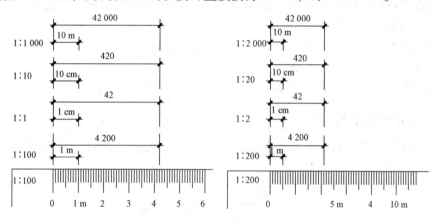

图1.21 比例尺及其用法

(2)用比例尺上的1∶200的刻度量读比例是1∶2、1∶20和1∶2 000的线段长度。例如,在图1.21中,AB 线段的比例如果改为1∶2,由于比例尺1∶200刻度的单位长度比1∶2缩小了100倍,则 AB 线段的长度应为 $4.2 \times \dfrac{1}{100} = 0.042$(m),同样,比例改为1∶2 000,则应为 $4.2 \times 10 = 42$(m)。

上述量读方法可归结为表1.12。

表1.12 比例尺读法

	比例	读数
比例尺刻度	1∶200	4.2 m
图中线段比例	1∶2(分母后少两个零)	0.042 m(小数点前移两位)
	1∶20(分母后少一个零)	0.42 m(小数点前移一位)
	1∶2 000(分母后多一个零)	42 m(小数点后移一位)

(3)用1∶200的刻度量读1∶100的线段长度。由于1∶200刻度的单位长度比1∶100缩

小2倍，所以把1∶200的刻度作为1∶100用时，应把刻度上的单位长度放大2倍，即将2 m作1 m用。

★特别提示

比例尺是用来量取尺寸长度的，不可用来画线。

1.3 尺寸标注

在建筑施工图中，图形只能表达建筑物的形状，建筑物各部分的大小还必须通过标注尺寸才能确定。房屋施工和构件制作都必须根据尺寸进行，因此，尺寸标注是制图的一项重要工作，必须认真细致，准确无误，如果尺寸有遗漏或错误，必将给施工造成困难和损失。

注写尺寸时，应力求做到正确、完整、清晰、合理。

本节将介绍建筑制图国家标准中有关尺寸标注的一些基本规定。

1.3.1 尺寸的组成

建筑图样上的尺寸一般应由尺寸界线、尺寸线、尺寸起止符号和尺寸数字四部分组成，如图1.22所示。

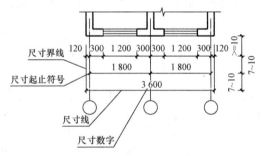

图1.22 尺寸的组成和平行排列的尺寸

（1）尺寸界线是控制所注尺寸范围的线，应用细实线绘制，一般应与被注长度垂直；其一端应离开图样轮廓线不小于2 mm，另一端宜超出尺寸线2～3 mm。必要时，图样的轮廓线、轴线或中心线可用作尺寸界线（图1.23）。

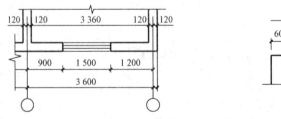

图1.23 轮廓线用作尺寸界线

（2）尺寸线是用来注写尺寸的，必须用细实线单独绘制，应与被注长度平行，两端宜以尺寸界线为边界，也可超出尺寸界线2～3 mm。任何图线或其延长线均不得用作尺寸线。

(3) 尺寸起止符号一般应用中粗斜短线绘制，其倾斜方向应与尺寸界线成顺时针45°角，长度宜为2～3 mm。轴测图中用小圆点表示尺寸起止符号，小圆点直径1 mm［图1.24（a）］。半径、直径、角度和弧长的尺寸起止符号，宜用箭头表示，箭头宽度 b 不得小于1 mm［图1.24（b）］。

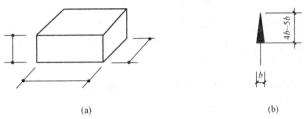

图1.24　尺寸起止符号

(a) 轴测图尺寸起止符号；(b) 箭头尺寸起止符号

(4) 建筑图样上的尺寸数字是建筑施工的主要依据，建筑物各部分的真实大小应以图样上所注写的尺寸数字为准，不得从图上直接量取。图样上的尺寸单位，除标高及总平面图以米为单位外，均必须以毫米为单位，图中不需注写计量单位的代号或名称。本书正文和图中的尺寸数字以及习题集中的尺寸数字，除有特别注明外，均按上述规定。

尺寸数字的读数方向，应按图1.25（a）规定的方向注写，尽量避免在图中所示的30°范围内标注尺寸，当实在无法避免时，宜按图1.25（b）的形式注写。

尺寸数字应依据其读数方向注写在靠近尺寸线的上方中部，如没有足够的注写位置，最外边的尺寸数字可注写在尺寸界线外侧，中间相邻的尺寸数字可错开注写，也可引出注写，如图1.26所示。

图线不得穿过尺寸数字，不可避免时，应将尺寸数字处图线断开（图1.27）。

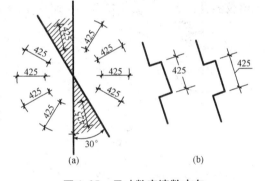

图1.25　尺寸数字读数方向

图1.26　尺寸数字的注写位置

图1.27　尺寸数字处图线应断开

1.3.2　常用尺寸的排列、布置及注写方法

尺寸宜标注在图样轮廓线以外，不宜与图线、文字及符号等相交。相互平行的尺寸线，应从被注的图样轮廓线由近向远整齐排列，小尺寸应离轮廓线较近，大尺寸应离轮廓线较远。图样轮廓线以外的尺寸线，距图样最外轮廓线之间的距离，不宜小于10 mm。平行排列

的尺寸线间距宜为 7~10 mm，并应保持一致，如图 1.22 所示。

总尺寸的尺寸界线，应靠近所指部位，中间的分尺寸的尺寸界线可稍短，但其长度应相等（图 1.22）。

1.3.2.1 半径、直径、球、角度、弧长的标注

（1）角度的标注（图 1.28）。角度的尺寸线应画成圆弧，圆心是角的顶点，角的两边为尺寸界线，角度的起止符号应以箭头表示，如果没有足够的空间画箭头，可用圆点代替，角度数字应沿尺寸线方向书写。

（2）圆和圆弧的标注［图 1.29（a）］。标注圆或圆弧的直径、半径时，尺寸数字前应分别加符号"ϕ""R"，尺寸线及尺寸界线应按图例绘制。

较大圆弧的半径可按图例形式标注［图 1.29（b）］。

小圆的直径和小圆弧的半径可按图例形式标注，如图 1.29（c）所示。

（3）弧长和弦长的标注（图 1.30）。标准弧长和弦长时，尺寸界线应垂直于该圆弧的弦。标注弧长时，尺寸线应以与该圆弧同心的圆弧线表示，起止符号应用箭头表示，尺寸数字上方应加注圆弧符号。标注弦长时，尺寸线应以平行于该弦的直径表示，起止符号用中粗斜短线表示。

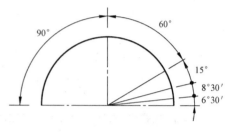

图 1.28　角度的标注

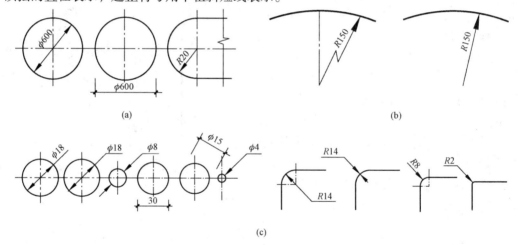

图 1.29　圆和圆弧的标注

（a）圆和圆弧的标注；（b）较大圆弧的半径标注；（c）小圆的直径和小圆弧半径的标注

图 1.30　弧长和弦长的标注

（4）球面的标注（图 1.31）。标注球的直径、半径时，应分别在尺寸数字前加注符号"$S\phi$""SR"，其注写方法与圆和圆弧的直径、半径的尺寸标注方法相同。

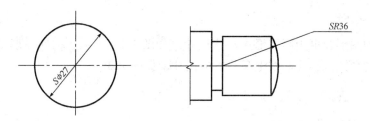

图 1.31 球面的标注

1.3.2.2 薄板厚度的标注

在薄板板面标注板厚尺寸时,应在厚度数字前加厚度符号"t"(图 1.32)。

1.3.2.3 坡度与标高的标注

(1)坡度的标注。坡度标注(图 1.33)时,应加注坡度符号"←"或"←",坡度符号的箭头应指向下坡方向[图 1.33(c)、(d)],坡度也可用直角三角形的形式标注[图 1.33(e)、(f)]。

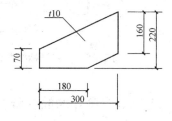

图 1.32 薄板厚度的标注

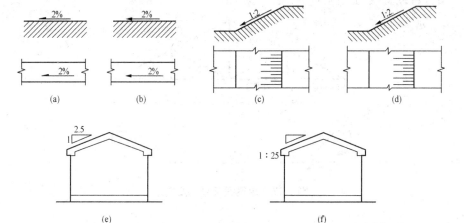

图 1.33 坡度标注方法

(2)标高的标注。标高是标注建筑物高度的一种尺寸形式。标高符号在室内设计工程图中一般用于平面图和立面图。标高符号以等腰直角三角形表示,接触短横线的角为90°,三角形高约为 3 mm。在同一图纸上的标高符号应大小相等,并对齐画出。具体画法如图 1.34 所示。

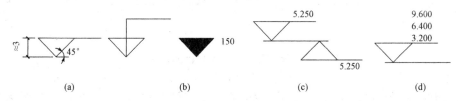

图 1.34 标高符号的标注

(a)标高符号;(b)总平面图室外地坪标高符号;
(c)标高的指向;(d)同一位置注写多个标高数字

1.3.2.4 其他标注

对于复杂的图形，可用网格形式标注尺寸，如图1.35所示。构件外形轮廓为非圆曲线时，采用坐标的形式来标注曲线上某些点的尺寸，如图1.36所示。

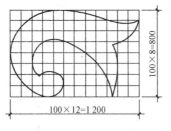

图1.35 网络法标注曲线尺寸

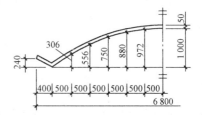

图1.36 坐标法注曲线尺寸

1.3.3 尺寸的简化标注

（1）杆件或管线的长度。在单线图（桁架简图、钢筋简图、管线图等）上，可直接将尺寸数字沿杆件或管线的一侧注写（图1.37）。

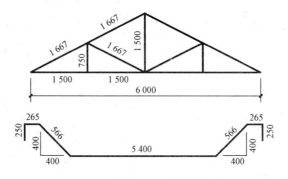

图1.37 单线图尺寸标注方法

（2）连续排列的等长尺寸，可用"等长尺寸×个数＝总长"［图1.38（a）］或"总长（等分个数）"［图1.38（b）］的形式标注。

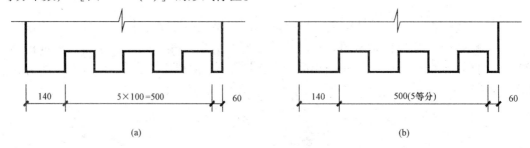

图1.38 等长尺寸简化标注方法

（3）构配件内的构造要素（如孔、槽等）如相同，可仅标注其中一个要素的尺寸（图1.39）。

（4）对称构配件采用对称省略画法时，该对称构配件的尺寸线应略超过对称符号，仅在尺寸线的一端画尺寸起止符号，尺寸数字应按整体全尺寸注写，其注写位置宜与对称符号对直（图 1.40）。

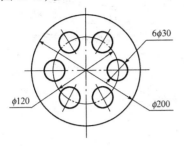

图 1.39　相同要素尺寸标注方法

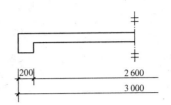

图 1.40　对称构件尺寸数字标注方法

（5）两个构配件，如仅个别尺寸数字不同，可在同一图样中，将其中一个构配件的不同尺寸数字注写在括号内，该构配件的名称也应注写在相应的括号内（图 1.41）。

（6）数个构配件，如仅某些尺寸不同，这些有变化的尺寸数字，可用拉丁字母注写在同一图样中，另列表格写明其具体尺寸（图 1.42）。

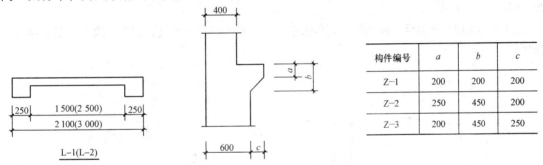

图 1.41　相似构件尺寸数字标注方法

构件编号	*a*	*b*	*c*
Z-1	200	200	200
Z-2	250	450	200
Z-3	200	450	250

图 1.42　相似构配件尺寸表格式标注方法

1.4　几何作图

无论是手工绘图还是计算机绘图，几何作图都是学习制图必须掌握的一种基本技能，以下介绍几种常用的几何作图方法。

1.4.1　直线

1.4.1.1　过已知点作已知直线的平行线

（1）已知直线 *AB* 和点 *C*，如图 1.43（a）所示。

（2）用 45°三角板的一个直角边与已知直线 *AB* 重合，再用 30°三角板的一个边与 45°三角板的另一个直角边重合，如图 1.43（b）所示。

（3）沿着 30°三角板的边，推动 45°三角板上移，使原来对齐直线 *AB* 的一边正好通过点 C，画一直线，即为所求，如图 1.43（c）所示。

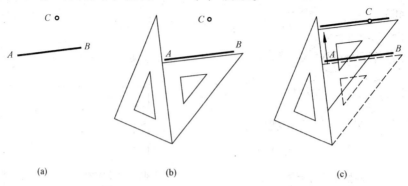

图 1.43　过已知点作已知直线的平行线

1.4.1.2　过已知点作已知直线的垂直线

（1）已知直线 AB 和点 C，如图 1.44（a）所示。

（2）用 45°三角板的一个直角边与已知直线 AB 重合，再使其斜边紧靠 30°三角板，如图 1.44（b）所示。

（3）推动 45°三角板，使其另一直角边正好通过 C 点，画一直线，即为所求，如图 1.44（c）所示。

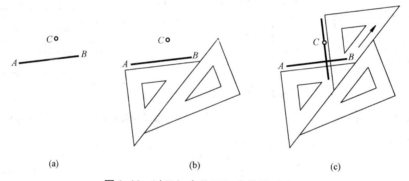

图 1.44　过已知点作已知直线的垂直线

1.4.1.3　作已知直线的垂直平分线

（1）已知直线 AB，如图 1.45（a）所示。

（2）分别以 A、B 为圆心，大于 AB/2 的线段 R 为半径，两弧交于 C 和 D，连接 CD 交 AB 于 E，E 为 AB 中点，线段 CD 即为所求，如图 1.45（b）所示。

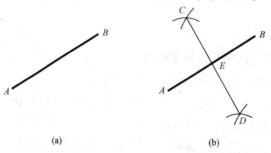

图 1.45　作已知直线的垂直平分线

1.4.1.4 分已知直线段为任意等份

（1）已知直线 AB，如图 1.46（a）所示，将分 AB 为 6 等份。

（2）过点 A 作任意直线 AC，用直尺在 AC 上从点 A 起截取任意长度的 6 等份，得 1、2、3、4、5、6 点，如图 1.46（b）所示。

（3）连接 BC（B6），过各等分点作 BC（B6）的平行线，交 AB 于 5 个点，即为所求，如图 1.46（c）所示。

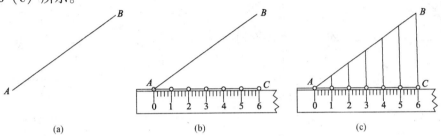

图 1.46　等分已知直线段

1.4.1.5 分两平行线间的距离为任意等份

（1）已知平行线 AB 和 CD，如图 1.47（a）所示，将分其间距为 5 等份。

（2）将直尺上刻度 0 点固定在 CD 上任意位置，并以 0 点为圆心，摆动尺盘，使刻度 5 落在 AB 上，交在 1、2、3、4、5 刻度处作标记，如图 1.47（b）所示。

（3）过各等分点作 AB（或 CD）的平行线，即为所求，如图 1.47（c）所示。

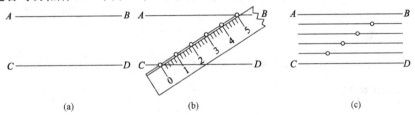

图 1.47　等分两平行线间的距离

1.4.2　多边形及圆内接正多边形

1.4.2.1 作已知圆的内接正五边形

（1）已知外接圆以及相互垂直的直径 AB、CD，作出半径 OB 的等分点 G，即以 OB 为半径作弧，交圆周于 E、F 两点，连接 EF，交 OB 于 G 点，如图 1.48（a）所示。

（2）以点 G 为圆心，GC 为半径作弧，交 OA 于 H 点，如图 1.48（b）所示。

（3）连接 CH，CH 即为正五边形的边长，如图 1.48（c）所示。

（4）以 CH 为边长截分圆周为 5 等份，顺序连接各等分点，即得圆内接正五边形，如图 1.48（d）所示。

1.4.2.2 作圆内接任意正多边形

以正七边形为例，作图步骤如图 1.49 所示。

(1) 已知外接圆，将直径 AB 分成 7 等份，如图 1.49（a）所示。

(2) 以直径 AB 为半径，点 B 为圆心，画圆弧与 DC 延长线交于点 E，再自点 E 引直线与 AB 上偶数点连接，并延长与圆周交于 F、G、H 各点，如图 1.49（b）所示。

(3) 求出 F、G 和 H 对称的点 K、J 和 I，按顺序依次连接 F、G、H、I、J、K、A、F 点，即得到正七边形，如图 1.49（c）所示。

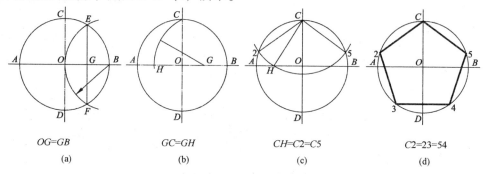

图 1.48 作已知圆的内接正五边形

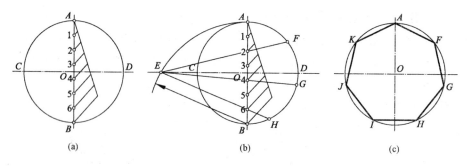

图 1.49 作圆内接任意正多边形

1.4.3 圆弧连接

圆弧连接的作图方法见表 1.13。

表 1.13 圆弧连接的作图方法

作图要求	已知条件	几何作图	步骤
用圆弧连接两直线	连接弧半径 R、直线 l_1 和 l_2		(1) 过直线 l_1 上任一点 a 作该直线的垂线 ab，在 ab 上截取 $ab = R$，过点 b 作直线 $n_1 // l_1$。 (2) 同上方法作直线 $n_2 // l_2$。 (3) 过直线 n_1 与 n_2 的交点 O（连接弧圆心）分别向直线 l_1、l_2 作垂线，得 M_1、M_2（连接点）。 (4) 以 O 为圆心，R 为半径，作弧 $\overset{\frown}{M_1M_2}$，即完成全图

续表

作图要求	已知条件	几何作图	步骤
用圆弧连接两圆弧（外切）	连接弧半径 R，被连接的两个圆 O_1、O_2 的半径 R_1、R_2 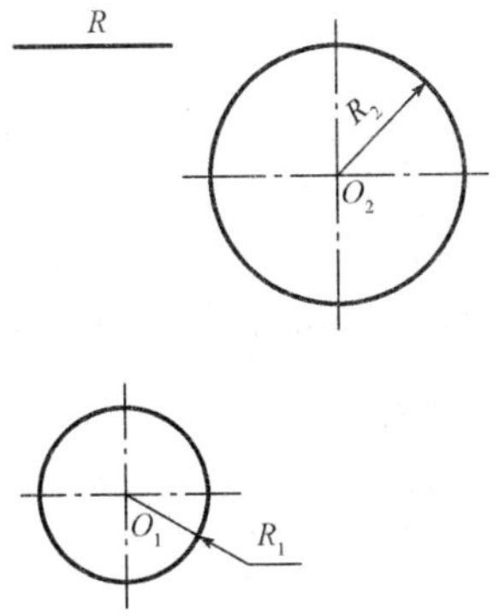	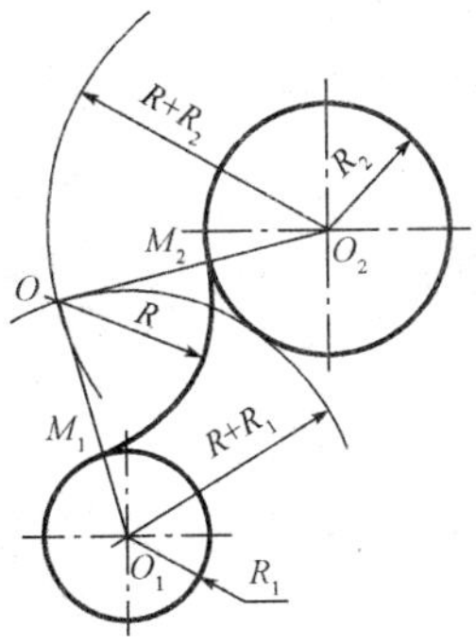	(1) 以 O_1 为圆心，$R+R_1$ 为半径和以 O_2 为圆心，$R+R_2$ 为半径分别作圆，两圆弧的交点 O 即为连接弧圆心。 (2) 作连心线 OO_1、OO_2 分别与圆 O_1、O_2 相交于点 M_1、M_2，此即为连接点。 (3) 以点 O 为圆心，R 为半径，作弧 $\widehat{M_1M_2}$，即完成全图
用圆弧连接两圆弧（内切）	连接弧半径 R，被连接的两个圆 O_1、O_2 的半径 R_1、R_2 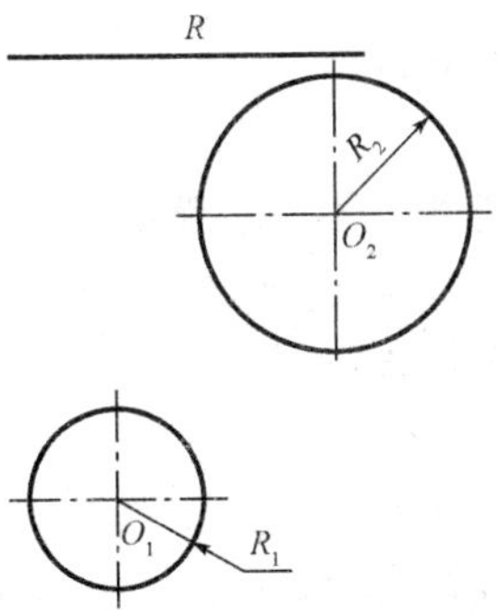	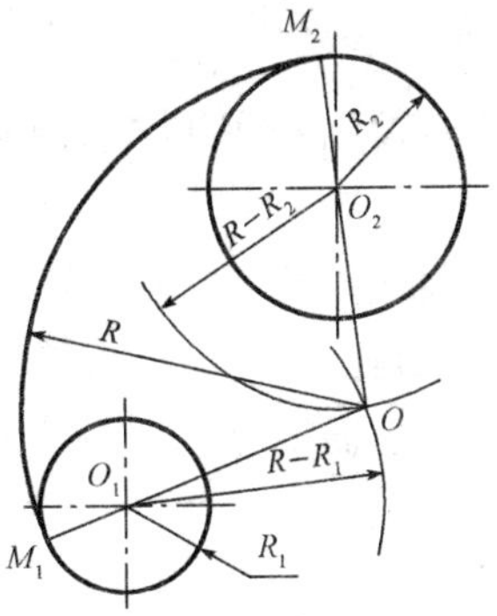	(1) 以 O_1 为圆心，$R-R_1$ 为半径和以 O_2 为圆心，$R-R_2$ 为半径分别作圆，两圆弧的交点 O 即为连接弧圆心。 (2) 作连心线 OO_1、OO_2 分别与圆 O_1、O_2 相交于点 M_1、M_2，此即为连接点。 (3) 以点 O 为圆心，R 为半径，作弧 $\widehat{M_1M_2}$，即完成全图

1.4.4 椭圆的画法

(1) 已知椭圆长轴 AB、短轴 CD，求作椭圆，如图 1.50（a）所示。以 O 为圆心，OA 为半径作圆弧，交 DC 延长线于 E；又以 C 为圆心，CE 为半径，作圆弧交 AC 于 F，如图 1.50（b）所示。

(2) 作直线 AF 的垂直平分线，交长轴于 O_1，交短轴（或其延长线）于 O_2，并作出点 O_1 和 O_2 的对称点 O_3 和 O_4，如图 1.50（c）所示。

(3) 将 O_1、O_2、O_3 和 O_4 两两相连并延长，此四条直线为连心线，故所求椭圆四个圆弧的切点（即连接点），必定在此四条直线上。分别以点 O_2 和 O_4 为圆心，直线 $O_2C=O_4D$ 为半径作圆弧 GI 和 HJ，再以点 O_1 和 O_3 为圆心，直线 $O_1A=O_3B$ 为半径作圆弧 JG 和 IH，则四段圆弧 GI、IH、HJ、JG 构成所求的近似椭圆，如图 1.50（d）所示。

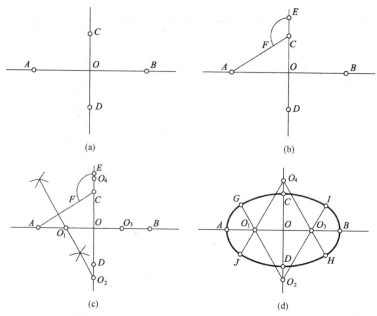

图 1.50 根据长短轴用四心圆法作近似椭圆

1.5 平面图形的分析与画法

平面图形由若干线段围成，而线段的形状和大小是根据给定的尺寸确定的。构成平面图形的各种线段中，有些线段的尺寸是已知的，可直接画出，有些线段需要根据已知条件用几何作图方法作出。因此，在画图之前需要对平面图形的尺寸和线段进行分析。

1.5.1 平面图形的尺寸分析

(1) 尺寸基准。尺寸基准是标注尺寸的起点。平面图形的长度方向和宽度方向都需要确定一个尺寸基准，通常以平面图形的对称线、底边、侧边、图中圆周和圆弧的中心线等作为尺寸基准。

(2) 定形尺寸。用来确定平面图形各组成部分形状和大小的尺寸称为定形尺寸，如图 1.51 中的 $R1\,500$、$R750$、$R6\,000$、$R500$、$R3\,500$ 等。

(3) 定位尺寸。用来确定平面图形各组成部分的相对位置的尺寸称为定位尺寸，如图 1.51 中的 $6\,000$ 是确定 $R1\,500$、$R750$ 圆心位置的定位尺寸；$3\,500$ 是确定 $R500$ 圆心位置的定位尺寸；600 是确定矩形位置的定位尺寸等。

1.5.2 平面图形的线段分析

平面图形的圆弧连接处的线段，根据尺寸是否完整可分为以下三类：

(1) 已知线段。根据给出的尺寸可以直接画出的线段称为已知线段。如图 1.51 中根据尺寸 $1\,500$、$7\,500$、500、$3\,200$、$4\,400$、$1\,000$、$2\,000$ 画出的直线和圆弧。

(2) 中间线段。有定形尺寸，无定位尺寸，需依靠另一端相切或相接的条件才能画出的线段称为中间线段。如图 1.51 中的 $R6\,000$、$R3\,500$ 的圆弧。

（3）连接线段。有定形尺寸，缺少两个定位尺寸，需要依靠两端相切或相接的条件才能画出的线段称为连接线段。

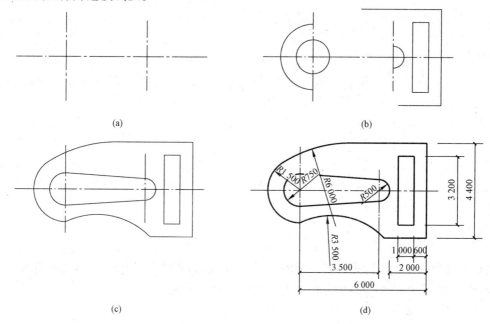

图 1.51　平面图形的分析与画法
（a）画基准线；（b）画已知线段；（c）画中间线段和连接线段；（d）标注定形、定位尺寸，加深整理

★ 特别提示

画图时，一般先画已知线段，再画中间线段，最后画连接线段。

1.5.3　作平面图形的一般步骤

（1）对平面图形进行分析。
（2）根据比例，定图幅。
（3）画尺寸基准线。
（4）顺次画出已知线段、中间线段、连接线段。
（5）标注定形、定位尺寸。
（6）加深整理，完成全图。

1.6　制图的一般步骤

为了保证绘图的质量，提高绘图的速度，除正确使用绘图工具、熟练掌握几何作图的方法和严格遵守国家的制图标准外，还应注意科学的绘图步骤和方法。

适度手工绘图是重要的基本技能训练，可以学习掌握成图机理，提高制图的准确性和效率，保证制图的质量，同时，也为计算机绘图打下扎实基础做必要的准备。

1.6.1 准备工作

以手工绘图为例做好绘图前的准备工作。

（1）选择合适的绘图地点。绘图是一项细致的工作，要求光线从图板的左前方照射过来，要选择光线充足的地点，绘图的桌椅高度要配置合理。

（2）对所绘制图样的内容及要求进行了解，收集阅读有关的参考资料，以便随时查阅。

（3）准备好必要的绘图仪器、工具及用品，并用干布将图板、丁字尺、三角板等擦拭干净，最后把手洗干净。常用的仪器、工具、用品放置在绘图桌右边的盒子里方便使用，不常用的放在抽屉里面妥善保管。

（4）根据绘图的内容选定合适的图纸幅面。用纸胶带将图纸固定在图板上，图纸粘贴的位置应尽量靠近图板的左侧留 3～5 cm，图纸的下边线到图板边缘的距离应略大于丁字尺的宽度。绘图过程中注意保持图纸的清洁。

1.6.2 画底稿

为使图样画得准确、清晰，打底稿时应采用 H 或 2H 的铅笔，同时不应过分用力，使图面没有刻痕为好；画底稿也不需分出线型，待加深时再予调整。

画底稿的一般步骤如下：

（1）按照制图标准的要求先画图框线和标题栏。

（2）根据图样的大小、熟练及复杂程度选定合适的比例，安排好图位，定好图形的中心线，使图面布置得适中、匀称，从而获得良好的绘图效果。

（3）画出图形的主要轮廓线，再由大到小，由整体到局部，直到画出所有的轮廓线。如图形是剖视图或剖面图，则最后画剖面符号，剖面符号在底稿中只需画出一部分，其余可待上墨或加深时再全部画出。画完之后要认真检查，看是否有遗漏或者错误的地方。

（4）画出尺寸线、尺寸界线和尺寸起止符号，再注写尺寸数字，最后书写仿宋字。

1.6.3 图样加深

在图样检查无误后即可进行图样的加深。

1.6.3.1 加深铅笔图

（1）加深要求。在加深时，应该做到线型正确，粗细分明，连接光滑，图面整洁；加深粗实线用 HB 铅笔，加深虚线、细实线、细点画线以及线宽约 $b/3$ 的各类图线都用削尖的 H 或 2H 铅笔，写字和画箭头用 HB 铅笔。画图时，圆规的铅芯应比画直线的铅芯软一级；在加深前，应认真校对底稿，修正错误，并擦净多余线条和污垢。加深图线时用力要均匀，还应使图线均匀地分布在底稿线的两侧。

（2）加深步骤。加深铅笔图线的一般步骤如下：

1）加深铅笔图线时宜按照先细后粗、先曲后直、先水平后垂直的原则进行，由上至下、由左至右，按不同线型把图线全部加深。一般先加深所有的点画线，再加深所有的粗实线圆和圆弧，然后从上向下或从左向右依次加深所有的水平粗实线或铅垂的粗实线。加深倾斜的粗实线时，应从左上方开始。然后，按加深粗实线的步骤依次加深所有虚线圆及圆弧，水平、铅垂和倾斜的虚线。最后,加深所有的细实线、波浪线等。

2)画符号和箭头,标注尺寸,书写注解和标题栏等。

3)检查全图,如有错误和遗漏,即刻改正,并做必要的修饰。

(3)加深注意事项。绘图时,要注意图面整洁,减少尺寸数字在图面上的挪动次数;不画时用干净的纸张将图面蒙盖起来。图线在加深时不论粗细,色泽应均一致。较长的线在绘制时应适当转动铅笔以保证图线粗细均匀。

1.6.3.2 加深墨线图

墨线应用针管笔绘制,应保持针管笔畅通,灌墨不宜太多,以免溢漏污染图面。墨线图的描绘步骤与铅笔图相同,可参照执行。画错时应用双面刀片轻轻地刮除,刮时应在描图纸下垫平整的硬物,如三角板等,防止刮破图纸。刮后用橡皮擦拭,再将修刮处压平后方可画线。

1.6.4 图样校对与检查

整张图纸画完以后应经细致检查,校对、修改以后才算最后完成。首先应检查图样是否正确;其次应检查图线的交接、粗细、色泽以及线型应用是否准确;最后校对文字、尺寸标注是否整齐、正确,符号是否符合国家标准规定。

1.6.5 图样复制

图样复制主要是采用复晒的方法,通过化学方法处理得到图样,这种图样称为"蓝图"。

本章小结

本章主要教学内容包括:制图基本规定;制图工具和使用方法;尺寸标注;几何作图;平面图形的分析与画法;制图的一般步骤。通过本章的学习主要掌握以下内容:

1. 常用的图纸幅面包括 A0、A1、A2、A3、A4 五种,其中,幅面的长边与短边的比例为 $l:b=\sqrt{2}$,A0 号图幅的面积为 $1 m^2$,长边为 1 189 mm,短边为 841 mm,A1 号幅面是 A0 号幅面的对开,A2 号幅面是 A1 号幅面的对开,其他幅面依次类推。

2. 掌握图线画法与注意事项。图线是指图纸上的线条,绘制工程图样时,为了突出重点,分清主次,区别不同的内容,需要采用不同的线宽和线型。

3. 比例的大小是指比值的大小,比例包括原值比例、放大比例、缩小比例三种。

4. 掌握制图工具的各种类型和使用方法,常用的制图工具有图板、丁字尺和三角板、圆规和分规、绘图工具、建筑模板与曲线板、比例尺等。

5. 掌握尺寸标注方法与注意事项。建筑图样上的尺寸一般应由尺寸界线、尺寸线、尺寸起止符号和尺寸数字四部分组成。

6. 会进行简单图形的几何作图,包括:过已知点作已知直线的平行线、垂直线、垂直平分线、分已知直线段为任意等份、分两平行线间的距离为任意等份;多边形及圆内接正多边形;圆弧连接;椭圆的画法。

7. 掌握平面图形的分析与画法。

8. 制图的一般步骤:准备工作、画底稿、图样加深、图样校对与检查、图样复制。

2 投影基本知识

★教学内容

投影的概念及分类；平行投影的特性；物体三视图。

★教学要求

1. 通过本章的学习，熟悉投影法、正投影的基本原理和投影特点，掌握投影图的形成和特性。
2. 掌握三视图的形成及其投影关系，掌握三视图与空间形体的关系。
3. 通过课堂练习，加强理论与实践的结合，达到学以致用的教学效果。

2.1 投影的概念及分类

2.1.1 投影的概念

在日常生活中，人们经常可以看到，物体在日光或灯光的照射下，就会在地面或墙面上留下影子，如图2.1所示。人们将自然界的这一物理现象经过科学的抽象，逐步归纳概括，就形成了投影方法。在图2.2中，将光源抽象为一点，该点称为投射中心，将光线抽象为投射线，将物体抽象为形体（只研究其形状、大小、位置，而不考虑它的物理性质和化学性质的物体），将地面抽象为投影面，即假设光线能穿透物体，而将物体表面上的各个点和线都在承接影子的平面上落下它们的投影，从而使这些点、线的投影组成能够反映物体形状的投影图。这种将空间形体转化为平面图形的方法称为投影法。

要产生投影必须具备投射线、形体、投影面。这是投影的三要素。

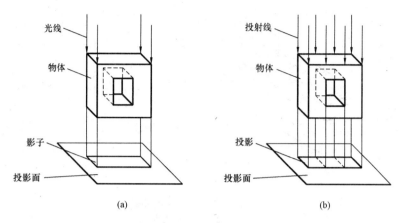

图 2.1　影子与投影
（a）影子；（b）投影

2.1.2　投影的分类

根据投射线之间的相互关系，可将投影分为中心投影和平行投影。

2.1.2.1　中心投影

若投射中心 S 在有限的距离内，所有的投射线都汇交于一点，这种方法所得到的投影，称为中心投影，如图 2.2 所示。在此条件下，物体投影的大小随物体距离投射中心 S 及投影面 P 的远近的变化而变化，因此，用中心投影法得到物体的投影不能反映该物体的真实形状和大小。

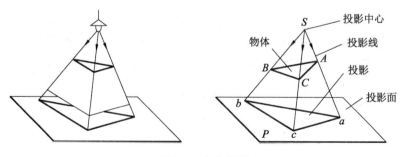

图 2.2　中心投影

2.1.2.2　平行投影

将投射中心 S 移到离投影面无限远处，则投射线可看成互相平行，由此产生的投影称为平行投影。因其投射线互相平行，所得投影的大小与物体离投影中心及投影面的远近均无关。

在平行投影中，根据投射线与投影面之间是否垂直，又可分为斜投影和正投影两种。投射线与投影面倾斜时称为斜投影，如图 2.3（a）所示；投射线与投影面垂直时称为正投影，如图 2.3（b）所示。

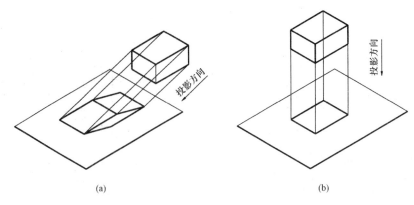

图 2.3 平行投影
（a）斜投影；（b）正投影

★ 特别提示

斜投影是投射方向倾斜于投影面时所作出的平行投影，正投影是投射方向垂直于投影面时所作出的平行投影。

2.1.3 工程上常用的投影图

如前所述，工程技术图样是用来表达工程对象的形状、结构和大小的，一般要求根据图样就能够准确、清楚地判断度量出物体的形状和大小，但有时也要求图样的直观性好，易读懂，富有立体感。常用的投影图有多面正投影图、轴测投影图、透视投影图、标高投影图等。

（1）多面正投影图。用正投影法把形体向两个或两个以上互相垂直的投影面上进行投影，再按一定的规律将其展开到一个平面上，这样所得到的投影图称为多面正投影图，如图 2.4 所示。它是工程上最主要的使用最广泛的图样。

这种图样的优点是能够真实准确地反映物体的形状和大小，作图方便，度量性好；其缺点是立体感差，不易看懂。

（2）轴测投影图。轴测投影图是物体在一个投影面上的平行投影，简称轴测图。将物体安置于投影面体系中合适的位置，选择适当的投射方向，即可得轴测图，如图 2.5 所示。这种图立体感强，容易看懂，但度量性差，作图较麻烦，并且对复杂形体也难以表达清楚，因而工程中常用作辅助图样来使用。

（3）透视投影图。透视投影图是将物体在单个投影面上用中心投影法得到的投影图，简称为透视图。这种图形象逼真，如照片一样，非常接近于人们的视觉感受，但它度量性差，作图繁杂，如图 2.6 所示。在建筑设计中，常用它来绘制大型工程项目及房屋、桥梁等建筑物的效果图。

（4）标高投影图。标高投影图是一种带有数字标记的单面正投影图。它用正投影法在物体的水平投影上加注某些特征线、面以及控制点的高程数值，来同时反映物体的长度、宽度和高度方向上的结构、尺寸，如图 2.7 所示。这种图作图较简单，但立体感较差，常用来表达地面的形状，各种不规则曲面，土木建筑工程设计以及军事地图等。

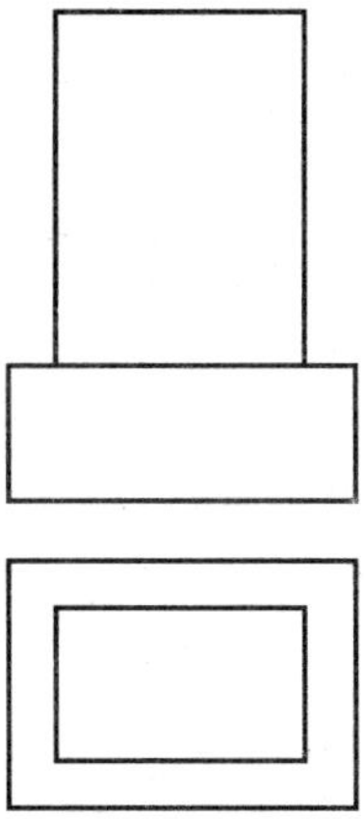

图 2.4　多面正投影图 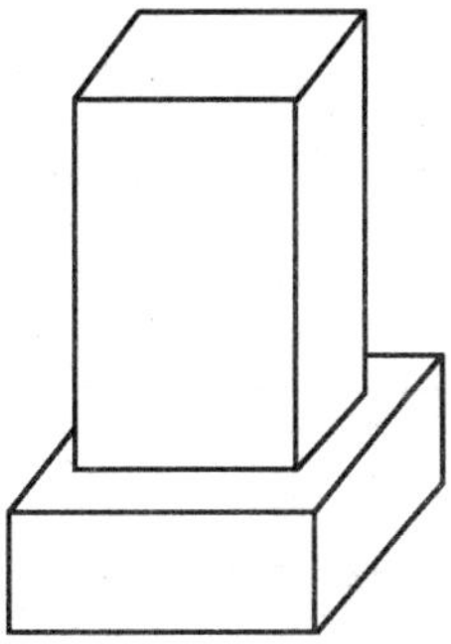　　　　图 2.5　轴测图 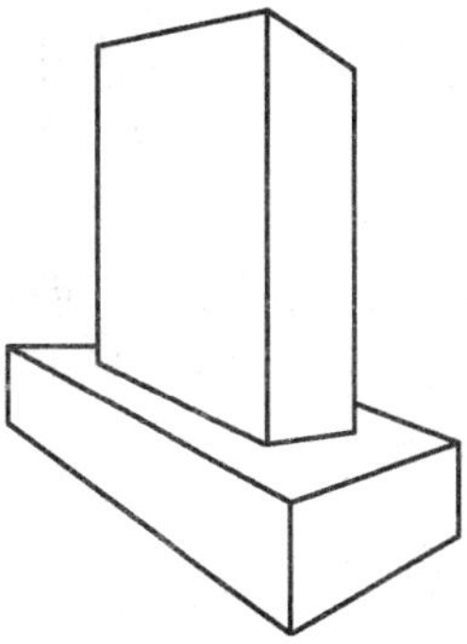　　　　图 2.6　透视图

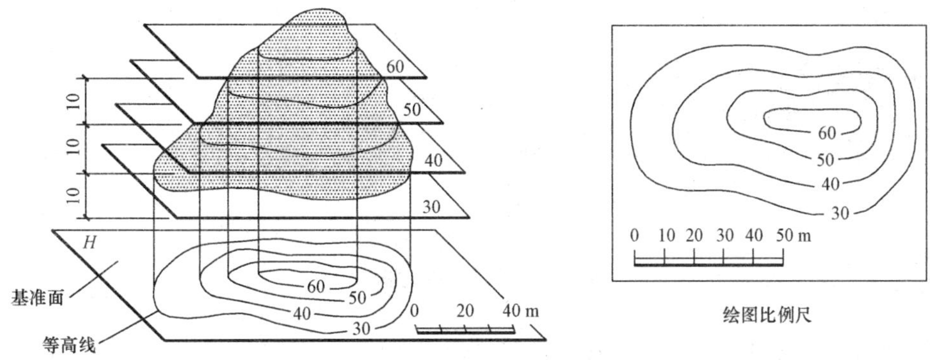

图 2.7　标高投影图

由于多面正投影图被广泛地用来绘制工程图样，所以正投影是本书介绍的主要内容，以后所说的投影，如无特殊说明均指正投影。

2.2　平行投影的特性

（1）同素性。在通常情况下，直线或平面不平行（垂直）于投影面，因而点的投影仍是点，直线的投影仍是直线。这一性质称为同素性。

（2）显实性（真形性）。当直线或平面平行于投影面时，它们的投影反映实长或实形。如图 2.8（a）所示，直线 AB 平行于 H 面，其投影 ab 反映 AB 的真实长度，即 ab = AB；如图 2.8（b）所示，平面三角形 ABC 平行于 H 面，其投影反映实形，即 △abc ≌ △ABC。这一性质称为显实性。

（3）积聚性。当直线或平面平行于投射线（同时也垂直于投影面）时，其投影积聚为一点或一直线。这样的投影称为积聚投影。如图 2.9（a）所示，直线 AB 平行于投影线，其

投影积聚为一点 a（b）；如图 2.9（b）所示，平面三角形 ABC 平行于投影线，其投影积聚为一直线 ac。投影的这种性质称为积聚性。

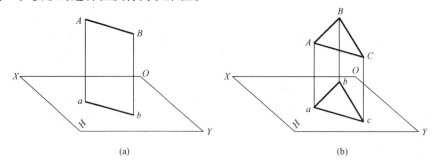

图 2.8　平行投影的显实性

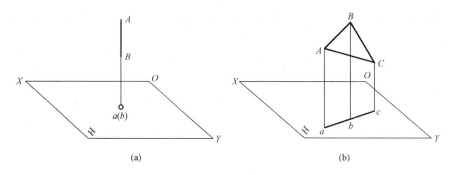

图 2.9　平行投影的积聚性

（4）类似性（仿形性）。当直线或平面倾斜于投影面时，直线在该投影面上的投影短于实长，如图 2.10（a）所示；而平面在该投影面上的投影要发生变形，比原实形要小，但与原形对应线段间的比值保持不变，所以在轮廓间的平行性、凹凸性、直曲等方面均不变，如图 2.10（b）所示。在这种情况下，直线和平面的投影不反映实长或实形，其投影形状是空间形状的类似形，因而把投影的这种性质称为类似性。

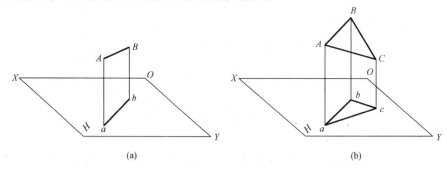

图 2.10　平行投影的类似性

（5）平行性。当空间两直线互相平行时，它们在同一投影面上的投影仍互相平行。如图 2.11 所示，空间两直线 $AB/\!/CD$，则平面 $ABba/\!/$ 平面 $CDdc$，两平面与投影面 H 的交线 ab、cd 必互相平行，这一性质称为平行性。

（6）从属性与定比性。点在直线上，则点的投影必定在直线的投影上。如图 2.12 所示，$C \in AB$，则 $c \in ab$，这一性质称为从属性。

点分线段的比例等于点的投影分线段的投影所成的比例，如图 2.12 所示，$C \in AB$，则 $AC：CB = ac：cb$，这一性质称为定比性。

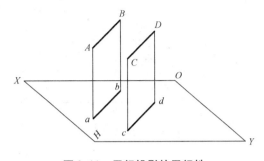

图 2.11 平行投影的平行性

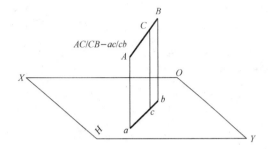

图 2.12 平行投影的从属性与定比性

★ 特别提示

平行投影具有同素性、显实性、积聚性、类似性、平行性、从属性与定比性等特性。

2.3 物体三视图

工程上绘制图样的方法主要是正投影法。但用正投影法绘制一个投影图来表达物体的形状往往是不够的。如图 2.13 所示，四个形状不同的物体在投影面 H 上具有相同的正投影，单凭这个投影图来确定物体的唯一形状，是不可能的。

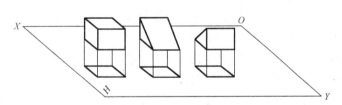

图 2.13 不同形体的单面投影

如果对一个较为复杂的形体，即便是向两个投影面作投影，其投影也就只能反映它的两个面的形状和大小，也不能确定物体的唯一形状。图 2.14 所示的三个形体，它们的 H、W 投影相同，要凭这两面的投影来区分它们的形状，是不可能的。因此，若要使正投影图唯一确定物体的形状结构，仅有一面或两面投影是不够的，必须采用多面投影的方法，因此，设立了三面投影体系。

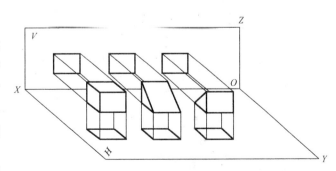

图 2.14 不同形体的两面投影

2.3.1 三面投影体系的建立

将三个两两互相垂直的平面作为投影面，组成一个三面投影体系，如图 2.15 所示。其中水平投影面用 H 标记，简称水平面或 H 面；正立投影面用 V 标记，简称正立面或 V 面；侧立投影面用 W 标记，简称侧面或 W 面。两投影面的交线称为投影轴，H 面与 V 面的交线为 OX 轴，H 面与 W 面的交线为 OY 轴，V 面与 W 面的交线为 OZ 轴，三条投影轴两两互相垂直并汇交于原点 O。

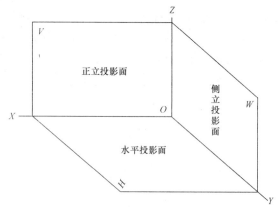

图 2.15 三面投影体系

2.3.2 三视图的形成

用正投影法将物体向投影面投射所得到的图形，称为视图。

将物体放置于三面投影体系中，并注意安放位置适宜，即把形体的主要表面与三个投影面对应平行，用正投影法进行投影，即可得到三个方向的正投影图，如图 2.16 所示。从前向后投影，在 V 面得到正面投影图，叫作主视图；从上向下投影，在 H 面上得到水平投影，叫作俯视图；从左向右投影，在 W 面上得到侧面投影图，叫作左视图。这样就得到了物体的主、俯、左三个视图。

为了把三个投影面上的投影画在一张二维的图纸上，我们假设沿 OY 投影轴将三面投影体系剪开，保持 V 面不动，H 面沿 OX 轴向下旋转 90°，W 面沿 OZ 轴向后旋转 90°，展开三面投影体系，使三个投影面处于同一个平面内，如图 2.17 所示。需要注意的是：这时 Y 轴分为两条，一条随 H 面旋转到 OZ 轴的正下方，用 YH 表示；另一条随 W 面旋转到 OX 轴的正右方，用 YW 表示，如图 2.18（a）所示。

实际绘图时，在投影图外不必画出投影面的边框，也不注写 H、V、W 字样，也不必画出投影轴（又称无轴投影），只要按方位和投影关系画出主、俯、左三个视图即可，如图 2.18（b）所示，这就是形体的三面正投影图，简称三视图。

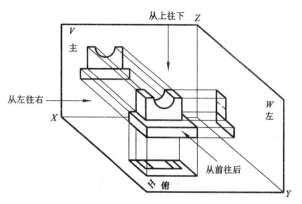

图 2.16 三视图的形成

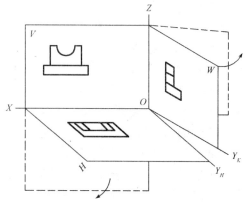

图 2.17 三投影面体系的展开

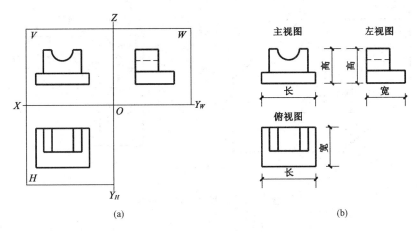

图 2.18 形体的三视图

2.3.3 三视图之间的投影关系

在三面投影体系中，形体的 X 轴方向尺寸称为长度，Y 轴方向尺寸称为宽度，Z 轴方向尺寸称为高度，如图 2.18（b）所示。在形体的三面投影中，水平投影图和正面投影图在 X 轴方向都反映物体的长度，它们的位置左右应对正，即"长对正"。正面投影图和侧面投影图在 Z 轴方向都反映物体的高度，它们的位置上下应对齐，即"高平齐"。水平投影图和侧面投影图在 Y 轴方向都反映物体的宽度，这两个宽度一定相等，即"宽相等"。

主俯视图长对正；

主左视图高平齐；

俯左视图宽相等。

这称为"三等关系"，也称"三等规律"，它是形体的三视图之间最基本的投影关系，是画图和读图的基础。应当注意，这种关系无论是对整个物体还是对物体局部的每一点、线、面均符合。

2.3.4 三视图之间的位置关系

在看图和画图时必须注意，以主视图为准，俯视图在主视图的正下方，左视图在主视图的正右方。画三视图时，一般应按上述位置配置，且不需标注其名称。

如因受图幅限制，立面图、平面图和侧立面图不能画在一张图纸上时，则允许分别画在几张图纸上，这时不存在上述排列问题，但必须在视图下面标注名称。

2.3.5 物体与三视图之间的方位关系

物体在三面投影体系中的位置确定后，相对于观察者，它在空间就有上、下、左、右、前、后六个方位，如图 2.19（a）所示。每个投影图都可反映出其中四个方位。V 面投影反映形体的上、下和左、右关系，H 面投影反映形体的前、后和左、右关系，W 面投影反映形体的前、后和上、下关系，如图 2.19（b）所示。而且俯、左视图远离主视图的一侧反映的是物体的前面，靠近主视图的一侧反映的是物体的后面。

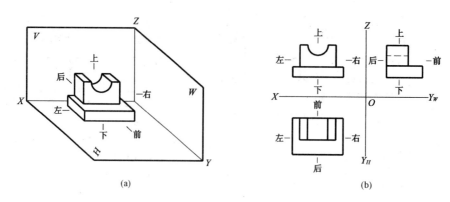

图 2.19 三视图的方位关系

2.3.6 画三视图的方法与步骤

绘制形体的三视图时,应将形体上的棱线和轮廓线都画出来,并且按投影方向,可见的线用实线表示,不可见的线用虚线表示,当虚线和实线重合时只画出实线。

绘图前,应先将反映物体形状特征最明显的方向作为主视图的投射方向,并将物体放正,然后用正投影法分别向各投影面进行投影,如图 2.20(a)。先画出正面投影图,然后根据"三等关系",画出其他两面投影。"长对正"可用靠在丁字尺工作边上的三角板,将 V、H 面两投影对正。"高平齐"可以直接用丁字尺将 V、W 面两投影拉平。"宽相等"可利用过原点 O 的 45°斜线,利用丁字尺和三角板,将 H、W 面投影的宽度相互转移,如图 2.20(b)所示,或以原点 O 为圆心作圆弧的方法,得到引线在侧立投影面上与"等高"水平线的交点,连接关联点而得到侧面投影图。

三面投影图之间存在着必然的联系。只要给出物体的任何两面投影,就可求出第三个投影。

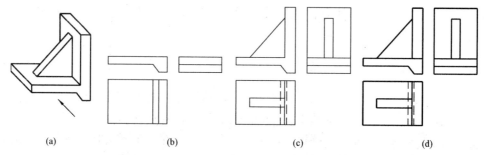

图 2.20 画三视图的步骤

(a) 分析物体形状;(b) 画底版三面投影;
(c) 画直墙及支撑板三面投影;(d) 检查描深,完成全图

本章小结

本章主要内容包括:投影的概念及分类;平行投影的特性;物体三视图。通过本章的学习主要掌握以下内容:

1. 平行投影与中心投影的区别与联系。

(1) 平行投影：有时光线是一组互相平行的射线，例如，太阳光或探照灯光的一束光中的光线。平行投影是由平行光线形成的投影。

(2) 中心投影：由同一点（点光源发出的光线）形成的投影。

(3) 两者的区别与联系。

投影类型	区别		联系
	光线	物体与投影面平行时的投影	
平行投影	平行的投射线	全等	都是物体在光线的照射下，在某个平面内形成的影子，即都是投影
中心投影	从一点出发的投射线	放大（位似变换）	

2. 投影法的分类。

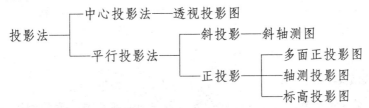

透视投影图：立体感和真实感强，但作图较繁，不足以反映物体的真实形状和大小。

轴测投影图：有立体感，作图简便。不能反映整个物体的真实形状。

多面正投影图：度量性好，在工程上应用最广，作图简便，但缺乏立体感。

标高投影图：主要用于表示地形、道路和土工建筑物。

3. 视图。

(1) 掌握常见几何体的三视图。

(2) 三视图的排列规则：俯视图放在主视图的下面，长度与主视图的长度一样；左视图放在主视图的右面，高度与主视图的高度一样，宽度与俯视图的宽度一样，可简记为"长对正、高平齐、宽相等"。

3 点、直线和平面的投影

★教学内容

点的投影；直线的投影；平面的投影；直线与平面、平面与平面的相对位置。

★教学要求

1. 掌握点的投影规律，会判断重影点，掌握特殊位置点的投影及其规律。
2. 掌握各种位置直线的投影特性，并能判断直线的空间位置。
3. 掌握各种位置平面的投影特性，并能判断平面的空间位置。
4. 掌握点和直线在平面上的几何条件，会用辅助线法示属于平面上的点。
5. 在学习过程中注意加强练习，勤于思考，将所学内容与工程结合起来，培养空间思维能力。

3.1 点的投影

点的投影包括点的投影规律、点的坐标、两点的相对位置三部分。

点、线、面是组成物体的最基本几何元素，因此，首先从点开始描述物体投影的表示方法。我们知道，空间的一个形体由多个侧面所围成，各侧面相交于多条棱线，各棱线相交于多个顶点。如果画出各点的投影，把各点连成线，再由各线组成平面，最后由平面构成一个形体，就可以作出一个形体的投影。所以，点是形体的最基本元素，点只有空间位置而无大小。

3.1.1 点的投影规律

3.1.1.1 点的单面投影

（1）点在一个投影面上的投影。过空间点 A 作投射线垂直于投影面 H，投射线与 H 面

的交点 a 为空间点 A 在 H 面上的投影。如图 3.1 所示，可知由空间点向选定的投影面进行投射，其投影是唯一的。相反地，由点在一个投影面上的投影不能确定点的空间位置，因为过投影 a 的垂线上所有点（点 A_1、A_2、…、A_n）的投影都是 a，所以已知点 A 的一个投影 a 是不能唯一确定空间点 A 的位置的。

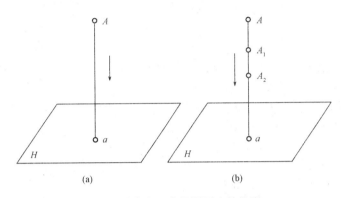

图 3.1 点在一个投影面上的投影
（a）点向投影面投射；（b）点的投影确定空间点的位置

（2）投影的可逆要求。工程上的图示法和图解法是有可逆要求的，即要求能根据空间几何元素和形体得到唯一确定的投影，也要求根据投影能唯一确定空间几何元素和形体的形状与位置。显然，只有物体的一个投影是不能确定该物体的。必须进行补充条件，形成能满足可逆性要求的适用于工程技术上的投影图，即增加投影面 – 多面正投影图。

3.1.1.2 点在两个投影面体系中的投影

（1）两面体系的构成。为了根据点的投影确定点在空间的位置，可引入两个互相垂直的投影面 V 和 H，如图 3.2 所示为水平投影面 H 和正立投影面 V 组成的两投影面体系。投影面 H 和投影面 V 的交线为 OX 轴（称投影轴），投影面 V、H 把空间分成四个部分，分别称之为 Ⅰ、Ⅱ、Ⅲ、Ⅳ 象限。

（2）基本概念。如图 3.3 所示，H 为水平投影面（简称水平面），V 为正立投影面（简称正面），OX 为投影轴（简称 X 轴）。设立两个相互垂直的正

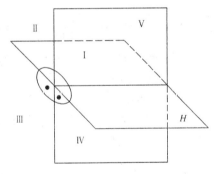

图 3.2 空间四象限划分图

立投影面 V 面和水平投影面 H 面，组成了两投影面体系。V 面和 H 面的交线称 X 轴。两投影面将空间划分为四个分角。这里只介绍第一分角中的投影。设在互相垂直的 H 面和 V 面作投射线 Aa 和 Aa'，交点 a 和 a' 就是 A 点在 H 面和 V 面的投影，分别称为 A 点的水平投影和正面投影，也称为 H 面投影和 V 面投影，点用小圆圈表示。

（3）投影特性。点的两面投影的投影特性如下：

1）点的正面投影和水平投影连线垂直于 OX 轴，即 $a'a \perp OX$，如图 3.3 所示。

2）点的正面投影到 OX 轴的距离，反映该点到 H 面的距离，点的水平投影到 OX 轴的距离，反映该点到 V 面的距离，即 $a'a_X = Aa$，$aa_X = Aa'$，如图 3.3 所示。

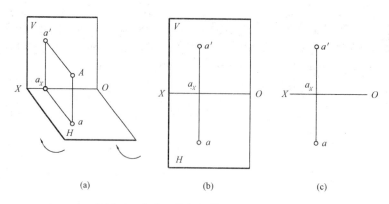

图 3.3 点在两面投影体系中的投影图
(a) 立体图;(b) 投影面展开图;(c) 投影图

(4) 其他分角点的投影图。如图 3.4 所示,空间点在不同分角内的投影,Ⅰ 分角内点 A,Ⅱ 分角内点 B,Ⅲ 分角内点 C,Ⅳ 分角内点 D。

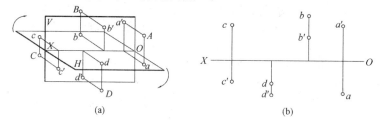

图 3.4 其他分角点的投影图
(a) 立体图;(b) 投影图

3.1.1.3 点在三个投影面体系中的投影

(1) 点的三面投影体系的形成。虽然由点的两面投影能确定点在空间的位置,但在某些情况下,如已知点 A 到 H 面和 V 面的距离,则不能确定点 A 在空间的位置。为了更清楚地表达空间物体的形体,有时需要在两投影面体系基础上,再增加一个与 H 面及 V 面垂直的侧立的投影面 W 面,形成三面投影体系。如图 3.5 所示,A 点投影完毕后按投影面展开法展开,即让 V 面保持不动,H 面绕 OX 轴向下旋转 90°,W 面绕 OZ 轴向右旋转 90°与 V 面重合,就得到 A 点的三面投影图。为了便于进行投影分析,用细实线将点的相邻两投影连起来,如 aa'、$a'a''$ 称为投影连线。a 与 a'' 不能直接相连,因为在展开时 Y 轴被分开了,Y_H 和 Y_W 均表示同一根 Y 轴,所以作图时常以原点为圆心作圆弧或作 45°辅助线的方法来实现这一联系。

如图 3.5 所示,得到空间点 A 在三个投影面上的投影:a' 为点 A 的正面投影;a 为点 A 的水平投影;a'' 为点 A 的侧面投影。

(2) 投影特性。如图 3.5 所示,点 A 的投影特性如下:

1) 点 A 的正面投影和水平投影的连线垂直于 OX 轴,即 $a'a \perp OX$。
2) 点 A 的正面投影和侧面投影的连线垂直于 OZ 轴,即 $a'a'' \perp OZ$。
3) 点 A 的水平投影到 OX 轴的距离等于其侧面投影到 OZ 轴的距离,即 $aa_X = a''a_Z = Y = A$

到 V 面的距离；同理得到 $a'a_X = a''a_{YW} = Z = A$ 到 H 面的距离；$aa_{YW} = a'a_Z = X = A$ 到 W 面的距离（可以用45°辅助线或以原点为圆心作弧线来反映这一投影关系）。

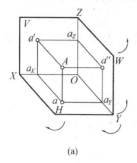 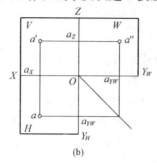 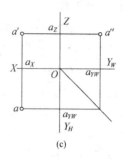

(a) (b) (c)

图 3.5　点在三面体系中的投影

(a) 立体图；(b) 投影面展开后；(c) 投影图

（3）规定。为了进行标准的统一，规定：用大写字母（如 A）标记空间点，它的水平投影、正面投影和侧面投影，分别用相应的小写字母（如 a、a' 和 a''）标记。

（4）特殊位置点的三面投影规律。特殊位置点包括点在投影面上、点在投影轴上、点在原点 O 上三种。如图 3.6 所示，空间点 A 在正投影面上，空间点 B 在 OX 投影轴上，空间点 C 在原点 O 上。点 A 在 V 面上则 A 点到 V 面的距离为零，即 A 与 a' 重合且 $aa_X = 0$，a 与 a_X 重合，a'' 与 a_Z 重合，A 点的水平投影 a 在 X 轴上，A 点的侧面投影 a'' 在 Z 轴上；点 B 在 X 轴上，则点 B 既在 V 面上也在 H 面上，B 与 b' 重合，B 与 b 重合，b'' 与原点 O 重合；点 C 在原点 O 上，则点 C 的正面投影、水平投影、侧面投影都与原点 O 重合。

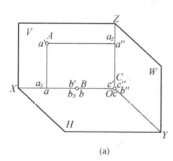 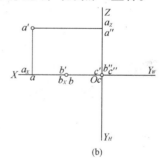

(a) (b)

图 3.6　特殊位置点的投影

(a) 立体图；(b) 投影图

★ **特别提示**

根据投影特性"长对正、高平齐、宽相等"的特点，在三面投影体系中，由一点的任意两个投影均可确定点在空间的位置，同时由点的任意两个投影可以求出第三个投影。

3.1.1.4　点的投影规律的应用

根据上述投影规律，若已知点的任何两个投影，就可求出它的第三个投影。

【例3-1】如图 3.7（a）所示，已知各点 A、B、C 的两面投影，作出它们的第三投影。

解：1）分析：根据点的投影规律及"长对正、高平齐、宽相等"的投影特性，只要知道点的任意两面投影，均可作图求得第三面投影。水平投影和侧面投影之间利用45°辅助线作图。

2）作图步骤：

①过 a' 向 OZ 轴作水平线并延长，过 a 作水平线与45°分角线相交，从交点处向上作铅垂线，该铅垂线与过 a' 向所作水平线相交，交点即为 a''。

②过 b' 向 OZ 轴作水平线并延长，过 b 作水平线与45°分角线相交，从交点处向上作铅垂线，该铅垂线与过 b' 向所作水平线相交，交点即为 b''，交点在投影轴上。

③过 c' 向下作铅垂线，过 c'' 向下作铅垂线与45°分角线相交，从交点处再向左作水平线，该水平线与过 c' 所作铅垂线相交，交点即为 c。

④作图结果如图 3.7（b）所示。

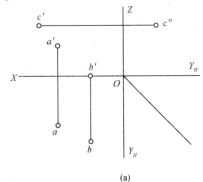 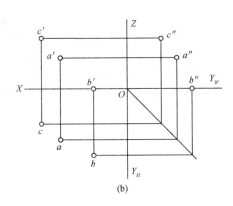

图 3.7 点在三面体系中的投影
(a) 已知条件；(b) 作图结果

★ 特别提示

一般在作图过程中，应自点 O 作辅助线（与水平方向夹角为45°），以表明投影作图规律与方法。

【例3-2】判别图 3.8（a）中点 A、B 的三面投影是否正确。若不正确，请在图 3.8（b）中给出正确的三面投影。

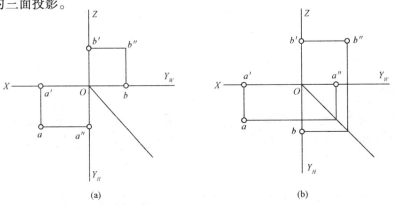

图 3.8 判断点 A、B 的三面投影是否正确
(a) 已知条件；(b) 改正结果

解:1)分析:根据点的投影规律可知,A 点在水平面上,B 点在侧面上,AB 均为特殊位置点。根据特殊位置点的投影特性即可判断错误。

2)解题过程:由图 3.8(a)中点 A 的三面投影图可以知道:A 的正面投影 a' 位置是正确的,但字母 a' 书写的位置在水平面 H 上,应书写在正面 V 面上;同时,A 的侧面投影 a'' 不应在 Y_H 轴上,而应在 Y_W 上,a'' 字母也应书写在 W 面内。B 点的三面投影图有两个错误:一是 B 点的水平投影 b 的位置应该在 OY_H 轴上,而不应在 OY_W 轴上;二是 b' 书写位置不对,应书写在 V 面内。改正后的投影图如图 3.8(b)所示。

3.1.2 点的坐标

3.1.2.1 点的投影和点的坐标关系

在三投影面体系中,点的位置可由点到三个投影面的距离来确定。如果将三个投影面 H、V、W 作为坐标面,三条投影轴 OX、OY、OZ 作为坐标轴,三轴的交点 O 作为坐标原点,则由图 3.9 可以看出,一点的 H 投影可反映该点的 X、Y 坐标;一点的 V 投影可反映该点的 X、Z 坐标;一点的 W 投影可反映该点的 Y、Z 坐标。图 3.9 中 A 点的直角坐标与其三个投影存在以下关系:点 A 到 W 面的距离 $Aa'' = Oa_X = a'a_Z = aa_{YH} = X$ 坐标;点 A 到 V 面的距离 $Aa' = Oa_{YH} = Oa_{YW} = aa_X = a''a_Z = Y$ 坐标;点 A 到 H 面的距离 $Aa = Oa_Z = a'a_X = a''a_{YW} = Z$ 坐标。

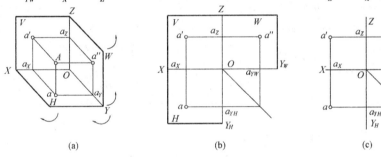

图 3.9 点在三面体系中的投影
(a)立体图;(b)投影面展开后;(c)投影图

用坐标来确定空间点的位置,其书写形式:$A(x,y,z)$。由图 3.9 可知,坐标 x 和 z 决定点的正面投影 a',坐标 x 和 y 决定点的水平投影 a,坐标 y 和 z 决定点的侧面投影 a'',若用坐标表示,则为 $a(x,y)$、$a'(x,z)$、$a''(y,z)$。任一投影都包含了两个坐标,所以,一点的两个投影就包含了确定该点空间位置的三个坐标,即确定了点的空间位置。因此,已知一点的三面投影,就可以量出该点的三个坐标;相反地,已知一点的三个坐标,就可以量出该点的三面投影。

★特别提示

求作点的三面投影面首先要正确理解点的坐标与点的三面投影之间的关系,如 $b(x,y)$,$b'(x,z)$,$b''(y,z)$。做这类题的关键是要找出点的三个坐标值,坐标值可能是具体的数值,也可能是图中的线段。求作直观图一要正确建立好直观图的坐标系,二要依次在对应的位置截取坐标值。要注意正确标注出坐标轴的字母。投影连线用细实线绘制。

3.1.2.2 特殊位置点的坐标

当空间点的 X、Y、Z 三个坐标均不为零,其三个投影都不在投影轴上时为一般位置点的投影,除此之外为特殊位置点的投影,具体分类如下:

(1) 在投影面上的点(有一个坐标为0)。有两个投影在投影轴上,另一个投影和其空间点本身重合。

(2) 在投影轴上的点(有两个坐标为0)。有一个投影在原点上,另两个投影和其空间点本身重合。

(3) 在原点上的点(有三个坐标都为0)。它的三个投影必定都在原点上。

一般点的投影规律与坐标关系,对于特殊位置点同样适用。

3.1.2.3 不同位置点的投影特性总结

不同位置点的投影特性见表 3.1。

表 3.1 不同位置点的投影特性

分类 位置	点在空间	点在投影面上	点在投影轴上	点在原点
坐标特性	三个坐标值均不为零	只有一个坐标值为零	有两个坐标值为零	三个坐标值均为零
投影特性	三面投影均在投影面上	一面投影与空间点重合,另两面投影在投影面上	两面投影在投影轴上并与空间点重合,另一面投影在原点	三面投影均在原点

3.1.2.4 点的投影和点的坐标关系应用

【例3-3】如图 3.10 所示,已知点 A (15,12,10),试作点 A 的三面投影图。

解:1) 分析:根据点 A 的坐标与点的投影之间的关系知:点 A 到 W 面的距离是 15;点 A 到 V 面的距离是 12;点 A 到 H 面的距离是 10。用刻度尺量取相应的长度画到三面投影图中,即可求得点 A 的三面投影。

2) 作图步骤:

方法一:找到投影轴,在投影轴 OX、OY_H、OY_W、OZ 上,分别从原点 O 量取 15、12、10,得点 a_X、a_{YH}、a_{YW} 和 a_Z;过 a_X、a_{YH}、a_{YW} 和 a_Z 等点,分别作投影轴 OX、OY_H、OY_W、OZ 的垂线,分别相交得到点 A 的三面投影 a、a'、a'';作图结果如图 3.10 (b) 所示。

方法二:在 OX 轴上,从 O 点截取 15,得 a_X 点,过该点作 OX 轴的垂线,在该垂线上,从 a_X 点向下截取 12,得到 a,向上截取 10 得到 a';过 O 点作 45°方向斜线,从 a 作水平线交 45°斜线于 a_0,过 a_0 向上作竖直线与过 a' 向右的水平线相交,其交点即为 a'';作图结果如图 3.10 (c) 所示。

3 点、直线和平面的投影

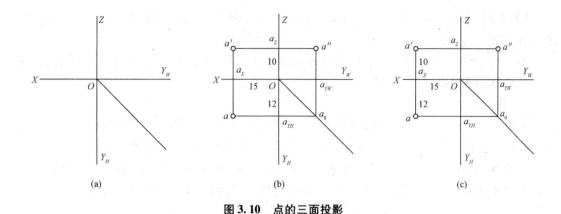

图 3.10 点的三面投影

（a）已知条件；（b）作图方法一；（c）作图方法二

【例 3-4】已知空间点 B 到三个投影面 W、V、H 面的距离分别为 25，20，30。求作 B 点的三面投影图及直观图（斜二轴测图）。

解：1）分析：点 B 到三个投影面的距离分别是 25、20、30，根据点的投影形成过程可以知道，点到 W 面的距离等于点 B 的 x 坐标值，点到 V 面的距离等于点 B 的 y 坐标值，点到 H 面的距离等于点 B 的 z 坐标值，则点 B 的坐标为（25，20，30）。

直观图的作法有多种，具体见第 7 章轴测图。斜二轴测是常用的一种轴测图。根据坐标与轴测图之间的比例关系即可作出点 B 的直观图。

2）作图过程：

求作点 B 的三面投影图：作出投影轴并标注上相应的字母。沿 OX 轴的方向向左量取 x 坐标（$x=2$），使 $Ob_X=25$；再过 b_X 作 OX 轴垂线，向上截取 $b_Xb'=30$，向下截取 $b_Xb=20$，分别得到点的正面投影 b' 和水平投影 b；由这两面投影根据点的三面投影规律作出侧面投影 b''，作图结果如图 3.11（a）所示。

作点 B 的直观图：画出三条投影轴，OX 轴沿水平方向，OZ 轴垂直于 OX 轴，OY 轴与 OX 轴夹角为 135°；沿 OX 轴向左截取 $Ob_X=25$，过 b_X 作 OY 轴平行线，在 OY 轴的平行线上截取 $b_Xb=20$（作图尺寸 10，原因是斜二轴测图实际尺寸与作图尺寸 Y 坐标方向比值为 2∶1），再过 b 点作 H 面的垂线（OZ 轴平行线），向上量取 $bB=30$，即点 B，作图结果如图 3.11（b）所示。

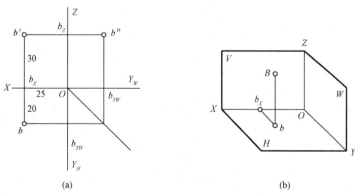

图 3.11 一般位置点的投影

（a）三面投影图；（b）直观图

【例3-5】如图3.12所示,已知点 A (20,15,10)、B (30,10,0)、C (15,0,0),求作各点的三面投影。

解:1)分析:由于 $Z_B=0$,所以 B 点在 H 面上,$Y_C=0$,$Z_C=0$,则点 C 在 X 轴上。根据点的坐标求点的投影。

2)作图过程:

①作 A 点的投影:在 OX 轴上量取 $oa_X=20$;过 a_X 作 $aa'\perp OX$ 轴,并使 $aa_X=15$,$a'a_X=10$;过 a' 作 $a'a''\perp OZ$ 轴,并使 $a''a_Z=aa_X$,a、a'、a'' 即为所求 A 点的三面投影。

②作 B 点的投影:在 OX 轴上量取 $Ob_X=30$;过 b_X 作 $bb'\perp OX$ 轴,并使 $b'b_X=0$,$bb_X=10$,由于 $Z_B=0$,b'、b_X 重合。即 b' 在 X 轴上;因为 $Z_B=0$,b'' 在 OY_W 轴上,在该轴上量取 $Ob_{YW}=10$,得 b'',则 b、b'、b'' 即为所求 B 点的三面投影。

③作 C 点的投影:在 OX 轴上量取 $Oc_X=15$;$Y_C=0$,$Z_C=0$,c、c' 都在 OX 轴上与 C 重合,c'' 与原点 O 重合。

④A、B、C 三点的投影作图结果如图3.12(b)所示。

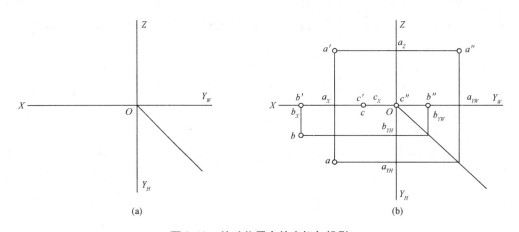

图3.12 特殊位置点的坐标与投影
(a)已知条件;(b)作图结果

【例3-6】根据图3.13中所给 A、B、C 三点的投影图,判别 A、B、C 三点的空间位置。

解:1)分析:判别 A、B、C 的空间位置就是判定坐标与投影之间的关系,根据坐标与投影之间关系,就可以准确判定这三点的空间位置。

2)解题过程:

①A 点的三面投影 a、a'、a'' 均不在投影轴上,说明 x、y、z 都不为零,所以 A 点在空间。

②B 点的正投影、侧面投影均在投影轴上,说明 Z 坐标为零,所以 B 点在水平面上。

③C 点的水平投影、侧面投影均在投影轴上,说明 Y 坐标为零,所以 C 点在正面上。由上分析可知:A 点在空间,B 点在水平面上,C 点在正面上。

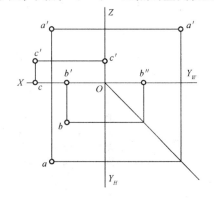

图3.13 判别 A、B、C 的空间位置

3.1.3 两点的相对位置

3.1.3.1 基本知识

两点的相对位置是指空间两个点的上下、左右、前后关系。设已知空间点 A，由原来的位置向左（或向右）移动，则 X 坐标随着改变，也就是点 A 对 W 面的距离改变；如果点 A，由原来的位置向前（或向后）移动，则 Y 坐标随着改变，也就是点 A 对 V 面的距离改变；如果点 A，由原来的位置向上（或向下）移动，则 Z 坐标随着改变，也就是点 A 对 H 面的距离改变。

综上所述，对于空间两点 A、B 的相对位置具有以下规律：距 W 面远者在左（X 坐标大）、近者在右（X 坐标小）；距 V 面远者在前（Y 坐标大）、近者在后（Y 坐标小）；距 H 面远者在上（Z 坐标大）、近者在下（Z 坐标小）。

在投影图上，是以它们的坐标差来确定的。两点的 V 面投影反映上下、左右关系；两点的 H 面投影反映左右、前后关系；两点的 W 面投影反映上下、前后关系。

3.1.3.2 判别原则

两点的相对位置的判别原则：以一点为基准，判别另一点对这一点的上下、左右、前后位置关系。

3.1.3.3 判别方法

判别两点间的相对位置的依据是两点的同名坐标。X 坐标决定左右位置，坐标值大的在左；Y 坐标决定前后位置，坐标值大的在前；Z 坐标决定上下位置，坐标值大的在上。

如图 3.14 所示，$Z_a > Z_b$，点 A 在点 B 上方；$Y_a > Y_b$，点 A 在点 B 的前方；$X_a > X_b$，点 A 在点 B 的左方。综上可得，点 A 在点 B 的左前上方。

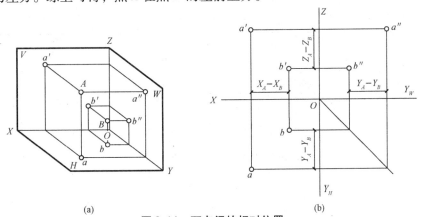

(a)　　　　　　　　　　　　　　(b)

图 3.14　两点间的相对位置
（a）立体图；（b）投影图

如果点的三面投影均在投影面上，则该点一定在空间；如果点的三面投影中只有一面投影在投影面上，另两面投影在投影轴上，则该点一定在某投影面上；如果点的三面投影有两面在投影轴上且另一面投影在原点，则该点一定在某投影轴上。

★特别提示

空间每个点具有前后、左右、上下六个方位，由点的三个坐标可知空间点到三个投影面之间的距离，因此，分析空间两点的相对位置，只需分析它们的坐标值即可。由投影图判别点的空间位置，就是由平面到空间的读图过程，因而也是培养空间想象能力的开始，熟练掌握这些规律是以后读图的基础。

【例3-7】 如图3.15所示，已知点 A 的三面投影图，点 B 在点 A 的正上方5 mm，点 C 在点 A 左方10 mm、后方10 mm处，且点 C 与点 A 等高。求作出点 B、点 C 的三面投影，并比较 B、C 两点的相对位置。

解： 1) 分析：点 B 在点 A 的正上方5 mm，说明点 B 与点 A 是一对重影点，它们的水平投影重合在一起。若设点 A 的三个坐标为 (x, y, z)，则点 B 的坐标为 $(x, y, z+5)$，求作点 B 的三面投影时，b' 应在 a' 正上方5 mm，b'' 也在 a'' 正上方5 mm，b 与 a 重合，且 b 可见 a 不可见；点 C 在点 A 左方10 mm、后方10 mm处，且点 C 与点 A 等高，则点 C 的坐标为 $(x+10, y-10, z)$；求作点 C 的三面投影时，c' 在 a' 左侧10 mm处，c'' 在 a'' 后方10 mm处，再由 c'、c'' 作出点 c 的水平投影 c。

2) 作图过程：a' 向上截取5 mm即为 b'，水平投影 ba 积聚为一点，过 $b(a)$ 向右作水平线与45°分角线相交，从交点处向上作铅垂线，该铅垂线与过 b' 向所作水平线相交，交点即为 b''；a' 向左截取10 mm，向下作铅垂线，a'' 向左截取10 mm即为 c''，c'' 向下作铅垂线与45°分角线相交，从交点处向左作水平线与 c' 向铅垂线相交，交点即为 c。作图结果如图3.15（b）所示。由投影图可看出，点 B 在点 C 的上方、右侧、前方。

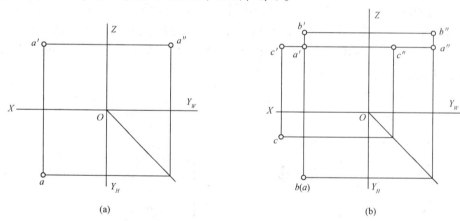

图3.15 比较 B、C 两点的相对位置
（a）已知条件；（b）作图结果

3.1.3.4 重影点

当两点的投影重合时，就需要判别其可见性，应注意：对 H 面的重影点，从上向下观察，Z 坐标值大者可见；对 W 面的重影点，从左向右观察，X 坐标值大者可见；对 V 面的重影点，从前向后观察，Y 坐标值大者可见。在投影图上不可见的投影加括号表示，如图3.16（a）所示。即在同一方向，坐标值大的挡住了坐标值小的，坐标小的要加圆括号。

（1）重影：空间两个无从属关系的点，若在某一面上的投影重合在一起，则它们在该面上重合的投影称为重影。

（2）重影点：空间两个无从属关系的点，若在某一面上的投影重合在一起，则把这空间两点称为重影点。

(3) 形成重影点的条件：空间两点必须有两对同名坐标对应相等且另一对同名坐标不相等。

(4) 可见性判别及表示：根据重影点不相等的一对坐标判别。哪一个点的坐标值大，哪一个点的投影就可见。在投影图上，将投影不可见的点的字母用圆括号括起来。

如图 3.16 （a） 所示，表示 A、B 两点的正面投影重合为一点，A、B 两点称为 V 面的重影点，B 点在前，A 点在后，B 点可见，A 点不可见，标注为 $b'(a')$。

如图 3.16 （b） 所示，表示 C、D 两点的水平投影重合为一点，C、D 两点称为 H 面的重影点，C 点在上，D 点在下，C 点可见，D 点不可见，标注为 $c(d)$。

如图 3.16 （c） 所示，表示 E、F 两点的侧面投影重合为一点，E、F 两点称为 W 面的重影点，E 点在左，F 点在右，E 点可见，F 点不可见，标注为 $e''(f'')$。

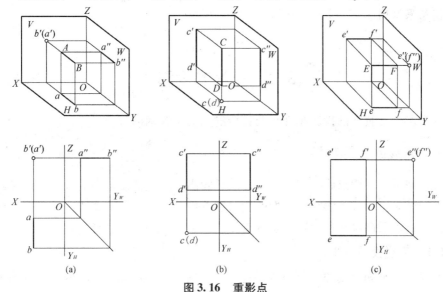

图 3.16　重影点

(a) V 面重影点；(b) H 面重影点；(c) W 面重影点

【例 3-8】 如图 3.17 所示，已知形体的立体图及投影图，试在投影图上标记形体上的重影点的投影。

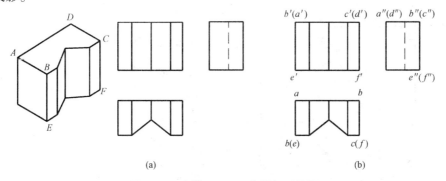

图 3.17　比较 B、C 两点的相对位置

(a) 已知条件；(b) 作图结果

解：1）分析：根据投影规律，两点位于某一投影面的同一条投射线上，则它们在这一

个投影上的投影互相重合,重合的投影为重影点。重影点可见点的投影写在前面,不可见点的投影在后面,不可见点加上圆括号。

2)作图过程:

①因 B、E、C、F 四点位于同一垂直于 H 面的侧棱上,它们的 H 面投影重影,B、C 点在上为可见,E、F 点在下为不可见。它们的重合投影标记为 $b(e)$、$c(f)$。

②因 B、A、C、D 四点位于同一垂直于 V 面的侧棱上,它们的 V 面投影重影,B、C 点在前为可见,A、D 点在后为不可见。它们的重合投影标记为 $b'(a')$、$c'(d')$。

③因 A、D、B、C、E、F 六点位于同一垂直于 W 面的侧棱上,它们的 W 面投影重影,A、B、E 点在左为可见,D、C、F 点在右为不可见。它们的重合投影标记为 $a''(d'')$、$b''(c'')$、$e''(f'')$。

④作图结果如图 3.17(b)所示。

3.2 直线的投影

直线的投影包括直线的投影特性、两直线的相对位置两部分。

3.2.1 直线的投影特性

由初等几何可知,两点确定一条直线,故只画出直线上任意两点的投影,连接其同面投影,即为直线的投影。按直线与投影面的相对位置可分为一般位置直线、投影面平行线和投影面垂直线三种。后两种统称为特殊位置直线。

3.2.1.1 直线投影概述

一般情况下,空间直线的投影仍然为直线。根据几何学定理,空间两点可以确定一条直线,所以在求作直线的三面投影时,可分别作出直线上任意两点(通常是直线的两个端点)的三面投影,然后将其同面投影用直线相连接,即可得到直线的三面投影,如图 3.18 所示。工程中通常规定:直线对 H 面的倾角用 α 表示,对 V 面的倾角用 β 表示,对 W 面的倾角用 γ 表示。

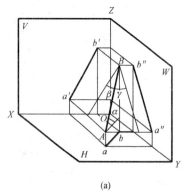
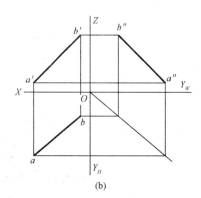

(a)　　　　　　　　　　　　(b)

图 3.18　直线的三面投影

(a)立体面;(b)投影线

3.2.1.2 各种位置直线的投影特性

根据直线对投影面的相对位置，直线可分为投影面平行线、投影面垂直线、一般位置直线三种。

（1）投影面平行线。平行于某一投影面且倾斜于其他投影面的直线称为投影面平行线。投影面平行线有三种类型，即平行于正立投影面 V 且倾斜于其他投影面的直线称为正平线，平行于水平投影面 H 且倾斜于其他投影面的直线称为水平线，平行于侧立投影面 W 且倾斜于其他投影面的直线称为侧平线。

1）水平线。如图 3.19 所示，水平线只平行于 H 面。水平投影反映实长及倾角，正面投影及侧面投影垂直于 OZ 轴。水平线的投影特性为：$ab = AB$；$a'b' // OX$；$a''b'' // OY_W$；水平投影反映 β、γ 角的真实大小。

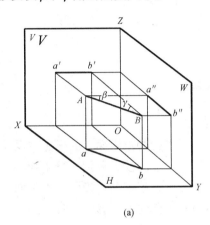
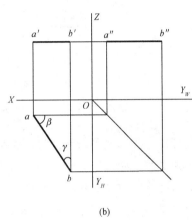

图 3.19 水平线投影特性

（a）立体图；（b）投影图

2）正平线。如图 3.20 所示，正平线只平行于 V 面。正面投影反映实长及倾角，水平投影及侧面投影垂直于 OY 轴。正平线的投影特性为：$a'b' = AB$；$ab // OX$；$a''b'' // OZ$；正面投影反映 α、γ 角的真实大小。

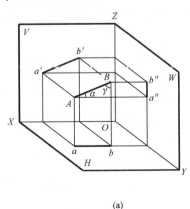
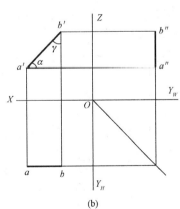

图 3.20 正平线投影特性

（a）立体图；（b）投影图

3)侧平线。如图 3.21 所示,侧平线只平行于 W 面。侧面投影反映实长及倾角,水平投影及正面投影垂直于 OX 轴。侧平线的投影特性为:$a''b'' = AB$;$a'b' // OZ$;$ab // OY_H$;侧面投影反映 α、β 角的真实大小。

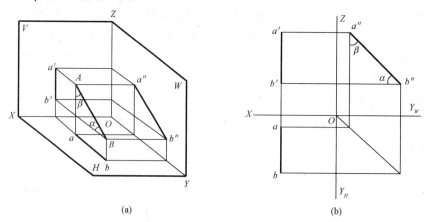

图 3.21 侧平线投影特性
(a)立体图;(b)投影图

由上可知,投影面平行线的投影特征性:直线在它所平行的投影面上的投影,反映该线段的实长和对其他两投影面的倾角;直线在其他两个投影面上的投影分别平行于相应的投影轴,且都小于该线段的实长。事实上,在直线的三面投影中,若有两面投影垂直于同一投影轴,而另一投影处于倾斜状态,则该直线必平行于倾斜投影所在的投影面,且反映与其他两投影面夹角的实形。

(2)投影面垂直线。垂直一个投影面,与另两个投影面平行的直线段,称为投影面垂直线。投影面垂直线有三种类型:垂直于 V 面,与 H 面、W 面平行的直线段称为正垂线;垂直于 H 面,与 V 面、W 面平行的直线段称为铅垂线;垂直于 W 面,与 V 面、H 面平行的直线段称为侧垂线。

1)正垂线。由图 3.22 可知,正垂线是与正面垂直的线。正面投影积聚为一点;水平投影及侧面投影平行于 OY 轴,且反映实长。正垂线的投影特性为:$a'b'$ 积聚成一点;$ab \perp OX$;$a''b'' \perp OZ$;$ab = a''b'' = AB$。

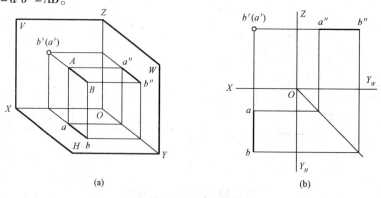

图 3.22 正垂线投影特性
(a)立体图;(b)投影图

2）铅垂线。由图 3.23 可知，铅垂线是与水平面垂直的线。水平投影积聚为一点；正面投影及侧面投影平行于 OZ 轴，且反映实长。铅垂线的投影特性为：ab 积聚成一点；$a'b' \perp OX$；$a''b'' \perp OY$；$a'b' = a''b'' = AB$。

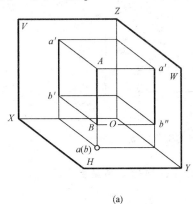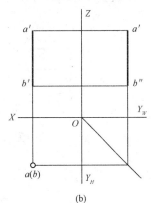

(a)　　　　　　　　　　　　　(b)

图 3.23　铅垂线投影特性

(a) 立体图；(b) 投影图

3）侧垂线。由图 3.24 可知，侧垂线是与侧面垂直的线。侧面投影积聚为一点；水平投影及正面投影平行于 OX 轴，且反映实长。侧垂线的投影特性为：$a''b''$ 积聚成一点；$ab \perp OY_H$；$a'b' \perp OZ$；$ab = a'b' = AB$。

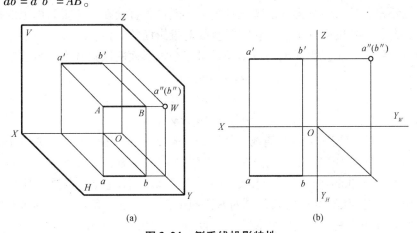

(a)　　　　　　　　　　　　　(b)

图 3.24　侧垂线投影特性

(a) 立体图；(b) 投影图

由上分析可知，投影面垂直线的投影特性主要包括：直线在它所垂直的投影面上的投影积聚成一点；直线在其他两个投影面上的投影分别垂直于相应的投影轴，且反映该直线段的实长。事实上，在直线的三面投影中，若有两面投影平行于同一投影轴，则另一投影必积聚为一点；只要空间直线的三面投影中有一面投影积聚为一点，则该直线必垂直于积聚投影所在的投影面。

【例 3-9】如图 3.25 所示，判别下列各直线的空间位置，并注明反映实际长度的投影。

解：1）分析：如图 3.25 所示，AB 的正面投影平行于 XO 投影轴，水平投影反映实形，根据水平线的投影特性可知 AB 为水平线；CD 的水平投影和正面投影垂直于 XO 投影轴，根据侧平线的投影特性可知 CD 为侧平线；EF 的正面投影反映实形，水平投影平行于 XO 投影轴，根据正平线的投影特性可知 EF 为正平线；GH 的正面投影垂直于 XO 投影轴，水平投影积聚为一点，由铅垂线的投影特性可知，GH 为铅垂线。

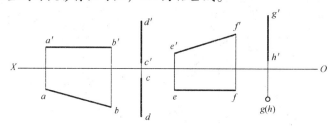

图 3.25 判别直线的空间位置

2）解题过程：根据直线空间位置关系相关定理，作题结果见表 3.2。

表 3.2 各直线空间位置

直　线	AB	CD	EF	GH
空间位置	水平线	侧平线	正平线	铅垂线
实长投影	ab	c″d″	e′f′	g′h′ 或 g″h″

（3）一般位置直线。如图 3.26 所示，直线与三个投影面都处于倾斜位置，与三个投影面既不垂直也不平行的直线称为一般位置直线。一般位置直线在三个投影面上的投影都不反映实长，而且与投影轴的夹角也不反映空间直线对投影面的夹角。

一般位置直线在三个投影面上的投影长、对三个投影面的倾角和空间直线实长的关系为

$$ab = AB\cos\alpha$$
$$a'b' = AB\cos\beta$$
$$a''b'' = AB\cos\gamma$$

由上述公式可知，对于一般位置直线，其 $0<\alpha<90°$，$0<\beta<90°$，$0<\gamma<90°$，因此直线的三个投影 ab、$a'b'$、$a''b''$ 均小于实长；ab、$a'b'$、$a''b''$ 均倾斜于投影轴；不反映 α、β、γ 实角。

（4）一般位置直线的实长及其与投影面夹角。一般位置直线的实长及其与投影面夹角包括三种情况：一是直线 AB 的实长及其对水平投影面的倾角 α 角；二是直线的实长及对正面投影面的倾角 β 角；三是直线的实长及对侧面投影面的倾角 γ 角。如图 3.26 所示。

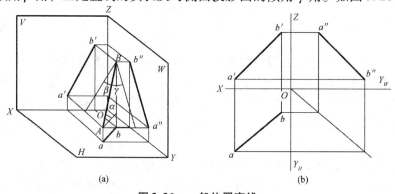

图 3.26 一般位置直线
（a）立体图；（b）投影图

求解一般位置直线的实长及其与投影面夹角可采用直角三角形平面分析法。

1) 直线的实长及对水平投影面的夹角 α 角。如图 3.27（a）所示，若已知 H 面上直线 AB 的投影 ab，要求出直线 AB 的实长以及与 H 面的倾角，需要过 $a(b)$ 作一条直线，且该直线垂直于 ab，量取 ΔZ（直线两端 A 和 B 点的 Z 坐标值之差），过 $b(a)$ 点首尾连接成斜边，此斜边就是空间直线 AB 的实长，直角三角形中 ΔZ 边对着的夹角即为直线 AB 与 H 面的夹角 α。

2) 直线的实长及对正面投影面的夹角 β 角。如图 3.27（b）所示，若已知 V 面上直线 AB 的投影 $a'b'$，要求出直线 AB 的实长以及与 V 面的倾角，需要过 $a'(b')$ 作一条直线，且该直线垂直于 $a'b'$，量取 ΔY（直线两端 A 和 B 点的 Y 坐标值之差），过 $b'(a')$ 点首尾连接成斜边，此斜边为实长，ΔY 所对夹角即为 β。

3) 直线的实长及对侧面投影面的夹角 γ 角。如图 3.27（c）所示，若已知 W 面上直线 AB 的投影 $a''b''$，要求直线 AB 的实长与倾角 γ，需要过 $a''(b'')$ 作一条直线，且该直线垂直于 $a''b''$，量取 ΔX（直线两端 A 和 B 点的 X 坐标值之差），过 $b''(a'')$ 点首尾连接成斜边，此斜边为实长，ΔX 所对夹角即为 γ。

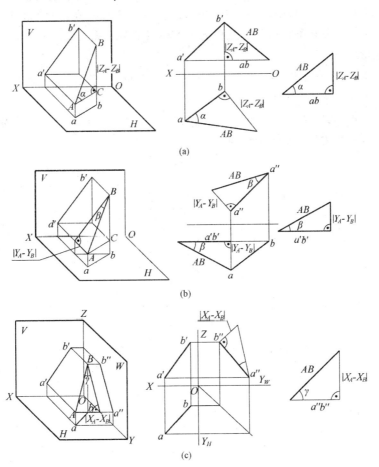

图 3.27 直线的实长及对侧面投影面的夹角

(a) 直线的实长及对水平投影面的夹角 α 角；(b) 直线的实长及对正面投影面的夹角 β 角；
(c) 直线的实长及对侧面投影面的夹角 γ 角

由上分析可知，一般位置直线的投影既不反映实长又不反映对投影面的真实倾斜角度。

求直线实长及其与投影面夹角通常采用直角三角形法，其作图要点如下：用线段在某一投影面上的投影长作为一条直角边，再以线段的两个端点相对于该投影面的坐标差作为另一条直角边，所作直角三角形的斜边即为线段的实长，斜边与投影长间的夹角即为线段与该投影面的夹角。

角度、投影、坐标差和投影之间的对应关系如下：

α 角——水平投影——Z 坐标差——线段实长；

β 角——正面投影——Y 坐标差——线段实长；

γ 角——侧面投影——X 坐标差——线段实长。

直角三角形法的四个要素，即实长、投影长、坐标差及直线对投影面的倾角。只要已知四要素中的任意两个，便可确定另外两个。解题时，直角三角形画在任何位置，都不影响解题结果。但用哪个长度来作直角边不能搞错。

【例3-10】如图3.28（a）所示，求线段 AB 的实长及 α。

解：1）分析：求线段 AB 的实长及 α，利用直角三角形法，在水平投影中量取 z 坐标差，求得直角三角形的斜边线段长度即为实长，对应的夹角即为 α；或者在正面投影中直接在 z 坐标差的基础上画直角三角形，同样也可求得实长和夹角 α。

2）作图过程：

方法1：以 ab 为一直角边；取 $Z_B - Z_A$ 为另一直角边；所得直角三角形的斜边即实长 AB，AB 与 ab 的夹角为 α，如图3.28所示。

方法2：以 $Z_B - Z_A$ 为一直角边；取 ab 为另一直角边；所得直角三角形的斜边即实长 AB。AB 与 ab 的夹角为 α，如图3.29所示。

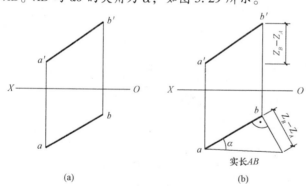

图3.28 求线段 AB 的实长及 α 方法1
(a) 已知条件；(b) 作图结果

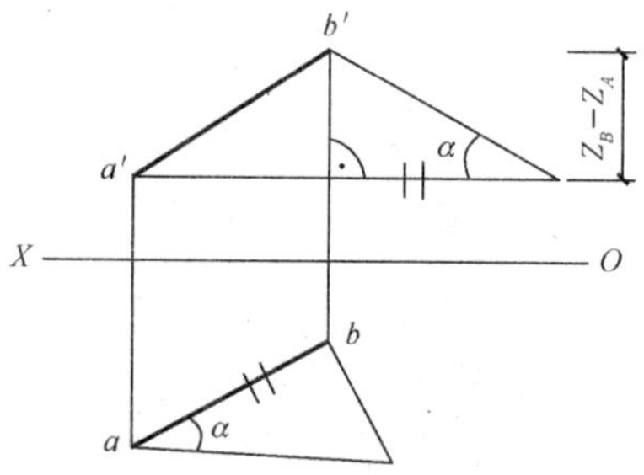

图3.29 求线段 AB 的实长及 α 方法2
(a) 已知条件；(b) 作图结果

【例3-11】如图3.30（a）所示，已知线段 AB 的实长和 $a'b'$ 及 a，求它的水平投影 ab。

解：1）分析：求直线的实长可以采用三角形法，已知实长，可以过直角三角形的非直角顶点画实长，反求投影。

2）作图过程：过 a 作 XO 的平行线；过 b' 向下作直线与此平行线相交；以交点为起点向右量取 $a'b'$ 找到圆心，以此为圆心，以给定的 AB 长度为半径画圆弧即可求得 b 点的水平投影，b 点的水平投影有两种解。作图结果如图3.30（b）所示。

3 点、直线和平面的投影

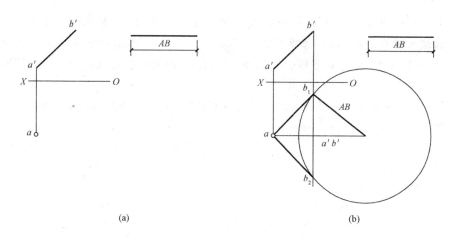

图 3.30　求作水平投影

（a）已知条件；（b）作图结果

【例 3-12】如图 3.31 所示，已知线段 AB 与 H 面的夹角 α = 30°，求作水平投影。

解：1）分析：利用直角三角形法，在正面投影中可以找到水平投影 ab 的长度，利用该长度和 a 点的水平投影位置即可作出水平投影 ab。

2）作图过程：过 a'作∠a'XO = 30°，在 30°三角形中找到水平投影 ab 的长度，在水平投影中以 a 为圆心量取该长度，即可找到点 b，向上向下有两解；作图结果如图 3.31（b）所示。

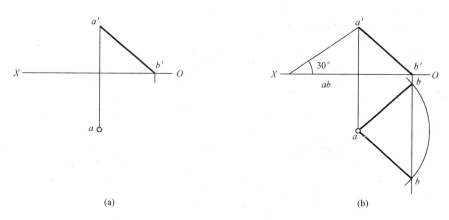

图 3.31　求作水平投影

（a）已知条件；（b）作图结果

【例 3-13】如图 3.32 所示，以正平线 AC 为对角线作一正方形 ABCD，B 点距离 V 面 45 mm。

解：1）分析：根据正方形的特点（边长相等，属于平行四边形，对角线互相垂直），再结合投影特点即可作出正方形 ABCD 的水平投影。

2）作图过程：

①在水平投影中作一直线平行于 XO，与 XO 距离为 45 mm。

②在正面投影中过点 o'作 a'c'的垂直线。

③在水平投影中量取 B 点与 A 或 O 或 C 点的 Y 坐标差 ΔY，在正面投影的 $o'c'$ 上以 o' 为起点量取该长度即 ΔY，以该长度的另一端点为圆心，$o'c'$ 或 $o'a'$ 为半径形成直角三角形 $b'o'c'$，找到点 b'（因 AC 为正平线，所以 $a'c'$ 反映 AC 的实长，也反映正方形 ABCD 对角线的实长）。

④延长 $b'o'$ 到点 d' 使 $o'd'$ 等于 $o'b'$，连接 $a'b'c'd'$，利用投影规律，补全水平投影 $abcd$。

⑤作图结果如图 3.32（b）所示。

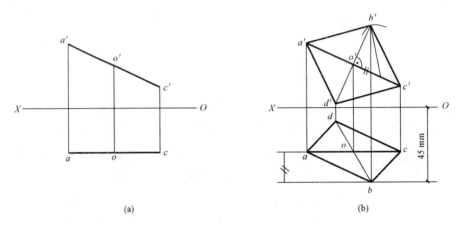

图 3.32 求作正方形 ABCD

(a) 已知条件；(b) 作图结果

3.2.1.3 直线上点的投影

由投影特性可知直线上的点的投影具有如下规律：

(1) 从属性：如图 3.33 所示，若点在直线上，则点的投影必在直线的同面投影上，且符合点的投影规律；反之，亦然。

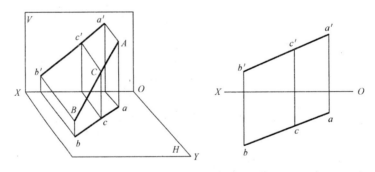

图 3.33 直线上点投影的从属性

(2) 定比性：如图 3.34 所示，若点在直线上，则点的投影分割线段的同面投影之比与空间点分割线段之比相等；反之，亦然。点分割线段之比，在投影中保持不变。举例如图所示，$C \in AB$，则 $c' \in a'b'$、$c \in ab$、$c'' \in a''b''$；$AC/BC = a'c'/b'c' = ac/bc = a''c''/b''c''$，利用这一特性，在不作侧面投影的情况下，可以在侧平线上找点或判断已知点是否在侧平线上。

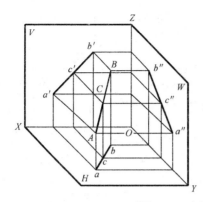
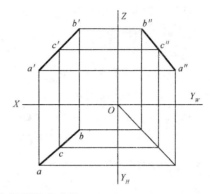

图 3.34 直线上点投影的定比性

【例 3-14】如图 3.35 所示,判断点 C 是否在线段 AB 上。

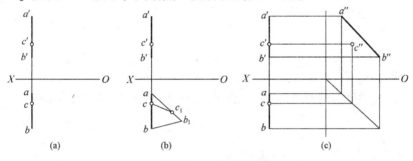

图 3.35 判断点 C 是否在线段 AB 上
(a) 已知条件;(b) 方法 1 作图结果;(c) 方法 2 作图结果

解:1) 分析:作出点 A、B、C 的侧面投影,连接 AB 即可判断点 C 是否在线段 AB 上。或者利用定比性质判断点 C 是否在线段 AB 上。

2) 作图过程:

方法 1:利用定比定理,在 ab 上过 a 作一斜线,取 $ac_1 = a'c'$,$c_1b_1 = c'b'$;连接 bb_1 和 cc_1,发现 bb_1 和 cc_1 不平行,得出点 C 不在线段 AB 上。作图结果如图 3.35(b)所示。

方法 2:根据点的投影规律,求 $a''b''$ 和 c'',发现 c'' 不在 $a''b''$ 上,得出点 C 不在线段 AB 上。作图结果如图 3.35(c)所示。

【例 3-15】如图 3.36 所示,已知点 K 在线段 AB 上,求点 K 的正面投影。

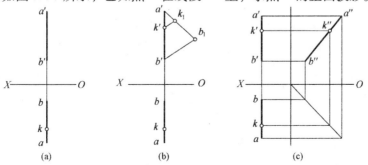

图 3.36 求点 K 的正面投影
(a) 已知条件;(b) 方法 1 作图结果;(c) 方法 2 作图结果

解：1）分析：根据点 K 在线段 AB 上，补全点 A、B、K 的三面投影图。或者利用定比性质可作出点 K 的正面投影。

2）作图过程：

方法 1：利用定比定理，在 $a'b'$ 上过 a' 作一斜线，取 $a'k_1=ak$，$k_1b_1=kb$；连接 $b'b_1$，过 k_1 作 $k_1k'//b_1b'$，即可得到点 K 的正面投影 k'。作图结果如图 3.36（b）所示。

方法 2：根据点 K 在线段 AB 上，利用点的投影规律作图，作图结果如图 3.36（c）所示。

3.2.1.4 直线的迹点

一般位置直线与 2 个投影面有交点，如图 3.37 所示；投影面平行线与 2 个投影面有交点，如图 3.38 所示；投影面垂直线与 1 个投影面有交点，如图 3.39 所示。直线与投影面的交点，称为直线的迹点。直线与正立投影面的交点称为正面迹点，用 N 标记。直线与水平投影面的交点称为水平迹点，用 M 标记。直线与侧立投影面的交点称为侧面迹点，用 S 标记。

直线迹点的基本特性如下：

（1）迹点既在空间直线上又在投影面上，它是直线和投影面的共有点。

（2）直线的该面迹点的另外两个投影同时在轴上和直线的对应投影上。

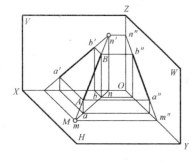
图 3.37 一般位置直线的迹线
（以水平线为例的迹线）

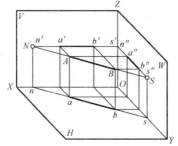
图 3.38 投影面平行线
（以铅垂线为例的迹线）

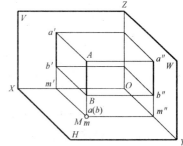
图 3.39 投影面垂直线

【例 3-16】如图 3.40（a）所示，已知直线 AB 的三面投影，求该直线的迹点。

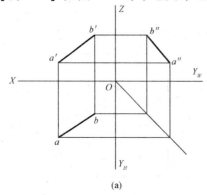

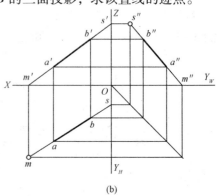

图 3.40 求直线的迹点

（a）已知条件；（b）作图结果

解：1）分析：直线的迹点既是直线上的点，又是投影面上的点，根据这一特点就可求出直线上迹点的投影。

2）作图过程：延长 ab 交 OY_H 于 s，或延长 $a'b'$ 交 OZ 于 s'，根据 S 在 AB 的延长线上，同时利用点的投影规律作出 S 点的三面投影；延长 $b''a''$ 交 OY_W 于 m''，或延长 $b'a'$ 交 OX 于 m'，根据 M 在 AB 的延长线上，同时利用点的投影规律作出 M 点的三面投影，作图结果如图3.40（b）所示。

3.2.2 两直线的相对位置

空间两直线的相对位置可归结为三种，即两直线平行、两直线相交和两直线交叉。平行和相交两直线都位于同一平面上，称之为"同面直线"；而交叉两直线不位于同一平面上，称之为"异面直线"。

3.2.2.1 两直线平行

（1）投影规律。由平行投影的特性可知，平行两直线的投影规律：若两直线平行，则它们的同面投影必互相平行，如图3.41所示，AB∥CD，则 ab∥cd、$a'b'$∥$c'd'$、$a''b''$∥$c''d''$；若两直线平行，则它们的同面投影长度之比与它们的实长之比相等，且指向相同，如图3.40所示，AB∥CD，则 $AB:CD = ab:cd = a'b':c'd' = a''b'':c''d''$；$AB$ 与 CD、ab 与 cd、$a'b'$ 与 $c'd'$、$a''b''$ 与 $c''d''$ 指向相同。

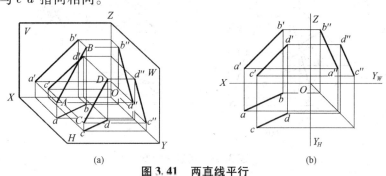

图3.41 两直线平行
（a）立体图；（b）投影图

（2）判定方法。

1）若空间两直线互相平行，则其在三个投影面上的投影都互相平行；反之，三个投影面上的投影都互相平行，则空间两直线互相平行。

2）两一般位置直线，任意两组同面投影平行，则可判断两直线在空间平行。

3）对于特殊位置直线，只有两个同名投影互相平行，空间直线不一定平行，需要作出它们的第三投影才能判定是否平行。

【**例3-17**】如图3.42所示，判断图中两条直线是否平行。

解：1）分析：根据直线平行的判定方法进行解题。

2）解题过程：图3.42（a）所示为一般位置直线，对于一般位置直线，只要有两个同名投影互相平行，空间两直线就平行。因此，AB∥CD；图3.42（b）所示为特殊位置直线，对于特殊位置直线，只有两个同名投影互相平行，空间直线不一定平行。求出侧面投影，由图3.42（c）可知：AB 与 CD 不平行。

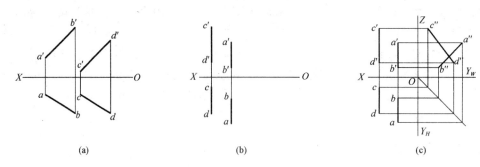

图 3.42 判断两直线是否平行

3.2.2.2 两直线相交

(1) 投影规律。若两直线相交，则它们的同面投影必相交，且交点的投影必符合点的投影规律。如图 3.43 所示，AB 与 CD 相交于点 M，则 ab 与 cd 相交于点 m，a'b' 与 c'd' 相交于点 m'，a"b" 与 c"d" 相交于点 m"，并且 m 与 m' 位于同一竖直线上，m' 与 m" 位于同一水平线上。

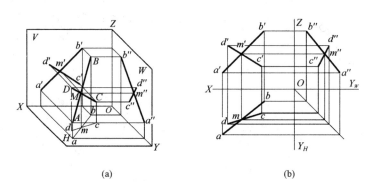

图 3.43 两直线相交
(a) 立体图；(b) 投影图

(2) 判定方法。

1) 若空间两直线相交，则其在三个投影面上的投影都相交；反之，三个投影面上的投影都相交，则空间两直线相交。

2) 两一般位置直线，任意两组同面投影相交，则可判断两直线在空间相交。

3) 对于特殊位置直线，只有两个同名投影相交，空间直线不一定相交，需要作出它们的第三投影才能判定是否相交。

【例 3-18】 如图 3.44 所示，过点 C 作水平线 CD 与 AB 相交。

解：1) 分析：根据水平线的投影特点，相交交点符合点的投影规律，即可作出水平线 CD。

2) 作图过程：过点 c' 作 c'd' // XO，交 a'b' 于点 k'，根据点的投影规律作出 cd 交 ab 于点 k。作图结果如图 3.44 所示。

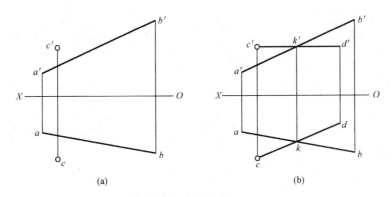

图 3.44　过点 C 作水平线 CD 与 AB 相交

（a）已知条件；（b）作图结果

【例 3-19】如图 3.45 所示，过点 C 作一直线与 AB 相交，使交点离 V 面为 20 mm。

解：1）分析：根据点的坐标投影特点，可以先画出到 V 面为 20 mm 的所有点，这些点为一直线。此直线与 AB 相交，相交交点符合点的投影规律，即可作出交点 D。

2）作图过程：在水平投影中作 XO 的水平线交 ab 于点 d，使 d 与 XO 的距离为 20 mm，根据投影规律作出点 d 的正面投影。作图结果如图 3.45（b）所示。

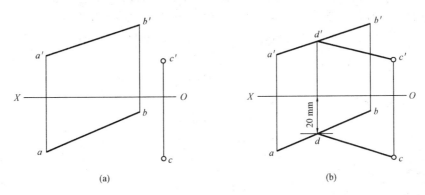

图 3.45　过点 C 作一直线与 AB 相交

（a）已知条件；（b）作图结果

【例 3-20】如图 3.46 所示，判断两直线 AB、CD 是否相交。

解：1）分析：根据相交直线的判定方法，图中 CD 为特殊位置直线，AB 为一般位置直线。当出现特殊位置直线时，两同面投影相交，并不能确定两直线相交，需要作出第三面投影图才可以判定直线是否相交。

2）作图过程：

方法 1：过 d 作任意斜线，在该斜线上取 $dk_1 = d'k'$，$k_1c_1 = k'c'$；连接 kk_1 和 cc_1，发现 kk_1 和 cc_1 不平行，说明 AB 与 CD 不相交，为交叉直线。作图结果如图 3.46（b）所示。

方法 2：作出 W 面投影，发现投影交点 k'、k'' 不符合点的投影规律，所以 AB 与 CD 不相交，为交叉直线。作图结果如图 3.46（c）所示。

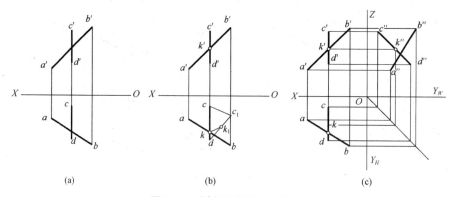

图 3.46 判断两直线是否相交
(a) 已知条件；(b) 方法 1；(c) 方法 2

3.2.2.3 两直线交叉

如图 3.47 所示，两直线既不平行又不相交称之为交叉。交叉两直线的投影可能会有一组或两组互相平行，但绝不会三组同面投影都互相平行；交叉两直线的各个同面投影也可能都是相交的，但它们的交点一定不符合点的投影规律，是重影点。

判断重影点的可见性时，需要看重影点在另一投影面上的投影，坐标值大的点投影可见；反之不可见，不可见点的投影加括号表示。如图 3.48 所示，过 H 面重影点 m（n）向上作连系线交 $c'd'$ 与 m'，交 $a'b'$ 与 n'，m' 在上，n' 在下，说明当从上往下看时，CD 挡住了 AB；过 V 面重影点 e'（f'）向下作连系线交 ab 与 e，交 cd 与 f，e 点在前，f 点在后，说明当从前往后看时，AB 挡住了 CD。

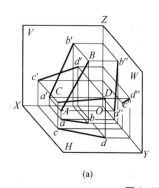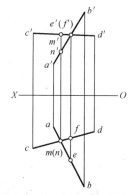

图 3.47 两直线交叉
(a) 立体图；(b) 投影图

图 3.48 两直线交叉重影点

【例 3-21】如图 3.49 所示，判断两直线的相对位置。

解：1）分析：如图 3.49（a）所示，作交点的投影，分析交点是否满足投影规律，即可判断直线相对位置；如图 3.49（b）所示，由两直线平行的判定方法可直接判断；如图 3.49（c）所示，可作出侧面投影或采用点分割线段成比例进行判断。

2）作图过程：

①交点的连线垂直于 OX，且两直线为一般位置直线，由两面投影可判断为相交两线，如图 3.50（a）所示。

②因为 ab 与 cd 在一直线上，而 $a'b'$ // $c'd'$，所以两直线平行，如图 3.50（b）所示。

③因为 CD 为侧平线，利用点分割线段成比例进行判断，为交叉两直线，如图 3.50（c）所示。

④作图结果如图 3.49（b）所示。

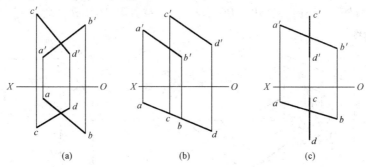

图 3.49　判断两直线的相对位置

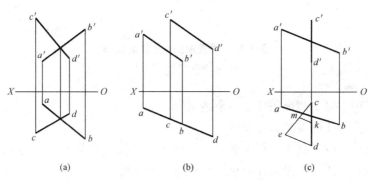

图 3.50　两直线的相对位置

> ★ 特别提示

交叉两直线的同名投影可能有时为相互平行，但其在三个投影面上的同名投影不会全都相互平行；交叉两直线的同名投影也可以有时有相交的，但其同名投影的交点不符合点的投影规律。如果在两投影面中无法判别，应作出它们的第三投影。

3.2.2.4　两直线垂直

两直线垂直包括相交垂直和交叉垂直两种情况，如图 3.51 所示。

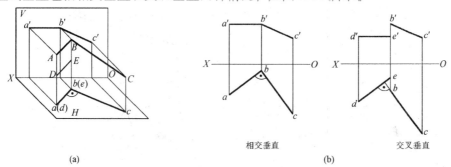

图 3.51　两直线垂直
（a）立体图；（b）投影图

定理：如果两直线互相垂直，其中一直线平行于某一投影面（另一直线不垂直于该投影面），则两直线在该投影面上的投影仍然垂直（称之为直角投影定理）。

证明：如图 3.52 所示，因为 $AB \perp BC$，$AB \perp Bb$，所以 AB 必垂直于 BC 和 Bb 决定的平面 Q 及 Q 面上过垂足 B 的任何一直线（BC_1、BC_2、…），因 $AB // ab$，故 ab 也必垂直于 Q 面过垂足 b 的任一直线，即 $ab \perp bc$。

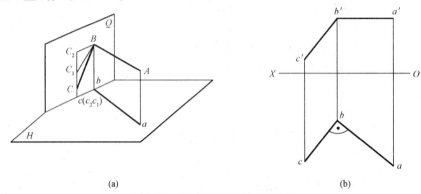

(a)　　　　　　　　　　　　　(b)

图 3.52　垂直相交两直线的投影

(a) 立体图；(b) 投影图

在这个定理中主要有两个条件，一个结果。

条件一：两条直线的夹角为直角。

条件二：其中必有一直线平行于某一投影面（水平线、正平线、侧平线）。

结果：则此两直线在该投影面上投影的夹角仍为直角。

逆定理也成立：如果两直线的同面投影构成直角，且两直线中有一直线为该投影面的平行线，则可以断定该两直线在空间也相互垂直。

逆定理同样也是两个条件，一个结果。

条件一：两直线投影的夹角为直角。

条件二：必有一直线平行于该投影面。

结果：两直线空间的夹角也为直角。

【例 3-22】 如图 3.53（a）所示，已知点 C 及直线 AB 的两面投影，试过点 C 作直线 AB 的垂线 CD，D 为垂足，并求 CD 的实长。

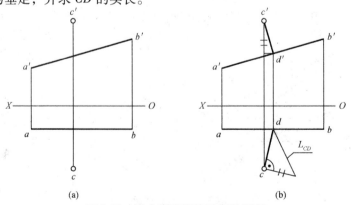

(a)　　　　　　　　　　　　　(b)

图 3.53　求点到直线的垂足及距离

(a) 已知条件；(b) 作图结果

解：1）分析：因为 $ab//OX$，所以 AB 是正平线，又因 CD 与 AB 垂直相交，D 为交点，则 $a'b' \perp c'd'$，由 d' 可在 ab 上求得 d。利用直角三角形法可求得 CD 的实长。

2）作图过程：过 c' 作 $c'd' \perp a'b'$ 得交点 d'；由 d' 引投影连线与 ab 交得 d；连接 c 和 d，则 $c'd'$、cd 即为垂线 CD 的两面投影；用直角三角形法求得 C 与直线 AB 之间的真实距离 CD。作图结果如图 3.53（b）所示。

【例 3-23】 如图 3.54 所示，过点 A 作 EF 线段的垂线 AB。

解：1）分析：根据垂直定理，可直接作垂线。

2）作图过程：由直线垂直定理，可知过点 A 作正平线 AB 垂直于 EF，AB 即为所求。作图结果如图 3.54（b）所示。

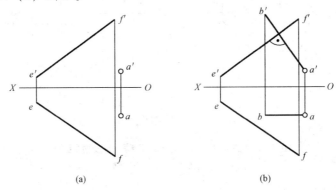

图 3.54 过点 A 作 EF 线段的垂线 AB
(a) 已知条件；(b) 作图结果

【例 3-24】 如图 3.55 所示，以最短线 KM 连接 AB，确定 M 点，并求出 KM 的实长。

解：1）分析：因 $AB//H$ 面，因此利用垂直定理可作出垂直，再利用三角形法求直线的实长。

2）作图过程：过点 k 作 $km \perp ab$，垂足为 m，根据点的投影规律作出 m'；在 mb 上以 m 为起点向 b 方向量取 $mM_0 = Z_K - Z_M$，连接 kM_0，即为实长 L_{KM}。作图结果如图 3.55 所示。

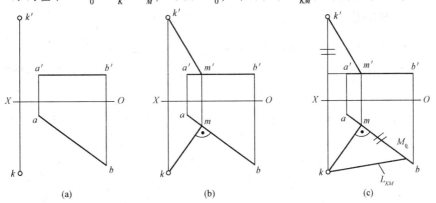

图 3.55 确定 M 点并求实长 KM
(a) 已知条件；(b) 作图过程；(c) 作图结果

【例 3-25】 如图 3.56 所示，过点 E 作线段 AB、CD 的公垂线 EF。

解：1）分析：因为 AB、CD 是投影面平行线，AB 是正平线，CD 是水平线，所以根据垂直定理可直接作图。

2）作图过程：过点 e 作 ef 垂直于 cd，过点 e' 作 $e'f'$ 垂直于 $b'a'$，根据点的投影规律求得 EF 的水平投影和正面投影，作图结果如图 3.56（b）所示。

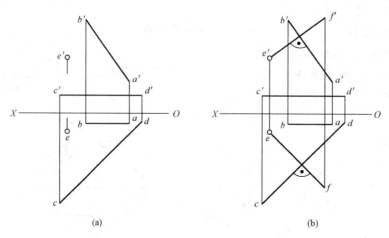

图 3.56 过点 E 作线段 AB 与 CD 的公垂线 EF
（a）已知条件；（b）作图结果

3.3 平面的投影

平面的投影包括平面的表示法、各种位置平面的投影、平面上的点和直线、平面上的投影面平行线和最大坡度线四部分。

3.3.1 平面的表示法

在空间平面可以无限延展，几何上常用确定平面的空间几何元素表示平面，平面的投影也可以用确定该平面的几何元素的投影来表示。在投影图中表示平面有以下两种方法。

3.3.1.1 用几何元素表示平面

如图 3.57 所示，在投影图上，平面的投影可以用下列任何一组几何元素的投影来表示。

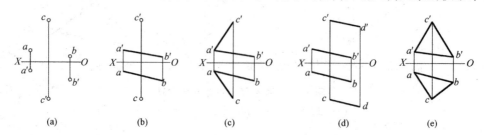

图 3.57 用几何元素的投影表示平面的投影

(1) 不在同一直线上的三个点如图 3.57（a）所示。
(2) 一直线与该直线外的一点如图 3.57（b）所示。
(3) 相交两直线如图 3.57（c）所示。
(4) 平行两直线如图 3.57（d）所示。
(5) 任意平面图形（如三角形、圆等）如图 3.57（e）所示。

图 3.57 所示的表示平面的五种形式都是从第一种演变而来，它们之间可以互相转换。

3.3.1.2 用迹线表示平面

平面与投影面的交线称为平面的迹线。迹线是属于平面的一切直线迹点的集合。在图 3.58（a）中，平面 P 与 H 面的交线称为水平迹线，用 P_H 表示；平面 P 与 V 面的交线称为正面迹线，用 P_V 表示；平面 P 与 W 面的交线称为侧面迹线，用 P_W 表示。P_H、P_V、P_W 之间的交点 P_X、P_Y、P_Z 称为迹线集合点，分别位于 O_X、O_Y、O_Z 轴上。

迹线是平面上的直线，完全可以用两条或三条迹线表示平面。

平面的迹线既属于平面，又属于投影面，因此，迹线的一个投影必然与迹线本身重合，另外两个投影分别与投影轴重合。在投影图中，一般只用与迹线本身重合的投影表示平面，不画与投影轴重合的投影。如图 3.58（b）所示，用 P_H、P_V、P_W 表示平面 P。

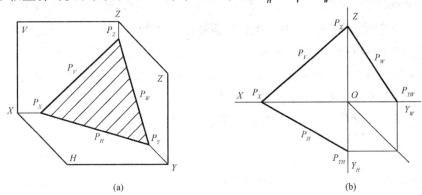

图 3.58 用平面的迹线表示平面
（a）立体图；（b）投影图

应该指出，用以上两种方法表示同一平面是可以互相转化的。用迹线表示平面实际上也是用几何元素表示平面，只不过前者是后者的特例。

3.3.2 各种位置平面的投影

平面根据其对投影面的相对位置不同，可以分为一般位置平面、投影面平行面、投影面垂直面三类。其中后两类统称为特殊位置平面。

平面形的投影一般仍为平面形，特殊情况下为一条直线。

平面形投影的作图方法是将图形轮廓线上的一系列点（多边形则是其顶点）向投影面投影，即得平面形投影。三角形是最简单的平面形，如图 3.59 所示，将 $\triangle ABC$ 三顶点向三投影面进行投影的直观图和三面投影图，其各投影即为三角形之各顶点的同面投影的连线。其他多边形的作法与此类似。由此可见，平面形的投影实质上仍是以点的投影为基础而得的投影。

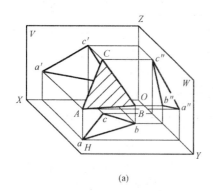 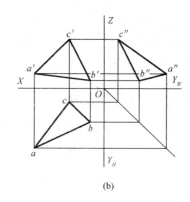

(a) (b)

图 3.59　一般位置平面的投影
(a) 立体图；(b) 投影图

平面对三个投影面的相对位置分析可得出以下平面的投影特性：
(1) 平面垂直于投影面时，它在该投影面上的投影积聚成一条直线——积聚性。
(2) 平面平行于投影面时，它在该投影面上的投影反映实形——实形性。
(3) 平面倾斜于投影面时，它在该投影面上的投影为类似图形——类似性。

3.3.2.1　一般位置平面——对三个投影面都倾斜平面

一般位置平面是指对三个投影面既不垂直又不平行的平面，如图 3.59（a）所示。平面与投影面的夹角称为平面对投影面的倾角，平面对 H、V 和 W 面的倾角分别用 α、β 和 γ 表示。由于一般位置平面对 H、V 和 W 面既不垂直也不平行，所以它的三面投影既不反映平面图形的实形，也没有积聚性，均为类似形，如图 3.59（b）所示。

一般位置平面的投影特性如下：
(1) 类似性——在三个投影面上的投影均为相仿的平面图形，且形状缩小。
(2) 判断——平面的三面投影都是类似的几何图形，该平面一定是一般位置平面。

3.3.2.2　投影面平行面——平行于一个投影面的平面

平行于一个投影面也即同时垂直于其他两个投影面的平面，称为投影面平行面。投影面平行面有水平面（//H 面）、正平面（//V 面）、侧平面（//W 面）三种。投影面平行面具有的投影特性：真实性——如平面用平面形表示，则在其所平行的投影面上的投影，反映平面形的实形；积聚性——在另外两个投影面上的投影为直线段（有积聚性）且平行于相应的投影轴；判断——若在平面形的投影中，同时有两个投影分别积聚成平行于投影轴的直线，而只有一个投影为平面形，则此平面平行于该投影所在的那个投影面。该平面形投影反映该空间平面形的实形。

(1) 正平面——平行于 V 面而垂直于 H、W 面。如图 3.60 所示，用迹线表示正平面的投影特性：水平迹线 P_H 和侧面迹线 P_W 为积聚性投影，且分别平行于 OX 轴和 OZ 轴，无正面迹线 P_V。

如图 3.61 所示，正平面的投影特性：正面投影反映实形，水平投影有积聚性且平行于 OX 轴，侧面投影有积聚性且平行于 OZ 轴。

(2) 水平面——平行于 H 面而垂直于 V、W 面。如图 3.62 所示，用迹线表示正平面的投影特性：正面迹线 P_V 和侧面迹线 P_W 为积聚性投影，且分别平行于 OX 轴和 OY_W 轴，无水平迹线 P_H。

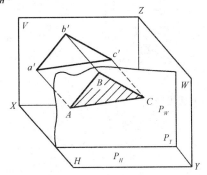 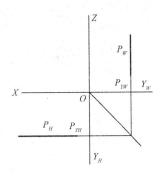

图 3.60　用迹线表示正平面

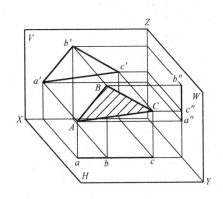 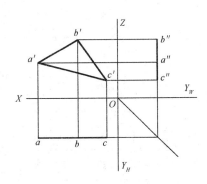

图 3.61　正平面投影

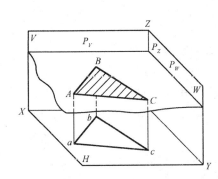 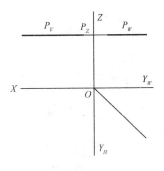

图 3.62　用迹线表示水平面

如图 3.63 所示，水平面的投影特性：水平投影反映实形，正面投影有积聚性且平行于 OX 轴，侧面投影有积聚性且平行于 OY_W 轴。

(3) 侧平面——平行于 W 面而垂直于 H、V 面。如图 3.64 所示，用迹线表示侧平面的投影特性：水平迹线 P_V 和正面迹线 P_H 为积聚性投影，且分别平行于 OY_H 轴和 OZ 轴，无侧面迹线 P_W。

如图 3.65 所示，侧平面的投影特性：侧面投影反映实形，水平投影有积聚性且平行于 OY_H 轴，正面投影有积聚性且平行于 OZ 轴。

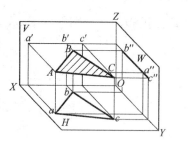 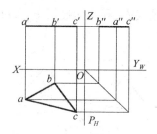

图 3.63　水平面投影

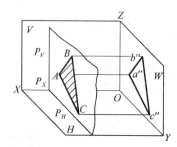 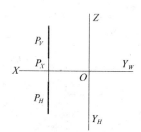

图 3.64　用迹线表示侧平面

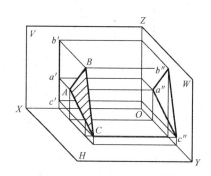 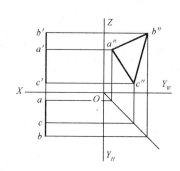

图 3.65　侧平面投影

3.3.2.3　投影面垂直面——垂直于一个投影面的平面

仅垂直于一个投影面，而与另外两个投影面倾斜的平面，称为投影面垂直面。投影面垂直面有铅垂面（⊥H 面）、正垂面（⊥V 面）、侧垂面（⊥W 面）三种。投影面垂直面的投影特征：积聚性——在其所垂直的投影面上的投影为倾斜直线段，该倾斜直线段与投影轴的夹角，反映该平面对相应投影面的倾角；相仿性——若平面用平面形表示，则在另外两个投影面上的投影仍为平面形，但不是实形；判断——若平面形在某一投影面上的投影积聚成一条倾斜于投影轴的直线段，则此平面垂直于积聚投影所在的投影面。

（1）正垂面——垂直于 V 面而倾斜于 H、W 面。如图 3.66 所示，用迹线表示正垂面的投影特性：P_V 为积聚性投影且反映 α、γ；P_H⊥OX；P_W⊥OZ。

如图 3.67 所示，正垂面的投影特性：正面投影具有积聚性且反映 α、γ；H、W 投影不是实形，但是具有相仿性。

（2）铅垂面——垂直于 H 面而倾斜于 V、W 面。如图 3.68 所示，用迹线表示正垂面的投影特性：P_H 为积聚性投影且反映 β、γ；P_V⊥OX；P_W⊥OY_W。

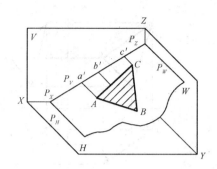
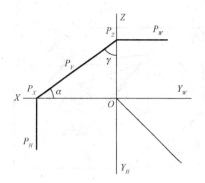

图 3.66 用迹线表示正垂面投影

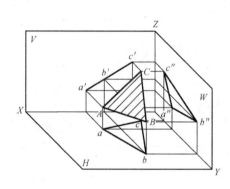
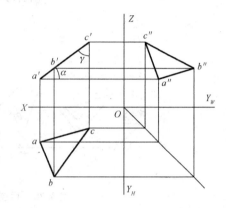

图 3.67 正垂面投影

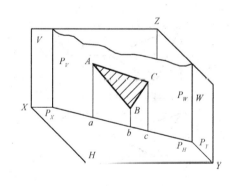
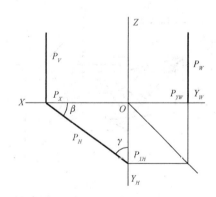

图 3.68 用迹线表示铅垂面投影

如图 3.69 所示，铅垂面的投影特性：水平投影具有积聚性且反映 β、γ；V、W 投影不是实形，但是具有相仿性。

（3）侧垂面——垂直于 W 面而倾斜于 V、H 面。如图 3.70 所示，用迹线表示侧垂面的投影特性：P_W 为积聚性投影且反映 α、β；$P_H \perp OY_H$；$P_V \perp OZ$。

如图 3.71 所示，侧垂面的投影特性：侧面投影具有积聚性且反映 α、β；H、V 投影不是实形，但是具有相仿性。

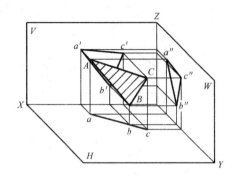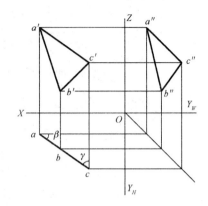

图 3.69　铅垂面投影

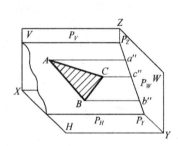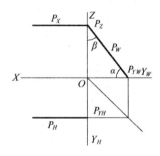

图 3.70　用迹线表示侧垂面投影

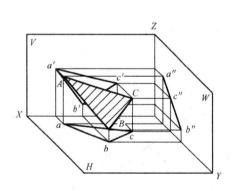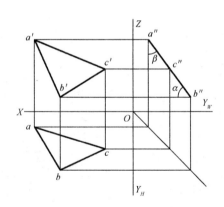

图 3.71　侧垂面投影

3.3.3　平面上的点和直线

3.3.3.1　平面上的点

由立体几何可知：若点属于平面，则该点必属于该平面内的一条直线；反之，若点属于平面内的一条直线，则该点必属于该平面。如图 3.72（a）所示，平面 P 由相交两直线 AB、BC 确定，M、N 两点分别属于直线 AB、BC，故点 M、N 属于平面 P。

在投影图上，若点属于平面，则该点的各个投影必属于该平面内的一条直线的同面投影；反之，若点的各个投影属于平面内一条直线的同面投影，则该点必属于该平面。如图 3.72（b）所示，在直线 AB、BC 的投影上分别作 m、m'、n、n'，则空间点 M、N 必属于由相交两直线 AB、BC 确定的平面。

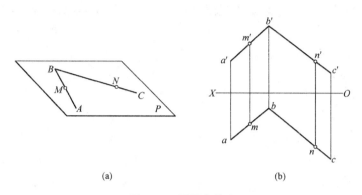

图 3.72　平面上的点

由上可知点在平面上的几何条件是：如果点在平面上的一已知直线上，则该点必在平面上，因此在平面上找点时，必须先在平面上取含该点的辅助直线，然后在所作辅助直线上求点。

3.3.3.2　平面上的直线

由立体几何可知：若直线属于平面，则该直线必通过该平面内的两个点，或该直线通过该平面内的一个点，且平行于该平面内的另一已知直线；反之，若直线通过平面内的两个点，或该直线通过该平面内的一个点，且平行于该平面内的另一已知直线，则该直线必属于该平面。

如图 3.73（a）所示，平面 P 由相交两直线 AB、BC 确定，M、N 两点属于平面 P，故直线 MN 属于平面 P。在图 3.73（b）中，L 点属于平面 P，且 KL∥BC，因此，直线 KL 属于平面 P。

在投影图上，若直线属于平面，则该直线的各个投影必通过该平面内两个点的同面投影，或通过该平面内一个点的同面投影，且平行于该平面内另一已知直线的同面投影；反之，若直线的各个投影通过平面内两个点的同面投影，或通过该平面内一个点的同面投影，且平行于该平面内另一已知直线的同面投影，则该直线必属于该平面。如图 3.73（c）所示，通过直线 AB、BC 上的点 M、N 的投影分别作直线 mn、$m'n'$，则直线 MN 必属于由相交两直线 AB、BC 确定的平面；如图 3.73（d）所示，通过直线 AB 上的点 L 的投影分别作直线 kl∥bc、$k'l'$∥$b'c'$，则直线 KL 必属于由相交两直线 AB、BC 确定的平面。

由上可知平面上的直线判定方法：
①直线通过平面上的已知两点，则该直线在该平面上。
②直线通过平面上的一已知点，且又平行于平面上的一已知直线，则该直线在该平面上。

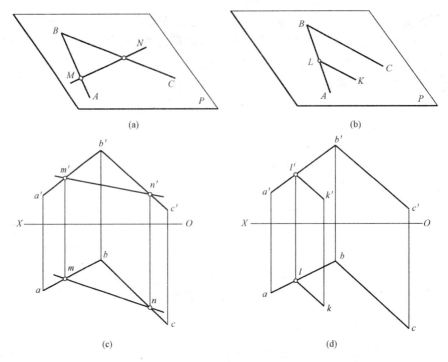

图 3.73 平面上的直线

3.3.4 平面上的投影面平行线和最大坡度线

(1) 平面上的投影面的平行线。平面上的投影面平行线有以下三种：

1) 平面上平行于 H 面的直线称为平面上的水平线。
2) 平面上平行于 V 面的直线称为平面上的正平线。
3) 平面上平行于 W 面的直线称为平面上的侧平线。

平面上的投影面平行线的投影，既有投影面平行线具有的特性，又要满足直线在平面上的几何条件，因此，它的投影特性具有二重性。

【例 3-26】如图 3.74（a）所示，已知 △ABC 的两面投影，在 △ABC 平面上取一点 K，使 K 点在 A 点之下 15 mm，在 A 点之前 13 mm，试求 K 点的两面投影。

解：1) 分析：由已知条件可知 K 点在 A 点之下 15 mm，A 点之前 13 mm，我们可以利用平面上的投影面平行线作辅助线求得。K 点在 A 点之下 15 mm，可利用平面上的水平线，K 点在 A 点之前 13 mm，可利用平面上的正平线，K 点必在两直线的交点上。

2) 作图过程：

①从 a' 向下量取 15 mm，作一平行于 OX 轴的直线，与 a'b' 交于 m'，与 a'c' 交于 n'。

②求水平线 MN 的水平投影 m、n。

③从 a 向前量取 13 mm，作一平行于 OX 轴的直线，与 ab 交于 g，与 ac 交于 h，则 mn 与 gh 的交点即为 k。

④由 g、h 求 g'、h'，则 g'h' 与 m'n' 交于 k'，k' 即为所求，作图结果如图 3.74（b）所示。

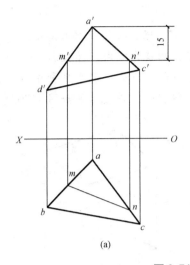
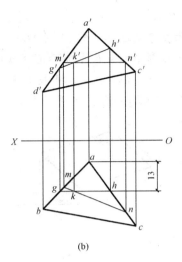

图 3.74 平面上取点
（a）已知条件；（b）作图结果

（2）平面上的投影面的最大坡度线。平面内与某一投影面成最大倾角的直线，称为平面上对该投影面的最大倾斜线。在平面内有无数条最大倾斜线，是一组互相平行的直线。

如图 3.75 所示可知，平面对某一投影面的最大坡度线必垂直于平面上对该投影面的平行线，最大坡度线在该投影面上的投影必垂直于平面上与该投影面平行线的同面投影。平面对投影面的倾角即为平面对该投影面的最大坡度线与该投影面的倾角。

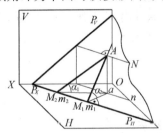
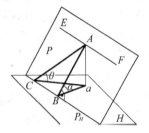

图 3.75 平面上对 H 面的最大坡度线

在三面投影体系中有三个投影面，所以平面内的最大斜度线也有以下三种：
1）对 H 面的最大斜度线——平面内垂直于水平线的直线。
2）对 V 面的最大斜度线——平面内垂直于正平线的直线。
3）对 W 面的最大斜度线——平面内垂直于侧平线的直线。
最大倾斜线的投影特性如下：
1）对投影面倾角最大的直线。
2）最大倾斜线垂直于平面内的投影面平行线。
3）平面对投影面的夹角等于平面内的最大倾斜线对投影面的倾角。

【例 3-27】 如图 3.76（a）所示，求平行四边形 $ABCD$ 对 H 面的倾角 α。

解：1）分析：根据最大倾斜线的投影特性，过点 A 作水平线 AF，交 BC 于 F 点，作 AF 的垂线即为最大坡度线，根据直角三角形法可求得直线的实长和倾角。

2) 作图过程：

①在正面投影中过点 a' 作 $a'f' /\!/ XO$，交 $b'c'$ 于 f'，根据投影规律求得 af。

②在水平投影中过点 b 作 be 垂直于 af，根据投影规律完成正面投影 $b'e'$。

③根据直角三角形定理，水平投影中以 eb 为一条直角边，水平投影中以点 b 为直角顶点量取 BE 的 $\Delta Z = Z_E - Z_B$ 作为另一条直角边，求得实长，作图结果如图 3.76（b）所示。

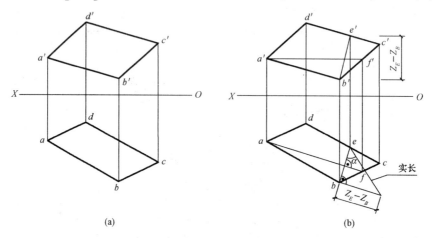

图 3.76 平行四边形 ABCD 对 H 面的倾角 α

（a）已知条件；（b）作图结果

【例 3-28】如图 3.77（a）所示，求平面 △ABC 的 β 角。

解：1）分析：根据最大倾斜线的投影特性，过点 A 作正平线 AI，交 BC 于点 1，作 AI 的垂线即为最大坡度线，根据直角三角形法可求得直线的实长和倾角。

2）作图过程：

①在水平投影中作 $a1 /\!/ XO$，根据投影规律求得 $a'1'$。

②在正面投影中作 $c'm'$ 垂直于 $a'1'$，$c'm'$ 交 $a'b'$ 于 m'。

③根据直角三角形定理求得实长 CM，作图结果如图 3.77（b）所示。

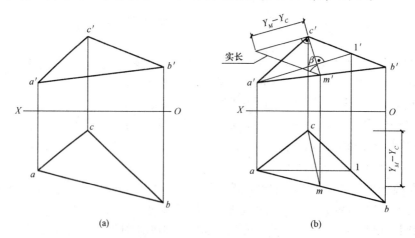

图 3.77 求平面 △ABC 的 β 角

（a）已知条件；（b）作图结果

【例 3-29】 如图 3.78（a）所示，已知 AB 为平面△ABC 对 H 面的最大倾斜线，试完成△ABC 的正面投影。

解：1）分析：AB 为平面△ABC 对 H 面的最大倾斜线，作 AB 的垂线交 AC 于 D，则 D 在平面△ABC 上，根据点在平面上，即可求得△ABC 的正面投影。

2）作图过程：在水平投影中过点 b 作 bd 垂直于 cd，利用投影规律求得 d′、使 d′b′平行于 XO 延长 a′d′，利用投影规律求得点 c′，连接 A、B、C，即为所求。作图结果如图 3.78（b）所示。

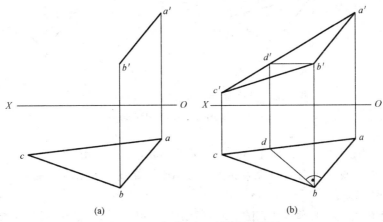

图 3.78 完成△ABC 的正面投影

（a）已知条件；（b）作图结果

3.4 直线与平面、平面与平面的相对位置

直线与平面、平面与平面的相对位置包括直线与平面、平面与平面平行；直线与平面、平面与平面相交；直线与平面、平面与平面垂直。

3.4.1 直线与平面、平面与平面平行

3.4.1.1 直线与平面平行

如果一直线与平面上的某一直线平行，则此直线与该平面互相平行。如图 3.79 所示，直线 AB 平行于平面 P 内的一条直线 CD，则直线 AB 平行于平面 P；反之，若在一平面内能找到一直线与平面外的已知直线平行，则此平面与该直线平行。根据此性质可解决空间直线与平面相互平行的问题。

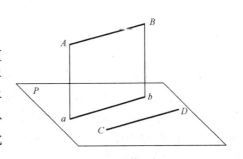

图 3.79 直线与平面平行

【例 3-30】 如图 3.80（a）所示，过点 M 作正平线 MK 平行于△ABC。

解：1）分析：过点 M 可以作无数条平行于平面的直线，但其中只有一条正平线。

2）作图过程：过点 C 作正平线 CD，交 AB 于点 D；过 M 作 $MK/\!/CD$，MK 即为所求正平线；作图结果如图 3.80（b）所示。

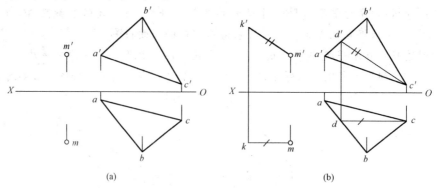

图 3.80 过点 M 作正平线 MK 平行于 $\triangle ABC$
(a) 已知条件；(b) 作图结果

【例 3-31】 如图 3.81（a）所示，过点 K 作面 KMN 平行于 AB 线。

解： 1）分析：过点 K 可以作无数条平行于 AB 的直线，N 点的位置可以任意确定，只要满足过点 K 即可。

2）作图过程：过点 K 作 $KM/\!/AB$（$m'k'/\!/a'b'$，$mk/\!/ab$）；过点 K 作任意直线 KN，则面 $KMN/\!/AB$；作图结果如图 3.81（b）所示。

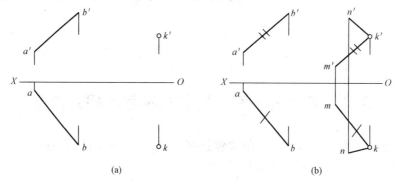

图 3.81 过点 K 作面 KMN 平行于 AB 线
(a) 已知条件；(b) 作图结果

3.4.1.2 平面与平面平行

一个平面上的相交两直线，对应地平行于另一个平面上的相交两直线，则此两平面互相平行，如图 3.82 所示。当两平面用迹线表示时，可将一个平面的两条迹线看作一对相交直线。那么如果两平面的同面迹线均互相平行，则两平面一定互相平行，如图 3.83 所示。

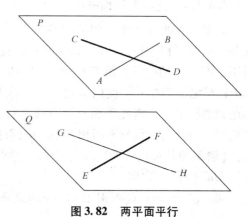

图 3.82 两平面平行

3 点、直线和平面的投影

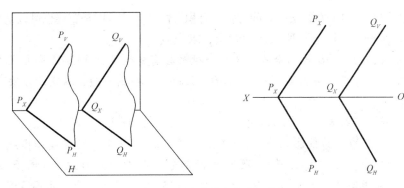

图 3.83　两迹线平行的平面

【例 3-32】如图 3.84（a）所示，判别△ABC 与△DEF 是否互相平行。

解：1）分析：判定两平面是否平行，只要满足平面内的两条直线互相平行即可。

2）作图过程：过点 C 作 CH∥DE，过点 A 作 AG∥ED，通过作图可知，满足点的投影规律，△ABC∥△DEF；作图结果如图 3.84（b）所示。

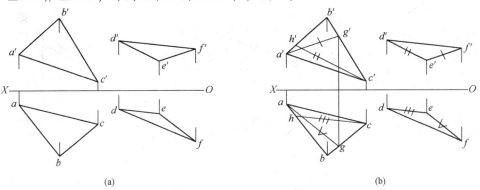

图 3.84　判别面与面是否平行
（a）已知条件；（b）作图结果

3.4.2　直线与平面、平面与平面相交

直线与平面、平面与平面如不平行，则一定相交。直线与平面相交有交点，平面与平面相交有交线。本小节主要讨论直线与平面的交点、平面与平面的交线在投影图上的求法。

直线与平面的交点是直线和平面的共有点，即该点在直线上也在平面内。求解交点的投影，须利用直线和平面的共有点或在平面上取点的方法。平面与平面的交线是一条直线，它是两平面的共有线。求解交线的投影，可以通过求解两平面的两个共有点连线或者求解两个平面的一个共有点和交线的方向，来确定两平面的交线投影。

3.4.2.1　直线与平面相交

直线与平面如不平行，则一定相交。直线与平面相交有交点。工程应用中通常需要求解直线与平面的交点。求解直线与平面相交交点的方法有两种，即利用积聚性投影求交点；利用辅助平面法求交点。

（1）利用积聚性投影求交点。当相交双方有一方具有积聚投影时点既在直线上又在平面上，利用此规律可解决直线与平面相交投影问题。具有积聚性特点的可以是直线也可以是平面。

【例3-33】如图3.85（a）所示线面相交，求交点。

解：1）分析：由于 DE 是铅垂线，其水平投影具有积聚性，交点 M 是直线 DE 上的点，则 m 与 d、e 重影。然而，M 点也是平面△ABC 上的点。按照平面上取点的方法，作出 M 点的正面投影 m'。

2）作图过程：连接 ae（或 am）延长交 bc 于 n，由此作出 AN 的正面投影 a'n'，a'n' 与 d'e' 的交点即为 M 点的正面投影 m'。为增强投影图形的清晰性，用实线和虚线来区别可见与不可见部分的投影。交点 M 把直线 DE 分成两部分。在正面投影面上，因为 DE 与△ABC 有重影部分，需要用实线和虚线来区分直线 DE 的可见与不可见部分。由图3.85（b）可知 DE 与△ABC 的 AB 边交叉，DE 上的Ⅰ（1，1'）与 AB 上的Ⅱ（2，2'）的正面投影重影。从水平投影上可看出，$y_2 > y_1$，即Ⅱ在Ⅰ之前，所以在正面投影Ⅱ点可见，Ⅰ点不可见，故 DE 上的Ⅰ M 不可见，其正面投影 1'm' 不可见画虚线，而过 M 后的 m'd' 可见，m'd' 应画实线。DE 的水平投影积聚一点，故不需要判别可见性。作图结果如图3.85（c）所示。

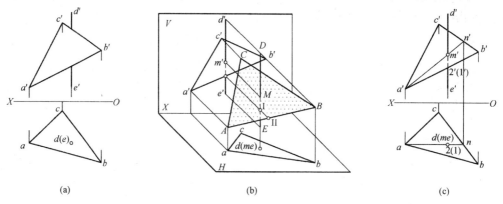

图3.85 线面相交求交点
（a）已知条件；（b）线面相交求交点分析图；（c）作图结果

【例3-34】如图3.86所示线面相交，求交点。

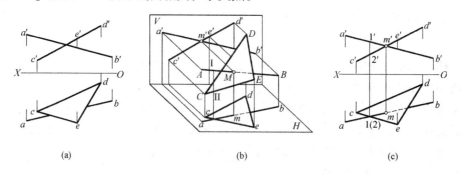

图3.86 线面相交求交点
（a）已知条件；（b）线面相交求交点分析图；（c）作图结果

解：1）分析：由于 CDE 是正垂面，正面投影积聚为一条直线，利用该积聚特性可在正面投影中求得点 M，利用点 M 在 AB 上，即可作出交点 M，由分析图可知 AM 在前，BM 在后，可见部分画实线，不可见部分画虚线。

2）作图过程：

①在正面投影中作出 AB（a'b'）与 CD（c'd'）的交点 M（m'），利用点 M 在 AB 上，求出点 M 的水平投影 m。

②判别可见性：由分析图可知 AM 在 △CDE 平面的上方，MB 在下方。水平投影中上部分可见，下部分被挡住的部分不可见，可见部分画实线，不可见部分画虚线；作图结果如图 3.86（c）所示。

（2）利用辅助平面法求交点。一般位置直线与一般位置平面相交。由于二者的投影均无积聚性，因此，需要借助于辅助平面求得直线与平面的交点。值得注意的是，辅助平面只有是投影面的垂直面，方可直接作出辅助平面与一般位置平面的交线。

【例 3-35】如图 3.87（a）所示线面相交，求交点。

解：1）分析：过直线 CD 作一辅助平面 P_H，与 ABC 的交线为 FG，因为 FG 与 CD 同属于 P_H 平面，所以 FG 与 CD 可以相交于点 K。点 K 即为直线 DE 和平面 ABC 的交点。

2）作图过程：

①过已知直线 CD 作铅垂面 P，用 P_H 表示。

②求辅助平面 P_H 与已知平面 △ABC 的交线 FG。

③FG 与直线 ED 的交点 K 即为所求交点，作图结果如图 3.87（b）所示。

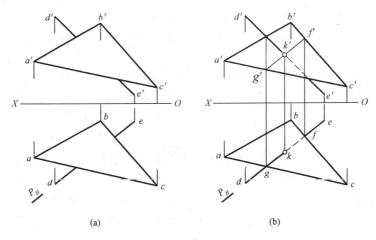

图 3.87 线面相交求交点

(a) 已知条件；(b) 作图结果

3.4.2.2 平面与平面相交

平面与平面相交有交线，工程中通常需要求两平面的交线问题，解决此问题有两种方法：利用积聚特性求交线；利用辅助平面法求交线。

（1）当相交双方有一方具有积聚投影时，可利用积聚特性求交线。

【例 3-36】如图 3.88（a）所示两平面相交，求交线。

解：1）分析：平面 DEFG 为铅垂面，其水平投影积聚为一条直线 defg，在水平投影中可求得直线 defg（平面 DEFG）与平面 ABC 的交点 M、N，利用投影特性，交点 M 既在 AC 上，又在平面上，即可求得点 M 的正面投影 m'。同样的方法可求得 n'，连接 MN 即为两平面的交线。根据投影特性，ABMN 在后，可见部分画实线，不可见部分画虚线。

2）作图过程：

①在水平投影中作出 $ef(dg)$ 与 ac、bc 的交点 m、n，利用交点 M、N 是两平面的共有点，点 M 既在 AC 又在平面 $DEFG$ 上，求出点 M 的正面投影 m'。

②用同样的方法求得 N 的正面投影 n'。

③判别可见性：由分析图[图 3-88（b）]可知，ABMN 在平面 DEFG 的后方，MNC 在前方，后方被挡住的部分不可见，可见部分画实线，不可见部分画虚线，作图结果如图 3.88（c）所示。

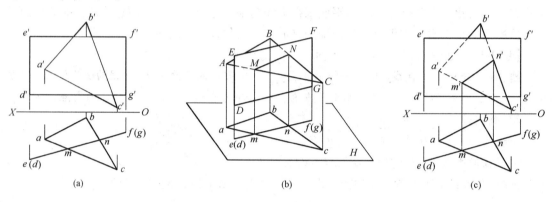

图 3.88 面面相交求交线

（a）已知条件；（b）面面相交求交点分析图；（c）作图结果

（2）当相交双方都处于一般位置时，平面与平面相交投影可利用辅助平面法。求两个一般位置平面的交线，可以求一般位置直线与一般位置平面交点的方法，求得两平面上的两个共有点，该两点决定的直线即为所求交线，此方法可以称为"线面交点法"或辅助平面法。

利用此方法求解时，两平面的同面投影的重合部分一般是多边形。各段边线是原有两个平面的部分边线，求出的面面交线的端点就落在此多边形上。当此多边形为偶数边时，面面交线的两个端点都落在此多边形的边上，多边形的偶数个顶点加此两端点，仍为偶数个点，将封闭的多边形分割为偶数段，每段可见和不可见间隔出现；当此多边形为奇数边时，面面交线的两个端点一个落在此多边形上，另一个落在多边形的顶点上，这时，多边形的奇数个顶点落在此多边形边上的一端点，仍为偶数个点，把封闭的多边形分割为偶数段，每段可见和不可见间隔出现。特别注意，上述规则要求原有平面的顶点不可没入两平面的同面投影的重合部分，如果原有平面的某个顶点没入两平面的同面投影的重合部分，则在计算同面投影的重合部分多边形的顶点数时，该点不计算，即该点两侧线的可见性一致。按照上述规则，判别两平面交线投影的可见性时，首先，和交线的两个端点一定可见；然后，在两平面的同面投影的重合部分多边形上任选一个和交点相邻的点，判别此点的可见性，若可见，则两点间线段可见，若不可见，则两点间线段不可见，余下多边形上的线段可见、不可见间隔出现。不可见线段，绘制成虚线。

【例 3-37】如图 3.89（a）所示，已知 C 在 A 的后方，两平面相交，求交线。

解：1）分析：利用辅助平面作出平面上任一直线与另一平面的交点，用同样的方法再作出一个交点，连接两交点即为所求交线。

2）作图过程：

①过直线 AC 作一正垂面面 P_V，P_V 与平行四边形 $DEFG$ 交于Ⅰ、Ⅱ两点，Ⅰ、Ⅱ与 AC 的交点 K 为所求交线上的一点。

②用同样的方法作一正垂面面 R_V，可求得另一交点 L (l, l')。

③连接 kl 和 $k'l'$，KL 即为所求交线，作图结果如图 3.89（b）所示。

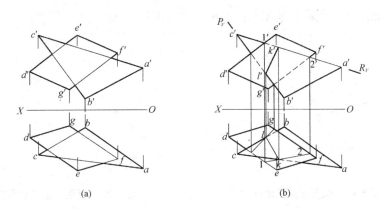

图 3.89 面面相交求交线

（a）已知条件；（b）作图结果

【例 3-38】 如图 3.90 所示两平面相交，求交线。

解：1）分析：采用三面共点法求交线，分别作水平面 P_1 和 P_2，求得两平面与 P_1 和 P_2 的交点，连接交点即为交线。

2）作图过程：

①作一水平面 P_1，截三角形 ABC 和平行四边形 $DEFG$ 于Ⅰ、Ⅱ、Ⅲ、Ⅳ，它们相交于点 K (k, k')。

②用同样的方法再作一水平面 P_2，得到另一交点 L (l, l')。

③连接 kl 和 $k'l'$，即为所求交线 KL 的投影，作图结果如图 3.90（c）所示。

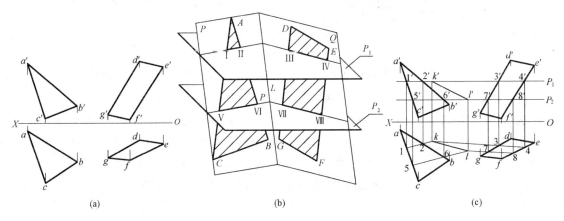

图 3.90 面面相交求交线（辅助平面法）

（a）已知条件；（b）面面相交求交点分析图；（c）作图结果

3.4.3 直线与平面、平面与平面垂直

3.4.3.1 直线与平面垂直

直线与平面垂直的几何条件：若一直线垂直于一平面，则必垂直于属于该平面的一切直线，或者可以理解为直线与平面垂直的几何条件是直线与平面上的两条相交直线均垂直，如图 3.91 所示。

两直线互相垂直的表示可采用两种方法，如图 3.92（a）、（b）所示。

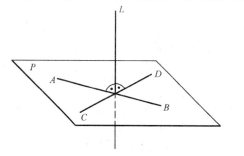

图 3.91 线与面垂直的条件

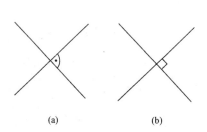

图 3.92 两直线垂直表示方法

根据直线与平面垂直的条件和直角投影定理，可知：直线垂直于平面，则直线的正面投影必垂直于该平面上正平线的正面投影，直线的水平投影必垂直于该平面上水平线的水平投影，直线的侧面投影必垂直于该平面上侧平线的侧面投影，如图 3.93 和图 3.94 所示。

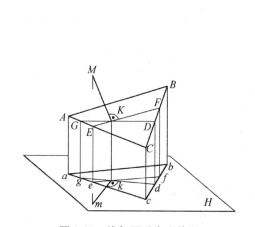

图 3.93 线与面垂直立体图

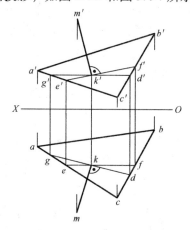

图 3.94 线与面垂直投影图

【例 3-39】 如图 3.95 所示，过 A 点作直线 AB 与已知直线 CD 垂直相交。

解：1）分析：由于 CD 为一般位置直线，因此所求直线 AB 通常也处于一般位置，由直角投影定理可知，在投影图上不能直接过已知点作与一般位置直线相垂直的垂线。要使所求过 A 点的直线与 CD 垂直，则此直线 AB 一定在过 A 点且垂直于直线 CD 的平面 P 内，如图 3.95（b）所示，CD 与 P 面的交点为 B，则 AB 与 CD 垂直相交。

2）作图过程：

①过点 A 作水平线 AM，即 $a'm'$∥XO 轴，$am \perp cd$。过点 A 作正平线 AN，即 an∥XO 轴，$a'n' \perp c'd'$。这样 AM、AN 所组成的平面 P 一定垂直于 CD。

② 作 CD 与平面 P（即△AMN）的交点 B（b'，b），B 即为垂足。
③ 连接 a'b'，ab 即为所求直线 AB 的两面投影，作图结果如图 3.95（b）所示。

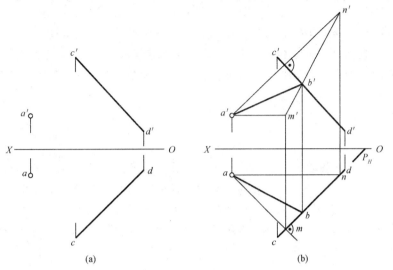

图 3.95 过点作线垂直已知线
（a）已知条件；（b）作图结果

3.4.3.2 平面与平面垂直

平面与平面垂直的几何条件是：若直线垂直于平面，则包含此直线的所有平面都与该平面垂直。也即，如果两平面互相垂直，则从第一个平面上的任意一点向第二个平面所作垂线，必在第一个平面内。如图 3.96 所示，若 Q⊥P，平面 Q 上任意点 A 作 AB⊥P，则 AB 在 Q 平面上。

【例 3-40】如图 3.97 所示，过直线 AB 作平面与△DEF 垂直。

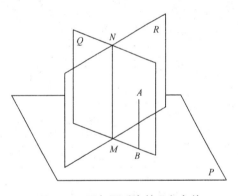

图 3.96 面与面垂直的几何条件

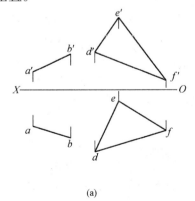
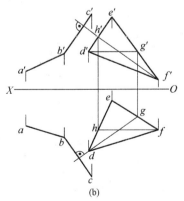

图 3.97 过线作面垂直已知面
（a）已知条件；（b）作图结果

解：1) 分析：由于所作平面要过 AB 且垂直于 △DEF，则过 AB 上任意一点作一条与 △DEF 垂直的直线，该直线与 AB 组成的平面必定垂直于 △DEF。

2) 作图过程：

①在 △DEF 作水平线 DG（d'g'、dg），在水平投影面上作 bc⊥dg。

②在 △DEF 作正平线 FH（fh、f'h'），在正面投影面上作 b'c'⊥f'h'。

③由于 BC⊥△DEF，则 AB、CD 所决定的平面必垂直于 △DEF，作图结果如图 3.97（b）所示。

本章小结

本章主要介绍了点的投影、直线的投影、平面的投影。点、直线、平面是构成形体的基本几何元素，研究和熟记点、线、面的空间位置及其投影特性是识读形体视图的基础。掌握直线、平面的投影特性是绘制复杂组合体三视图的作图基础，点、线、面在三维空间中的位置不同，其投影特性也不一样。学生在初学时要记住各种位置直线和平面的投影特性。

本章重要知识点总结如下：

1. 点的投影特性。

位置 \ 分类	点在空间	点在投影面上	点在投影轴上	点在原点
坐标特性	三个坐标值均不为零	只有一个坐标值为零	有两个坐标值为零	三个坐标值均为零
投影特性	三面投影均在投影面上	一面投影与空间点重合，另两面投影在投影面上	两面投影在投影轴上并与空间点重合，另一面投影在原点	三面投影均在原点
点的三面投影规律	1. 点的正面投影与水平投影的连线垂直于 OX 轴。 2. 点的正面投影与侧面投影的连线垂直于 OZ 轴。 3. 点的水平投影到 OX 轴的距离等于点的侧面投影到 OZ 轴的距离			

2. 点的两面投影规律（V/H 两面投影体系中）：点的投影连线垂直于投影轴；点的投影到投影轴的距离，等于该点到相邻投影面的距离。

3. 点的三面投影规律（V/H/W 三面投影体系中）：点的投影连线垂直于投影轴；点的投影到投影轴的距离，等于点的坐标，也就是该点与对应的相邻投影面的距离。

4. 点的投影与坐标的关系：点的投影与空间坐标有唯一对应关系。点的投影到投影轴的距离，等于点的坐标。点的正面投影到 OZ 轴的距离，等于 X 坐标值；点的水平投影到 OX 轴的距离，等于 Y 坐标值；点的正面投影到 OX 轴的距离，等于 Z 坐标值。

5. 两点的相对位置：两点的相对位置是根据两点相对于投影面的距离远近（或坐标大小）来确定的。X 坐标值大的点在左；Y 坐标值大的点在前；Z 坐标值大的点在上。根据一个点相对于另一点上下、左右、前后坐标差，可以确定该点的空间位置并作出其三面投影。

6. 重影点：两个或两个以上的空间点在某投影面上的投影重合，称为该投影面上的重影点。对 W、V、H 重影点的可见性判别原则分别为左遮右、前遮后、上遮下。点的不可见投影应加注括号。

7. 直线迹点的基本特性：迹点即在空间直线上又在投影面上，它是直线和投影面的共有点；直线的该面迹点的另外一个投影同时在轴上和直线的对应投影上。

8. 直线上点的投影投影规律：从属性、定比性。

9. 空间两直线的相对位置可归结为三种，即两直线平行、两直线相交和两直线交叉。平行和相交两直线都位于同一平面上，称之为"同面直线"。而交叉两直线不位于同一平面上，称之为"异面直线"。

10. 点线面的投影规律总结。

点线面的投影规律

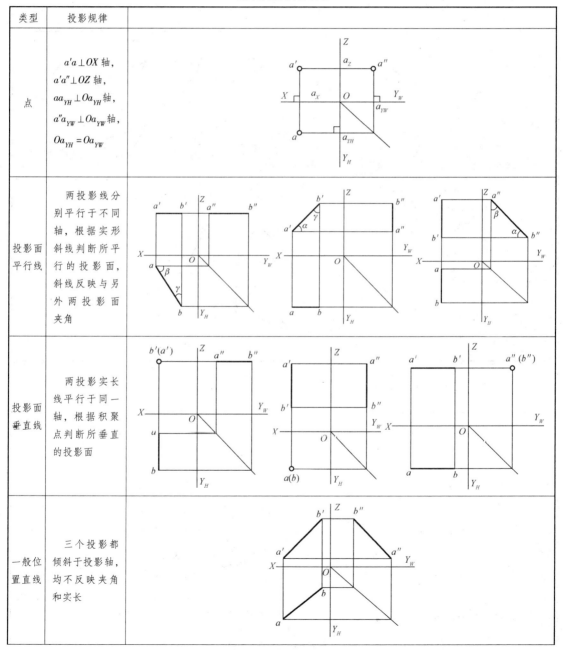

续表

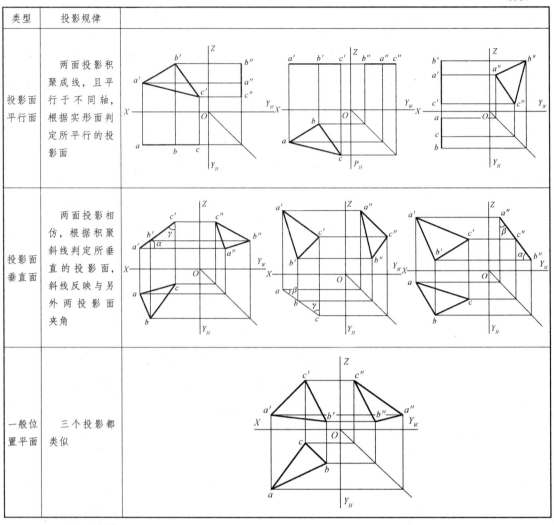

11. 投影面平行面投影及其特性。

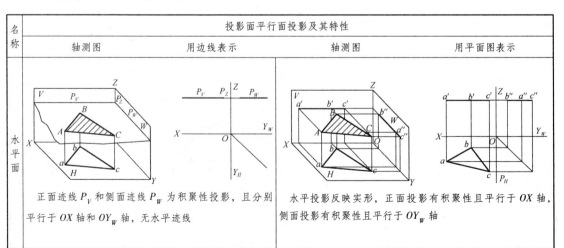

3 点、直线和平面的投影

续表

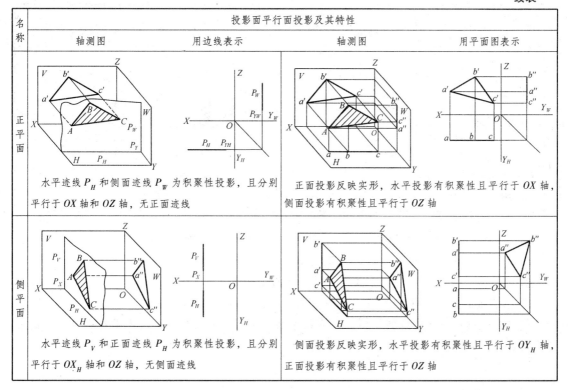

12. 投影面垂直面投影及其特性。

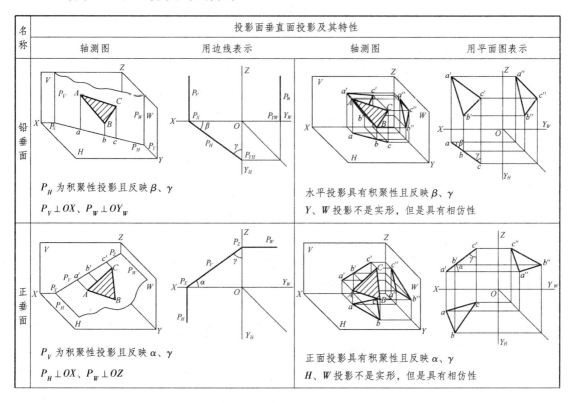

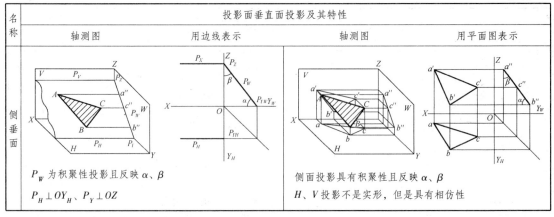

13. 平面上的投影面平行线有以下三种：

（1）平面上平行于 H 面的直线称为平面上的水平线。

（2）平面上平行于 V 面的直线称为平面上的正平线。

（3）平面上平行于 W 面的直线称为平面上的侧平线。

平面上的投影面平行线的投影，既有投影面平行线具有的特性，又要满足直线在平面上的几何条件，因此，它的投影特性具有二重性。

14. 平面内的最大斜度线有以下三种：

（1）对 H 面的最大斜度线——平面内垂直于水平线的直线。

（2）对 V 面的最大斜度线——平面内垂直于正平线的直线。

（3）对 W 面的最大斜度线——平面内垂直于侧平线的直线。

15. 最大倾斜线的投影特性：

（1）对投影面倾角最大的直线。

（2）最大倾斜线垂直于平面内的投影面平行线。

（3）平面对投影面的夹角等于平面内的最大倾斜线对投影面的倾角。

16. 直线与平面、平面与平面的相对位置包括直线与平面、平面与平面平行；直线与平面、平面与平面相交；直线与平面、平面与平面垂直。

17. 直线与平面如不平行，则一定相交。直线与平面相交有交点。工程应用中通常需要求解直线与平面的交点。求解直线与平面相交交点的方法有两种，即利用积聚性投影求交点；利用辅助平面法求交点。

18. 平面与平面相交有交线，工程中通常需要求两平面的交线问题，解决此问题有两种方法：利用积聚特性求交线；利用辅助平面法求交线。

19. 直线与平面垂直的几何条件：若一直线垂直于一平面，则必垂直于属于该平面的一切直线，或者可以理解为直线与平面垂直的几何条件是直线与平面上的两条相交直线均垂直。

20. 平面与平面垂直的几何条件是：若直线垂直于平面，则包含此直线的所有平面都与该平面垂直。也即如果两平面互相垂直，则从第一个平面上的任意一点向第二个平面所作垂线，必在第一个平面内。

4 基本几何体的投影

★教学内容

概述；平面立体的投影；曲面立体的投影。

★教学要求

1. 掌握平面立体的投影特征以及平面立体表面上取点和取线的方法，在学习过程中，注意与实际工程相结合，结合生活经验及实际工程的认识印证所学内容，切实提高学习者的实践应用能力。

2. 掌握曲线与曲面的各类和特点；熟悉曲面立体投影特点及其在表面取点、取线的具体方法；重点掌握正圆柱螺旋线的形成及作图方法和回转面上定点的方法及步骤。

4.1 概　　述

分析一般的房屋形状，不难看出，都是由一些几何体组成。如图 4.1 所示的房屋是由棱柱、棱锥等组成；如图 4.2 所示的水塔是由圆柱、圆台等组成。这些组成建筑形体的最简单但表面规则的几何体，叫作基本体。根据表面的组成情况，基本体可分为平面体和曲面体两种。平面几何体的表面特征是若干平面图形；曲面几何体的表面特征是曲面或曲面和圆平面。

工程形体无论其形状如何复杂，一般都可看作由基本几何体（棱柱、棱锥、圆柱、圆锥、圆球、圆环等）组合而成的。因此，要熟练绘制和阅读复杂的工程图样；必须熟练掌握基本几何体的投影规律及绘图步骤。如图 4.3 所示为七种类型的基本几何体。

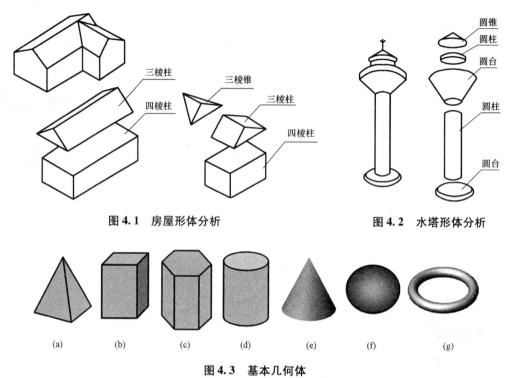

图 4.1 房屋形体分析　　　　图 4.2 水塔形体分析

图 4.3 基本几何体
（a）三棱锥；（b）四棱柱；（c）六棱柱；（d）圆柱；（e）圆锥；（f）圆球；（g）圆环

4.2 平面立体的投影

表面全部由平面围成的立体称为平面立体。平面立体的投影就是把组成它的平面和棱线的投影画出来，并判别可见性。

平面立体表面由平面多边形（棱面）围成，相邻两个棱面相交线称为棱线，棱线交点称为顶点。因此绘制平面立体的三视图，就可归结为绘制各个棱面、棱线、顶点的投影所得的图形，有些棱面和棱面的交线处于不可见位置，在图中用虚线表示。在平面立体表面上取点，其原理和方法与平面上取点相同。因为点在立体表面上，所以还要确定点的可见性。在求立体表面上点的投影时，应首先分析该点所在平面的投影特性，然后再根据点的投影规律求得投影，最后判别点的各投影的可见性。

4.2.1 棱柱

棱柱的棱线相互平行，底面是多边形。常见的棱柱有三棱柱、四棱柱、五棱柱和六棱柱。下面以六棱柱为例分析其投影特性及作图方法。

4.2.1.1 投影分析

图 4.4 所示为一个正六棱柱的投影分析图。正六棱

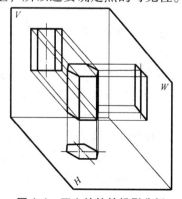

图 4.4 正六棱柱的投影分析

柱由顶面和底面及六个侧棱面组成。侧棱面与侧棱面的交线叫作侧棱线，侧棱线相互平行。

正六棱柱的三面投影：六棱柱的顶面和底面为水平面，水平投影反映实形，正面投影和侧面投影都积聚成直线段。前、后两棱面是正平面，正面投影反映实形，水平投影和侧面投影积聚成直线段。其余四个侧棱面是铅垂面，它们的水平投影都积聚成直线，并与正六边形的边线重合，在正面投影和侧面投影面上的投影为类似形（矩形）。六棱柱的六条棱线均为铅垂线，在水平投影面上的投影积聚成一点，正面投影和侧面投影都互相平行且反映实长。

4.2.1.2 作图步骤

（1）先用点画线画出水平投影的中心线，正面投影和侧面投影的对称线［图4.5（b）］。

（2）画正六棱柱的水平投影（正六边形），根据正六棱柱的高度画出顶面和底面的正面投影和侧面投影［图4.5（c）］。

（3）根据投影规律，再连接顶面和底面的对应顶点的正面投影和侧面投影，即为棱线、棱面的投影［图4.5（d）］。

（4）最后检查清理底稿，按规定线型加深［图4.5（e）］。

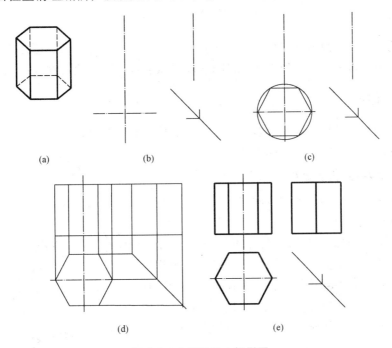

图 4.5　六棱柱三面投影图

4.2.1.3 棱柱表面取点

由于棱柱的表面都是平面，所以在棱柱的表面上取点与在平面上取点的方法相同。

【例4-1】如图4.6所示，已知正六棱柱表面上 A、B 点的正面投影 a'、b'，求 A、B 点的其他两投影 a、b，a''、b''。

解：1）分析：由于 a'、(b') 可见，可以确定点 A 点在左前侧面上，B 点在左后侧面上，而该棱面为铅垂面，水平投影积聚为直线段，根据投影规律，可求出 a、b，a''、b''。

2）作图过程：如图4.6（b）所示，由 a'、b' 引竖直投影连线与左前侧面水平投影相交

可直接求出 a，根据三视图"三条"规律，再过 a'、b' 引水平投影线与利用分规作出过 a、b 点的辅助线相交而求出 a''、b''。由于 A、B 点位于六棱柱左前侧面与左后侧面上，该棱面的侧面投影可见，故 a''、b'' 也可见，该棱面的水平投影呈积聚性，故 a、b 可见。

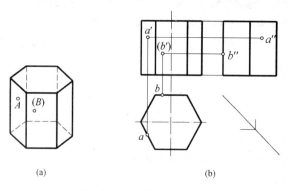

图 4.6　正六棱柱表面取点

(a) 立体图；(b) 投影图

点的可见性判断：点所在表面的投影可见，点的投影也可见；若点所在表面的投影不可见，点的投影也不可见；若点所在表面的投影积聚成直线，点的投影视为可见。

4.2.2　棱锥

棱锥的棱线交于锥顶，底面是多边形。常见的棱锥有三棱锥、四棱锥、五棱锥。下面以三棱锥为例分析其投影特性及作图方法。

4.2.2.1　棱锥的投影分析

三棱锥由一个底面和三个侧棱面组成。侧棱线交于有限远的一点——锥顶。

棱锥处于图 4.7 所示的位置时，其底面 ABC 是水平面，在水平投影上反映实形，正面投影和侧面投影积聚成水平直线段。棱面 SAC 为侧垂面，侧面投影积聚成直线段，正面投影和水平投影为类似形。棱面 SAB、棱面 SBC 为一半位置平面，在三个投影面上均为类似性。

4.2.2.2　棱锥的作图步骤

(1) 画反映底面实形的水平投影（等边三角形），再画 $\triangle ABC$ 的正面投影和侧面投影，它们分别积聚成水平直线段。

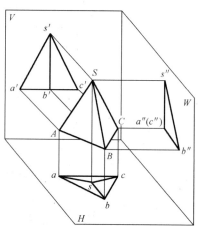

图 4.7　三棱锥的投影分析

(2) 根据锥高再画顶点 S 的三面投影。

(3) 最后将锥顶 S 与点 A、B、C 的同面投影相连，即得到三棱锥的投影图。

(4) 最后检查清理底稿，按规定线型加深，如图 4.8 所示。

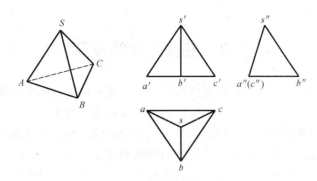

图 4.8 三棱锥的投影图

4.2.2.3 棱锥表面上取点

棱锥表面上取点一般采用辅助线法。

【例 4-2】 如图 4.9（a）、（b）所示，已知正三棱锥表面上 M 点的正面投影 m′，求其他两投影 m、m″。

解：1）分析：由于 m′ 可见，可以确定 M 点位于棱面 SAB 上，SAB 为一般位置平面，在平面内过 M 点作辅助线 SM1 来求 M 点的其他投影 m、m″。

2）作图过程：如图 4.9（b）所示，过 m′ 在 s′a′b′ 内作 s′m′，延长 s′m′ 与 a′b′ 相交于 1′。在 ab 上求出 1，连 s1。由 m′ 引投影线在 s1 上求出 m。（也可如图 4.9（c）所示，过 m′ 作 a′b′ 的平行辅助线，再求出该辅助线的正投影与投影线相交于 m）。再分别过 m′、m 引投影线，相交可求出 m″。因三棱锥三个棱面的水平投影均可见，因此 m 可见。又 M 所在的棱面 SAB 在锥体左侧，因此 m″ 也可见。

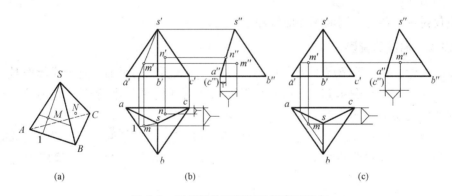

图 4.9 三棱锥的三视图及其表面取点

【例 4-3】 如图 4.9（b）所示，已知三棱锥表面上 N 点的水平投影 n，求 N 点的其他两投影 n′、n″。

解：1）分析：由于 n 可见，可以确定 N 点在 SAC 棱面上，而 SAC 为一侧垂面，可利用其积聚性的侧面投影 s″a″c″ 直接求出 n″，再由 n″、n 求出 n′。由于 N 在后棱面上，因此 n′ 不可见，用（n′）表示。

2）作图过程：如图 4.9（b）所示。

4.3 曲面立体的投影

常见的曲面立体是回转体，回转体由回转面组成或由回转面和平面所组成。直线或曲线绕某一轴线旋转而成的光滑曲面称为回转面，该直线或曲线称为母线，母线上任意点绕轴线旋转的轨迹为圆，母线在回转体上的任意位置线称为素线。画回转体的三视图即画围成它的所有回转面或回转面和平面的投影。常见的回转体形成如图 4.10 所示。

  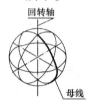

图 4.10 回转体的形成

4.3.1 曲线与曲面的基本概念

4.3.1.1 曲线的形成与分类

曲线可以看成是一个不断改变运动方向的点的轨迹。按点运动有无一定规律，曲线可分为规则曲线和不规则曲线。曲线一般分成两类平面曲线和空间曲线，所有的点都位于同一平面上的曲线称为平面曲线；连续四点不在同一平面上的曲线称为空间曲线。如图 4.11（a）所示为空间曲线。

本章仅讨论一些有规则的平面曲线和空间曲线。

4.3.1.2 曲线的投影

曲线的投影，在一般情况下仍为曲线。当平面曲线所在的平面垂直于投影面时，则曲线的投影积聚为一直线［图 4.11（b）］；当平面曲线所在的平面平行于投影面时，那么它的投影反映曲线的实形［图 4.11（c）］。

二次曲线的投影一般仍为二次曲线，圆和椭圆的投影一般是椭圆，抛物线或双曲线的投影一般仍为抛物线或双曲线。空间曲线的各面投影都是曲线，不可能积聚成为直线或反映实形。

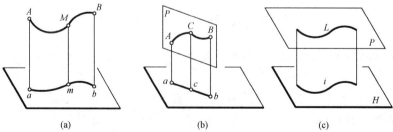

图 4.11 曲线的投影

（a）空间曲线；（b）平面曲线；（c）曲线的投影

因为曲线是点的集合，曲线上的点对曲线有从属关系，即该点的投影在曲线的同面投影上。所以，绘制曲线投影时，只要求出曲线上一系列点的投影，并依次光滑连接，即得曲线的投影图。

【例4-4】 如图4.12（a）所示，已知三角形 PQR 平面内的平面曲线 AE 的水平投影，求作这条平面曲线的正面投影。

解：1）分析：由题目条件可知，求曲线的投影，只需求曲线上一系列点的投影，然后连成曲线即可。

2）作图过程：

①在曲线 AE 的水平投影 ae 上取点 b、c、d，过 a、b、c、d、e 作正平线，分别与 qr 交得 1、2、3、4、5。将 a_1 延伸，与 pq 交得 f。

②过 1、2、3、4、5 引正面投影的连线，分别与 q'r' 交得 1'、2'、3'、4'、5'；由 f 引正面投影的连线，与 p'q' 交得 f'，连 1'和 f'；过 2'、3'、4'、5'分别作 1'f'的平行线。从 a、b、c、d、e 分别引正面投影的连线，顺次与 1'f' 及其平行线交得 a'、b'、c'、d'、e'。

③用曲线板将 a'、b'、c'、d'、e'顺序连成光滑曲线，即为所求的曲线 AE 的正面投影，如图4.12（b）所示。

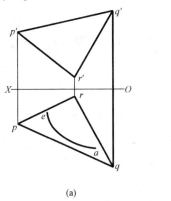 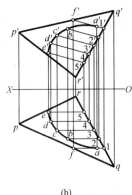

(a)   (b)

图 4.12 作平面内的平面曲线 AE 的正面投影
(a) 已知条件；(b) 作图结果

4.3.1.3 曲面的形成与分类

（1）曲面的形成。曲面可以看成是一动线运动的轨迹。运动的直线或曲线称母线，母线在曲面上任一位置称为素线。当母线作规则运动而形成的曲面，称为规则曲面。控制母线运动的点、线、面分别称为定点、导线和导面。如图4.13 所示，母线 AA_1 沿曲线导线 M 并始终平行于直导线 N 运动而形成。

（2）曲面的分类。曲面按母线形状的不同可分为直线面和曲线面。

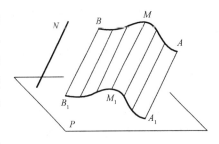

图 4.13 曲面的形成

1）直线面。由直线运动而形成的曲面称为直线面，如圆柱面、圆锥面、椭圆柱面、椭圆锥面、扭面（双曲抛物面）、锥状面和柱状面。其中，圆柱面和圆锥面称为直线回转面。

2）曲线面。由曲线运动形成的曲面称为曲线面，如球面、环面等，球面、环面又称为曲线回转面。

同一曲面也可以用不同方法形成，在分析和应用曲面时，应选择对作图或解决问题最简便的形成方法。

4.3.2 回转曲面

回转曲面又称旋转曲线，一条空间曲线 C 绕一条定直线旋转一周所产生的曲面称为回转曲面。这条定直线称为该曲面的旋转轴，曲线 C 称为该曲面的母线。母线上任意一点绕旋转轴 l 旋转的轨迹是一个圆，称为旋转面的纬圆或纬线（图4.14）。以旋转轴 l 为边界的半平面与旋转面的交线称为旋转面的经线。需要注意的是，纬圆也可看作垂直于旋转轴 l 的平面与旋转面的交线；任一经线都可以作为母线。旋转曲面也可以看作是经线绕轴旋转生成。

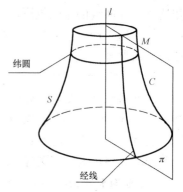

图 4.14 回转曲面的形成

★ 特别提示

回转面的共同特点：由于母线上每一点的轨迹均为圆（圆弧），因此当用一垂直于轴线的平面截切回转面时，切口的形状为一圆（圆弧）。

4.3.2.1 圆柱面

（1）圆柱面的形成。圆柱体由圆柱面和上、下底面所围成。圆柱面是由直线 AA_0 绕与它平行的轴线旋转而成。直线 AA_0 称为母线［图 4.15（a）］，母线在回转面的任一位置称为素线。圆柱面上的素线都是平行于轴线的直线。

视图分析：俯视图为一圆，上下底面的投影重合为一圆，圆柱面则被积聚于圆周上；主视图为一矩形线框，上下底积聚为两条线，圆柱表面上最左和最右的两条素线为圆柱的外形轮廓素线；左视图为一矩形线框，上下底投影仍为直线，圆柱表面上最前和最后两条素线为外形轮廓素线。

（2）圆柱面的投影。图 4.15（a）所示为圆柱的立体图，图 4.15（e）、（f）所示为圆柱的投影图。反映圆柱的特征的俯视图是一个圆，它是圆柱面的积聚性投影，圆柱的主视图和左视图为相同大小的矩形。圆柱面的水平投影积聚成一个圆，另两个投影分别用两个方向的轮廓素线的投影表示。圆柱面的投影作图过程如图 4.15 所示。

注意：主视图中的轮廓素线为前后两半圆柱面的分界线，其在 W 面上的投影位于圆柱的轴线上，不能作为轮廓线来画；左视图中的两条轮廓素线为左右两半圆柱面的分界线，其在 V 面上的投影位于圆柱的轴线上，也不能作为轮廓线来画。

（3）圆柱表面取点。在圆柱表面取点，可分为在平面（上、下底面）上取点和在圆柱面上取点两类。求点的投影时，要注意利用上、下底面或圆柱表面的积聚性投影。在圆柱面上取点原则上与平面上取点相同，可过点在圆柱面上作一辅助线来求。对于回转面来说，最方便的是作出该曲线的素线或纬圆，简称素线法或纬圆法。

4 基本几何体的投影

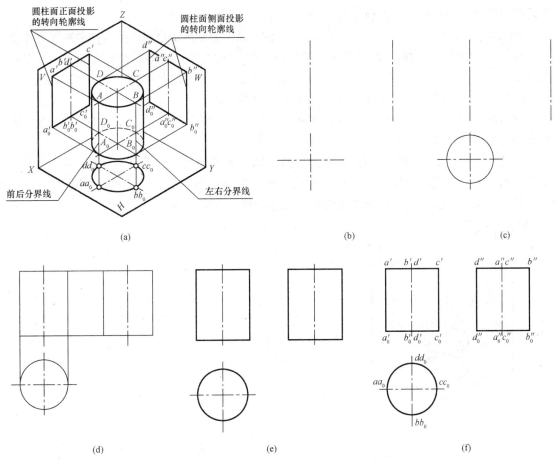

图 4.15 圆柱面的投影

【例 4-5】 如图 4.16（b）所示，已知圆柱表面上 M 点的正面投影 m'，N 点的水平投影 n，求其他投影 m、m''、n'、n''。

解：1) 分析：由于 m' 可见，因此 M 点必定在前半个圆柱面的过 M 点的素线（铅垂线）上。其水平投影 m 落在具有积聚性的前半个圆上，过 m' 引投影连线交圆柱前半圆周于 m，据 m'、m 可求出 m''。由图 4.16 可知，M 在左半圆柱面上，则 m'' 可见，而圆柱面水平投影有积聚性，其上方又无别的重影点，因而也可见。N 点在圆柱的最右素线上，它的侧面投影 n'' 在圆柱左视图上不可见。

2) 作图结果：如图 4.16（b）所示。

图 4.16 圆柱表面取点

4.3.2.2 圆锥面

(1) 圆锥面的形成。圆锥直母线 SA 绕与它相交于 S 点的轴线旋转一周而形成的曲面，称为圆锥面。当圆周所在平面与轴垂直时，所围成的锥面体称为正圆锥面，如图 4.17 所示。

圆锥的相邻两素线是相交于锥顶 S 的共面的直线。

视图分析：俯视图为一圆，底面的投影为一圆，圆锥面则被重合在该圆内；主视图为等腰三角形，底面积聚为一直线，圆锥表面上最左和最右的两条素线为圆锥的外形轮廓素线；左视图为等腰三角形，底面的投影仍为直线，圆锥表面上最前和最后两条素线为外形轮廓素线。

（2）圆锥面的投影。图 4.17（a）所示为圆锥的立体图；图 4.17（e）、（f）所示为圆锥的投影图。圆锥的俯视图是一个圆，圆锥的主视图和左视图为相等的两个等腰三角形。圆锥面的投影作图过程如图 4.17 所示。

注意：主视图中的两条轮廓素线为前后两半圆锥面的分界线，其在 W 面上的投影位于圆锥的轴线上，不能作为轮廓线来画；左视图中的两条轮廓素线为左右两半圆锥面的分界线，其在 V 面上的投影位于圆锥的轴线上，也不能作为轮廓线画。

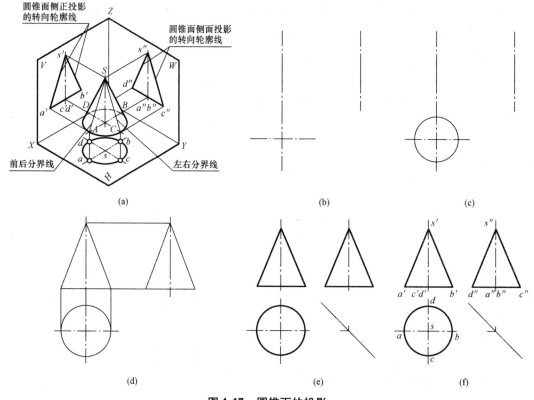

图 4.17 圆锥面的投影

（3）圆锥表面上取点。在圆锥表面上取点时，由于圆锥面的三个投影都没有积聚性，所以，需要在圆锥面上通过该点作辅助线的方法来求点，如图 4.18（a）所示。

【例 4-6】如图 4.18（a）、（b）所示，已知圆锥表面上 M 点的正面投影 m'，求它的水平和侧面投影 m、m''。

解：1）分析：由于 m' 可见，因此 M 必定在前半个圆锥面上，为作图方便，可选取过 M 点的素线（或垂直于其轴线的辅助纬圆），如图 4.18（a）所示。根据 M 点在素线（或辅助纬圆）上，其投影也应在此素线（或辅助纬圆）的同面投影上，求得 M 点的水平投影 m 后，再由 m、m' 求出 m''。

2）方法一（素线法）：如图 4.18（a）所示，连 S 和 M，并延长交底圆于点 I，点 M

在前半个圆锥面上，利用点在直线上的投影特性求出 M 点的投影 m、m''。

作图过程：如图 4.18（b）所示，连 $s'm'$，并延长交底圆于点 $1'$，利用点 I 的正面投影 $1'$，求出水平投影 1，侧面投影 $1''$，连 $s1$，$s''1''$，因 M 点在 S I 上，因此，M 的投影必在 S I 的同面投影上，即可求出 m、m'。由图可知圆锥面的水平投影均可见，则 m 也可见，M 在右半个圆锥上，因此 m'' 不可见。

3）方法二（纬圆法）：如图 4.18（a）所示，过 M 点在圆锥面上作垂直轴线的水平纬圆，求出纬圆的水平和侧面投影，由图中可知，M 点在前半个圆锥面上，由此可求出 m、m'' 点的投影。

作图过程：如图 4.18（c）所示，过 m' 作垂直于轴线的纬圆的正面投影，它的长度 $a'b'$ 即为纬圆的直径，它与轴线正面投影的交点即为圆心的正面投影，圆心的水平投影与 s 重合，由此可作出反映这个纬圆实形的水平投影。由 m' 引投影线，与该纬圆水平投影前半个圆的交点即为 m，再由 m'、m 即可求出 m''。可见性判别同上。

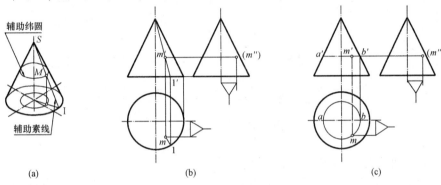

图 4.18 圆锥表面取点

4.3.2.3 圆球面

（1）球面的形成。圆周母线绕它的一直径旋转一周而形成的曲面称为球面（图 4.19）。

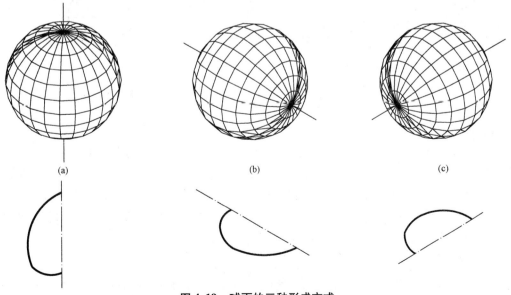

图 4.19 球面的三种形成方式
(a) 圆绕铅垂线旋转；(b) 圆绕正垂线旋转；(c) 圆绕侧垂线旋转

视图分析：球体的三个视图为等直径的三个圆。要注意的是这三个圆在球体表面上的位置。V 面投影的圆是前后两半球的分界线圆；H 面投影的圆为上下两半球的分界圆；W 面投影圆是左右两半球的分界圆。

（2）球面的投影。球面的三个投影均为与球面直径相等的三个圆周，如图 4.20 所示，它们分别是球面在三投影面上的投影轮廓线，它们也是前后、上下、左右各半球可见与不可见的分界线。V 面投影是平行于 V 面的最大圆的投影，H 面投影是平行 H 面的最大圆的投影，W 面投影是平行于 W 面的最大圆的投影。球面的投影绘图步骤如图 4.20 所示。

注意：V、H、W 面投影图中的三个外形轮廓圆，在另两投影图中的位置。

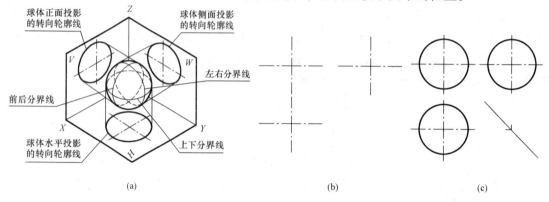

图 4.20　球面的投影

（3）圆球表面取点。利用圆球面上平行于投影面的辅助纬圆作图，如图 4.21（a）所示。

【例 4-7】如图 4.21（b）所示，已知圆球表面上 M 点的正面投影 m'，求它的水平和侧面投影 m、m''。

解：1）分析：由于 m' 可见，因此 M 必定在前半个球面上，取过 M 点的垂直于其铅垂轴线的辅助纬圆 [图 4.21（a）]。根据 M 在辅助纬圆上，其投影也应在此辅助纬圆的同名投影上，求得 M 点的水平投影 m 后，再由 m、m' 求出 m''。

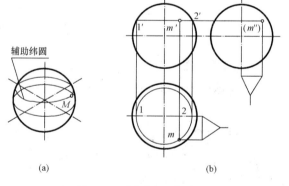

图 4.21　圆球表面取点

2）作图过程：如图 4.21（b）所示，过 m' 作垂直于轴线的纬圆的正面投影，它的长度 $1'2'$ 即为纬圆的直径，它与轴线正面投影的交点即为圆心的正面投影，圆心的水平投影与球心重合，由此可作出反映这个纬圆实形的水平投影。由 m' 引投影连线，与该纬圆水平投影前半个圆（m' 可见，M 在前半球）的交点即为 m，再由 m'、m 即可求出 m''。因为 M 点在右、上、前部分球面上，所以 m 可见，m'' 不可见。

4.3.2.4　圆环面

（1）圆环面的形成。如图 4.22（a）所示，圆环可看成是以圆为母线，绕与它在同一平面上的轴线旋转而形成的。以圆周为母线，绕与它共面的圆外直线为轴旋转而形成的曲面，称为环面。靠近轴的半圆形成内环面，远离轴的半圆环形成外环面。

圆环表面分析，为分析方便可将圆环表面分为四个部分，即上半圆环面，由上半母线圆形成的表面；下半圆环面，由下半母线圆形成的表面；外半圆环面，由外半母线圆形成的表面；内半圆环面，由内半母线圆形成的表面。

视图分析：主视图：母线圆上下两点形成的圆在 V 面投影为两条直线，两外形轮廓线圆的内半圆投影为虚线圆弧；俯视图：母线圆左右两点形成的圆为外形轮廓线并反映实形，另要画出母线圆心的轨迹圆；左视图：图形形状与主视图相同，可对照立体图分析其上的外形轮廓线圆在圆环上的位置。

（2）圆环面的投影。当轴线垂直于 H 面时，如图 4.22 所示，圆环面的 H 面投影为两个同心圆，分别是环面的赤道圆和颈圆。环面的 V 面和 W 面投影，都由两个圆和与它们上下相切的两段水平轮廓线组成。V 面投影的两个圆分别是环面最左素线圆和最右素线圆的 V 面投影，W 面投影的两个圆分别是最前素线圆和最后素线圆的 W 面投影。它们都反映素线圆的实形，都有半个圆周被环面挡住而画成虚线。圆环作图过程如图 4.22 所示。

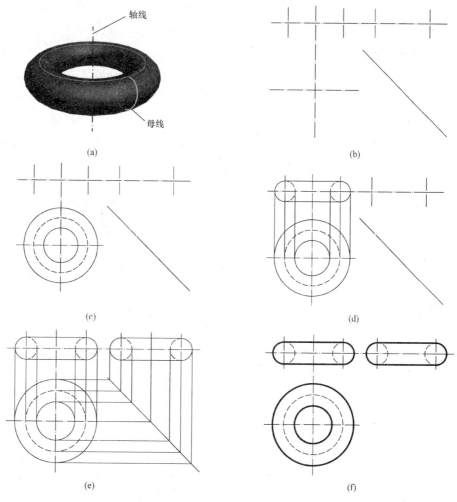

图 4.22　圆环投影作图过程

(3) 圆环表面取点。在圆环表面上求作点的方法：由于圆环面的投影没有积聚性，因此要借助于表面上的辅助圆求点。辅助圆法，即过点在圆环面上作一辅助圆（纬圆法），作出该圆的各投影后再将点对应到圆的投影上。如图 4.23 所示，已知 A、B 的正面投影和 C 点的水平投影求出另外两投影，作图结果如图 4.23 所示。

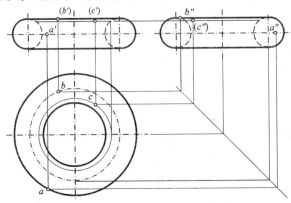

图 4.23　圆环面上取点

4.3.2.5 单叶双曲面

（1）单叶双曲面的形成。以一直母线绕与其相交叉的定轴运动旋转一周而形成的曲面，称为单叶双曲面，如图 4.24 所示。如图 4.24（c）所示，是轴线垂直于 H 面的单叶双曲面的 V、H 面投影图，各素线的 V 面投影包络线是一双曲线，作为曲面 V 面投影的轮廓线。因此，单叶双曲面也可以看成是由该双曲线绕其虚轴 OO_1 作旋转运动而形成。

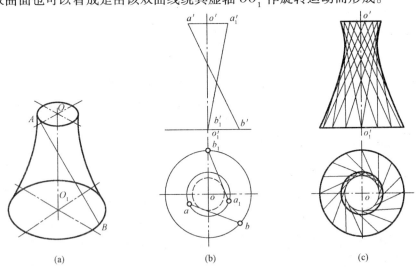

图 4.24　单叶双曲回转面的形成和投影
(a) 立体图；(b) 轴线与母线；(c) 投影图

（2）单叶双曲面的投影。单叶双曲面的直母线为 AB，轴线 OO_1，如果轴线垂直于 H 面，在作投影图时，可先画出母线 AB 和轴线 OO_1。再作过点 A 和 B 的纬圆，如图 4.24（b）所示。而后，在 H 面投影上的下底圆取一点 b_1，上底圆取一点 a_1，使得 $a_1b_1 = ab$，按照投影关系，定出直线 A_1B_1 在 V 面上的投影 $a_1'b_1'$。即得素线 A_1B_1 的 H、V 面投影。同法，依次均匀地作出一系列素线的 H、V 面投影。

曲面的 H 面投影也有一包络线与各素线的 H 面投影相切，它就是曲面颈圆的 H 面投影，作为曲面 H 面投影的内轮廓线。

（3）单叶双曲面上取点。在单叶双曲面上取点，可采用纬圆法或素线法。

图 4.25（a）给出单叶双曲面上两点 A、B 的投影 a' 和 b。过 A 点作纬圆的 H、V 面投影，即可求得 a 的位置 [图 4.25 (b)]。求作 B 点的 V 面投影，可在 H 面投影上过 b 作任一直线 Ⅲ 与颈圆相切，并与上底圆及下底圆相交于 1 和 2。作出素线 12 的 V 面投影 $1'2'$ 后，即可求得点 B 的 V 面投影 b'，如图 4.25（b）所示。

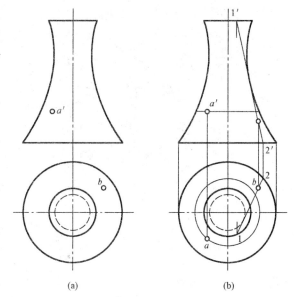

图 4.25　单叶双曲面上取点
(a) 已知条件；(b) 作图结果

4.3.3　几种常见的非回转曲面

4.3.3.1　柱面

（1）柱面的形成。直母线沿曲导线运动且始终平行于直导线时，所形成的曲面称为柱面。

垂直于柱面素线的断面称正断面。正断面的形状反映柱面的特征，当柱面正断面为圆时，称为圆柱面，正断面为椭圆是称椭圆柱面，如图 4.26 所示。图 4.26（b）所示的曲面也是一个圆柱面（它的正断面是圆周），但它是以底椭圆为曲导线，母线与底椭圆倾斜，所以通常称为斜椭圆柱面，用平行于柱底的平面截该曲面时，截交线是一个椭圆。图 4.26（c）是一个椭圆柱面，它是以底圆为曲导线，母线与底圆倾斜，通常也称为斜圆柱面。

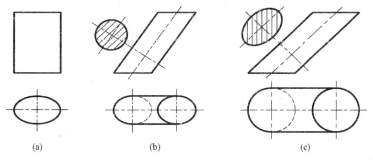

图 4.26　三种柱面的投影
(a) 正椭圆柱面；(b) 斜椭圆柱面；(c) 斜圆柱面

（2）柱面的投影。柱面是按曲面的投影特点来表示的，即应画出形成曲面的各个几何元素（如直导线、曲导线）的投影，以及各投影图的外形轮廓线，如图 4.26 所示。

如图 4.27 所示为正圆柱面和斜圆柱面在工程上的应用。

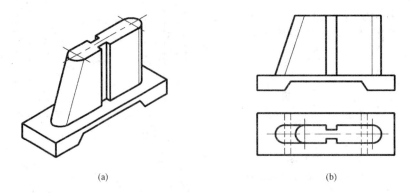

图 4.27 闸墩
(a) 立体图；(b) 投影图

4.3.3.2 锥面

（1）锥面的形成。一直母线 SA 沿某一曲导线（L）运动，并始终通过某定点（顶点 S）而形成的曲面称为锥面，如图 4.28 所示。

对曲导线可以是闭合的或不闭合的。如果闭合则可形成存在轴线的锥面，当曲导线为椭圆且轴垂直于某一投影面时，则形成正椭圆锥面，如图 4.29（a）所示。锥面的命名类同于柱面，分别称为正椭圆锥面、斜椭圆锥面和斜圆锥面，如图 4.29 所示。

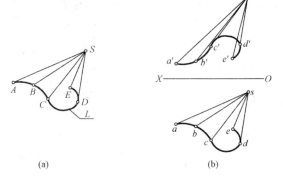

图 4.28 锥面及其投影

（2）锥面的投影。锥面的投影图，必须画出锥顶 S 和曲导线 L 的投影，类同于柱面，都是按曲面的投影特点来表示的，如图 4.29 所示。

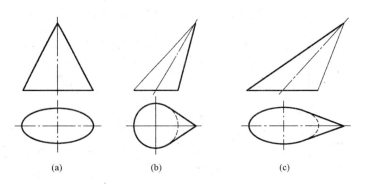

图 4.29 圆锥面投影
(a) 椭圆锥面；(b) 斜圆锥面；(c) 斜椭圆锥面

如图 4.30 所示为桥台与锥形护坡相连接的例子。

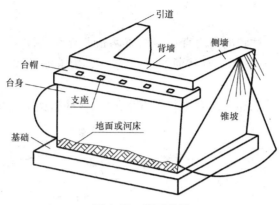

图 4.30 锥形护坡

4.3.3.3 锥状面

(1) 锥状面的形成。锥状面是由直母线沿着一根直导线和一根曲导线移动，并始终平行于一个导平面而形成。如图 4.31 (a) 所示，锥状面的直母线 AC 沿着直导线 CD 和曲导线 AB 移动，并始终平行于铅垂的导平面 P。

(2) 锥状面的投影。当导平面 P 平行于 W 面时，该锥状面的投影图如图 4.31 (b) 所示（图中没有画出导平面 P）。如图 4.32 (a) 所示的屋面，是锥状面在建筑物上的应用实例；如图 4.32 (b) 所示是锥状面在水利工程中的应用。

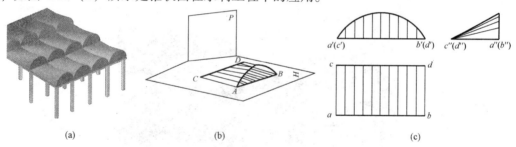

图 4.31 锥状面的形成与投影图
(a) 立体图；(a) 形成；(b) 投影图

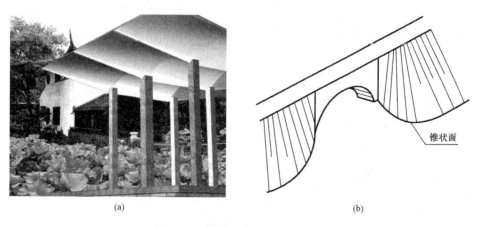

图 4.32 锥状面在工程中的应用
(a) 锥状面在建筑物上的应用；(b) 锥状面在水利工程中的应用

4.3.3.4 柱状面

（1）柱状面的形成。柱状面是由直母线沿着两根曲导线移动，并始终平行于一个导平面而形成。如图 4.33（a）所示，柱状面的直母线 AC，沿着曲导线 AC 和 CD 移动，并始终平行于铅垂的导平面 P。

（2）柱状面的投影。当导平面 P 平行于 W 面时，该柱状面的投影如图 4.33（b）所示（图中没有画出导平面 P）。

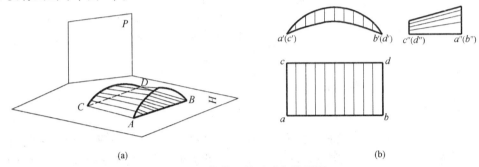

图 4.33 柱状面的形成与投影图
（a）形成；（b）投影图

如图 4.34 所示为屋面是柱状面在工程上的一种应用。

图 4.34 柱状面在建筑物中的应用

如图 4.35 所示，闸墩一端的表面就是两个对称的柱状面，其上导线为 1/4 圆周，下导线为一段圆弧，导面为正平面。该柱状面上所有素线都是正平线，其正面投影可根据水平投影按投影关系定出。

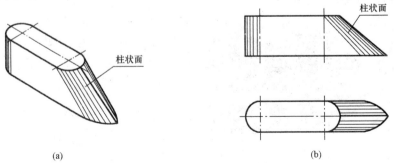

图 4.35 柱状面在水工中的应用
（a）立体图；（b）投影图

4.3.3.5 双曲抛物面

(1) 双曲抛物面的形成。一直母线沿两交叉直导线移动,且始终平行于一个导平面而形成的曲面称为双曲抛物面。如图 4.36 所示的双曲抛物面,直母线是 AC,交叉直导线是 AB 和 CD,所有素线都平行于铅垂导平面 P。

(2) 双曲抛物面的投影。双曲抛物面的相邻两素线是交叉二直线。如果给出了两交叉直导线 AB、CD 和导平面 P [图 4.37 (a)],只要画出一系列素线的投影,便可完成该双曲抛物面的投影图。作图步骤如下:

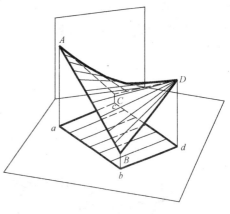

图 4.36 立体图

1) 分直导线 AB 为若干等分,如六等分,得各等分点的 H 投影 a、1、2、3、4、5、b 和 V 投影 a′、1′、2′、3′、4′、5′、b′ [图 4.37 (b)]。

2) 由于各素线平行于导平面 P,因此素线的 H 投影都平行于 P_H。如作过分点 Ⅱ 的素线 Ⅱ Ⅱ Ⅰ 时先作 221∥P_H,求出 c′d′ 上的对应点 21′后,即可画出该素线的 V 投影 2′2′1,如图 4.37 (b) 所示。

3) 同法作出过各等分点的素线的两投影。

4) 作出与各素线 V 投影相切的包络线。这是一根抛物线 [图 4.37 (c)]。

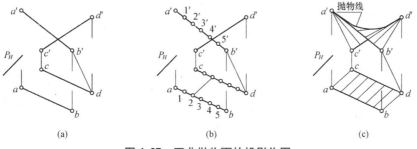

(a)　　　　　　　(b)　　　　　　　(c)

图 4.37 双曲抛物面的投影作图
(a) 已知导线 AB、CD 和导平面 P;(b) 作出一根素线;(c) 完成投影图

(3) 双曲抛物面在建筑物上的应用。不少建筑物如仓库、礼堂、站台等的屋面,采用双曲抛物面的形式,图 4.38 所示的广州星海音乐厅就是其中的一例。

图 4.38 广州星海音乐厅

有些屋面只采用某种曲面的一部分，使获得的屋面形式与曲面的原来形状大不相同。如图 4.39（a）所示的浙江体育馆的马鞍形屋面，是一个双曲抛物面被一个椭圆柱面截交而形成。它的投影图如图 4.39（b）所示。

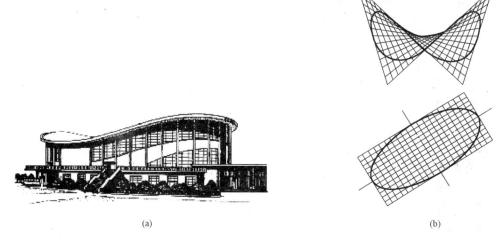

图 4.39　浙江体育馆的马鞍形屋面
（a）浙江省体育馆；（b）马鞍形屋面投影图

不少屋面是由四个双曲抛物面组合而成。根据不同的组合，所得屋面可以是由四角支撑的，也可以是由中间支承的；可以是向外排水的，也可以是中间排水的，如图 4.40 所示为由四个双曲抛物面组成的屋面。

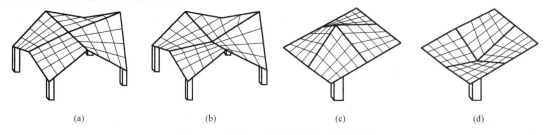

图 4.40　四个双曲抛物面组成的屋面
（a）四角支承、向外排水；（b）四角支承、中间排水；（c）中间支承、向外排水；（d）中间支承、中间排水

4.3.4　圆柱螺旋面

圆柱螺旋面应用于螺旋梯及转弯扶手，如图 4.41 所示。圆柱螺旋面的导线是圆柱螺旋线。

4.3.4.1　圆柱螺旋线

（1）圆柱螺旋线的形成。一动点沿圆柱的母线作等速直线运动，同时，该母线又绕圆柱的轴线作等速回转运动，动点的这种复合运动的轨迹是圆柱螺旋线，如图 4.42（a）所示。母线旋转一周，动点沿母线方向移动的距离 S，称为导程。圆柱螺旋线有左旋和右旋之分，若以拇指表示动点沿母线移动的方向，其他四指表示母线旋转方向，符合左手情况的称为左螺旋线，符合右手情况的称为右螺旋线。

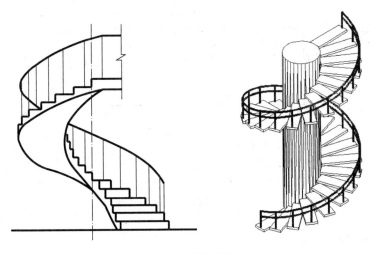

图 4.41 螺旋楼梯

（2）圆柱螺旋线的投影。给出圆柱直径、导程和旋向三个基本要素，就可以画其投影图。在图 4.42（b）中，先画圆柱的投影图并在其正面投影定出导程 S 的大小，将圆柱的 H 面投影圆周分为若干等分（如十二等分），按旋向编号，在 V 面投影图上将导程作同样数目的等分。由 H 面上各等分点作铅垂线，同时，在 V 面上由等分点作水平线，交得了 0′1′2′……，如图 4.42（c）所示。最后将各交点连成光滑曲线，即为螺旋线的正面投影。螺旋线的水平投影积聚在圆周上。

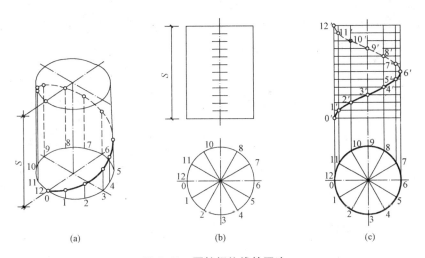

图 4.42 圆柱螺旋线的画法

当把导圆柱展开成矩形之后，螺旋线应该是这个矩形的对角线（图 4.43）。这条斜线与底边的倾角 α 同导程 S 和半径 R 有下面的关系：

$$\tan\alpha = S/2\pi R$$

这个 α 角就叫作螺旋线的升角。

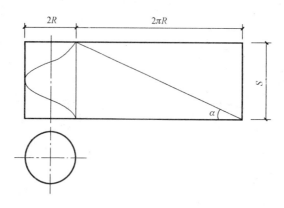

图 4.43 圆柱螺旋线的展开

4.3.4.2 圆柱螺旋面

(1) 圆柱螺旋面的形成。一直母线以圆柱螺旋线为导线,并按一定规律运动,所形成的曲面称为圆柱螺旋面。如图 4.44 (a) 所示,一直母线沿圆柱螺旋线(曲导线)和螺旋线的轴线(直导线)移动,并始终与轴线垂直相交,这时所形成的圆柱螺旋面是正螺旋面。因轴线垂直于 H 面,故所有素线都是水平线。图 4.44 (b) 所示为正螺旋面的投影图,它的画法与螺旋线相同,为了清晰地表示出螺旋面,一般还画出一系列素线的投影。图 4.44 (c) 所示为螺旋面被假设的小圆柱截切后的两投影,小圆柱的轴线与螺旋面的导圆柱的轴线相重合,此时,在小圆柱面上又形成一条导程相同的螺旋线。螺旋面在工程上应用广泛,机械上的螺旋输送器,土木工程上宾馆厅堂、塔楼的螺旋样等是螺旋面的一种应用。

(2) 圆柱螺旋面的投影。如图 4.44 所示为圆柱螺旋面的投影图,以螺旋线 O、Ⅰ、Ⅱ、… 为曲导线,以螺旋线的轴线 OO_1 为直导线,所有素线均为水平线。

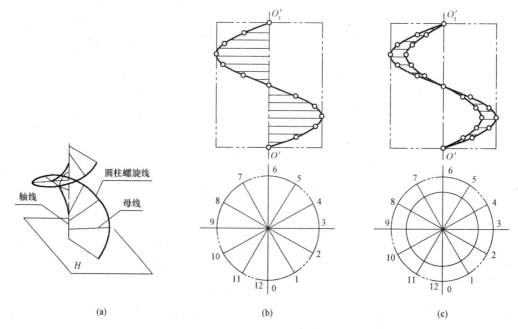

图 4.44 圆柱螺旋面的形成和投影

4 基本几何体的投影

图 4.45 所示为螺旋楼梯的投影图，具体画法如下：

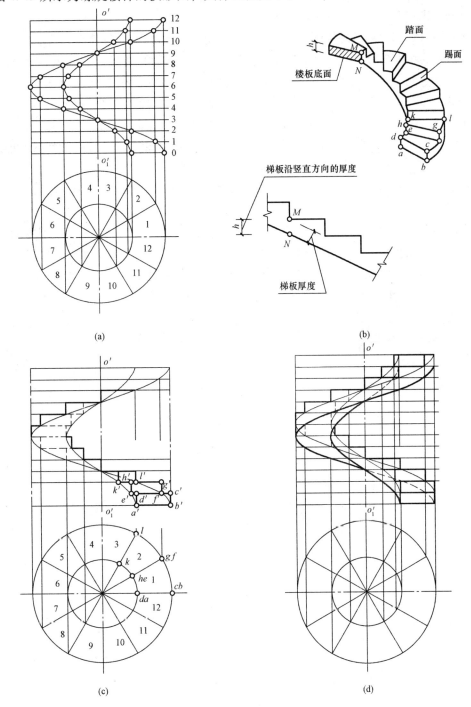

图 4.45　螺旋楼梯

（1）根据给出螺旋梯所在的内外圆柱直径、导程转一圈的步级数（如 12 级），作出有内圆柱螺旋面的 V、H 面投影，如图 4.45（a）所示。

（2）螺旋梯的每一步级，都是由铅垂的矩形踢面和水平的扇形踏面所组成，如图 4.45（d）

所示，第一步级的矩形踢面是铅垂面 abcd，扇形踏面是水平面 cdef。第二步级的矩形踢面是铅垂面 efgh，扇形踏面是水平面 ghkl 等。

（3）图 4.45（d）所画螺旋面的 H 面投影和每扇形分格，就是各踏面的实形投影，各分格线就是踢面的积聚投影。根据螺旋梯每一步级的高度（导程的 1/12），对应于各路踢面和踏面的 H 面投影，可分别作出各步级相应踢面的 V 面投影，如矩形 $a'b'c'd'$、$e'f'g'h'$、…，以及各步级相应踏面的 V 面投影，它们都分别积聚成一水平线段，如 $e'd'e'f'$、$g'h'k'l'$、…。

（4）在各踢面 V 面投影的两侧分别向下量取梯板沿铅垂方向的高度 h，即如图 4.45（d）所示，中的 MN，画出梯板底面的 V 面投影。这是一个与原螺旋面同样形状和大小，但各素线降低了高度 h（MN）的一个螺旋面，如图 4.45（c）所示。

图中为了使作图过程分明，仍保留了各螺旋线（以细实线画出，凡不可见的轮廓线用细虚线画出）。

【例 4-8】如图 4.46（a）所示，已知具有立柱（圆柱）的在一个导程范围内的一段右旋螺旋楼梯的水平投影，在正面投影中给出了平螺旋面楼梯板的厚度、踏步高，还给出了第一级踏步地踢面的两面投影，作出这段螺旋楼梯在一个导程范围内的正面投影。

解：1）分析：由上述可知，此题是旋转楼梯画法，按照旋转楼梯投影规律即可作出结果。

2）作图过程：如图 4.46 所示。

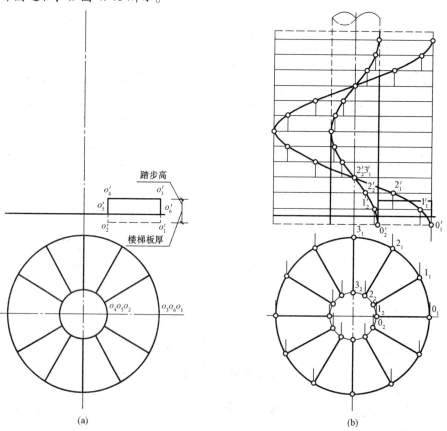

图 4.46 作一段螺旋楼梯的正面投影

(a) 已知条件；(b) 作底图

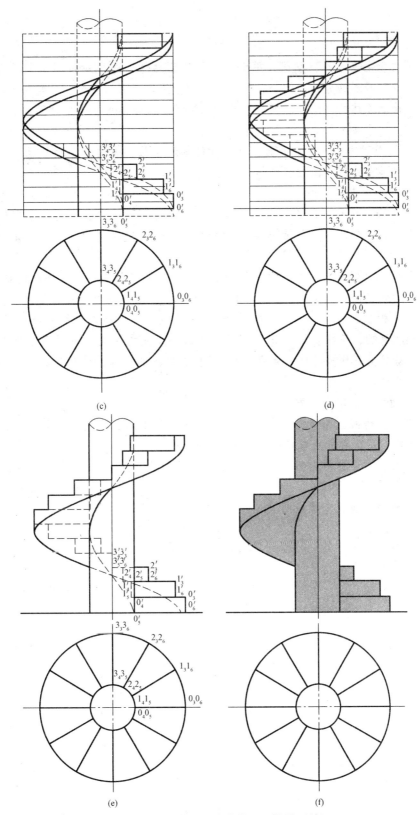

图 4.46 作一段螺旋楼梯的正面投影（续）

（c）、(d) 作图过程；(e) 作图结果；(f) 只画可见投影的投影图

本章小结

本章教学内容主要包括：概述、平面立体、曲面立体。通过对常用工程平面立体、曲线、曲面立体及其投影的分析和综合，使学生了解曲线与曲面的概念、分类及图示特点。掌握平面立体与曲面立体的画法、表面取点及工程应用。教学难点在于用辅助线法、纬圆法找到曲面上的点。本章重要知识点小结如下：

1. 表面都是平面的立体称为平面立体：如棱柱和棱锥；表面是曲面或曲面和平面的立体，称为曲面立体：如球、圆柱、圆锥。

2. 平面立体上取点的方法：

（1）位于棱线或边线上的点（线上定点法）。当点位于立体表面的某条棱线或边线上时，可利用线上点的"从属性"直接在线的投影上定点，这种方法即为线上定点法，也可称为从属性法。

（2）位于特殊位置平面上的点（积聚性法）。当点位于立体表面的特殊位置平面上时，可利用该平面的积聚性，直接求得点的另外两个投影，这种方法称为积聚性法。

（3）位于一般位置平面上的点（辅助线法）。当点位于立体表面的一般位置平面上时，因所在平面无积聚性，不能直接求得点的投影，而必须先在一般位置平面上做辅助线（辅助线可以是一般位置直线或特殊位置直线），求出辅助线的投影，然后再在其上定点，这种方法称为辅助线法。

3. 回转曲面立体上取点的方法：

（1）素线法。曲面上选用的辅助线，其投影应为直线或圆。对于直纹面，可选用其直的素线为辅助线，用这种方法求点的投影称为素线法。

（2）纬圆法。对于旋转面可以选用纬圆作为辅助线，用这种方法求点的投影称为纬圆法。

4. 旋转楼梯的画法及工程应用。

5

投影变换

★教学内容

投影变换概述；变换投影面法；旋转法。

★教学要求

1. 掌握换面法的基本原理和换面法作图的投影变换规律。
2. 掌握用换面法求图形实形及其对投影面的倾角基本作图方法。
3. 掌握用换面法解决一般空间几何元素间的定位和度量问题。
4. 了解旋转法的投影变换规律，以及其基本作图方法。
5. 培养学生的空间思维能力，转换思维方式，拓展思维，灵活运用投影原理解决实际问题。

5.1 投影变换概述

在前面所述的点线面的空间关系时，如果要求解一般位置的直线和平面之间的交点交线或者距离问题时是比较困难的，需要用到直角三角形法及直角投影定理等内容，对于解题者的理论知识基础要求较高，但如果空间中的直线或者平面处于特殊位置时，求解几何元素间的定位及度量问题就变得相对容易。在投影体系中，当直线、平面平行于投影面时，则其投影反映实长与实形；如果是垂直于投影面时，则其投影具有积聚性。利用特殊位置时的空间几何元素的投影特性，就可以方便地求解空间中几何元素的定位问题（如交点、交线）和度量问题（如距离、实形、角度）等。其特殊位置投影特性如图 5.1 所示。

要确定两条平行线之间的距离时，采用传统的求解方法比较复杂，且中间容易出现错误,但如果两条平行线均垂直于某一平面时,其投影会积聚为两点,则该两点之间的距离即为另平行线间的距离,如图 5.2 所示。

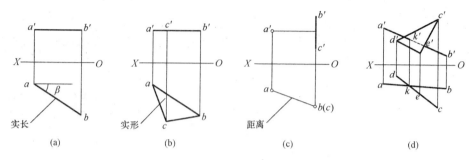

图 5.1　特殊位置的空间几何元素投影特性

(a)反映实长;(b)反映平面实形;(c)反映点到直线距离;(d)直线和平面交点

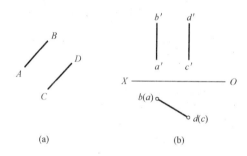

图 5.2　平行两直线之间距离

(a)空间两直线距离;(b)投影面垂直线间距离

在空间的几何元素中,可以通过改变某种元素,在保证空间几何元素相对位置不变的前提下,将空间中一般位置的直线和平面转换为特殊位置的直线和平面,使之处于有助于求解题意。本章引入变换投影面法(换面法)和旋转法两种。

(1)换面法[图 5.3(a)]:保持几何元素的位置不动,而建立新的直角投影面体系。

(2)旋转法[图 5.3(b)]:保持原直角投影面体系不动,将空间几何元素绕某个选定的轴旋转。

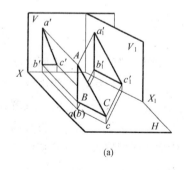
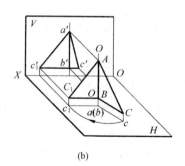

图 5.3　投影变换方法

(a)换面法;(b)旋转法

5.2 变换投影面法

5.2.1 新投影面的建立

变换投影面法就是在保证空间几何元素位置不变的前提下,用一个新的辅助投影面去替换掉原投影体系中某一个投影面,从而使得几何元素在新建立的投影体系当中处于特殊位置。

如图5.4所示,直线 AB 在投影体系 V/H 中为一般位置直线,现在我们找到一个新的 V_1 平面,使得 AB 在新的投影体系 V_1/H 中平行于 V_1 平面,则 AB 在 V_1/H 投影体系中为一条正平线,在 V_1 平面上的投影就可以反映实长及夹角。为了使投影图形满足正投影的一系列特性,必须使新的投影面 V_1 垂直于未被替换掉的投影面 H。所以,在应用变换投影面法中用新的投影面去替换旧投影面时必须要满足以下两个条件:

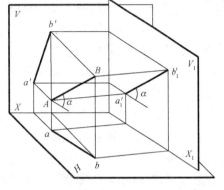

图 5.4 变换投影面法

(1) 新的投影面建立必须使得空间几何元素处于一个特殊位置,使求解图形问题更为简便。

(2) 新的投影面建立必须垂直旧投影体系中未被替换掉的旧投影面。

5.2.2 点的投影变换

在空间的几何图形中,点是组成空间所有几何元素的基础,学习点的投影变换是以后学习线和面变换的前提。

5.2.2.1 点的一次变换

如图5.5所示,在旧的投影体系 V/H 中,点 A 的在 V、H 投影面上投影点为分别为 a' 和 a,其投影特性满足点的投影特性。现在找一个新的投影面 V_1,使其垂直于投影面 H。则 V_1 平面与 H 平面组成新的投影体系 V_1/H,在该体系中,将 V_1 平面与 H 面的交线称之为新投影轴,用字母 X_1 来表示。

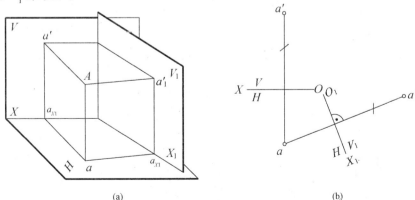

(a) (b)

图 5.5 点变换投影面示意图

(a) 空间示意图;(b) 投影示意图

在新的投影体系 V_1/H 中，由于点的位置相对于 H 面投影面没有改变，故 A 的水平面投影 a 也没有变化。由于使用 V_1 平面代替了旧的投影平面 V，将点 A 在 V_1 投影面上的投影点不同于原来的 V 面投影，将该点定为 a_1'。因为新的投影面 V_1 依然垂直于 H 面，其投影 a' 和 a_1' 相对于 H 面的高度不变，即 $a_1'a_{X1} = a_1'a_X = Aa$。这样就实现了点的一次变换（同理可以用 H_0 平面替换 H 面，可以得到同样的结果）。根据点的投影图所示，可以得出以下的结论：

（1）在新投影体系中，新投影点与原投影体系中未被替换掉的旧投影点之间的连线垂直于新的投影轴 X_0，如图 5.5（b）所示，即 $a_1'a \perp X_1$ 轴。

（2）新投影到新投影轴的距离等于原投影体系中被替换掉的旧投影面到旧投影轴 X 的距离，如图 5.5（b）所示，即 $a_1'a_{X1} = a'a_X$。

根据在点在变换投影面过程中符合的投影特性，结合图 5.5 所示点的一次换面作法可以归纳为以下几项：

（1）选定合适的位置绘制新投影轴，建立新的投影体系 (V_1/H)。

（2）过旧投影体系当中未被替换掉的投影面上的投影点做新投影轴的垂线，使其相交于新投影轴，并延伸适当的距离。

（3）在所做的垂直线上截取线段，使新投影到新投影轴的距离等于被替换掉的旧投影到旧投影轴的距离，即 $a_1'a_{X1} = a'a_X$，从而可得点 A 在新的投影面上 V_1 的投影点位置 a_1'。

5.2.2.2　点的二次换面

点的变换投影面法可以进行二次换面。点的二次换面是指点在经过一次换面之后，根据需要，以第一次换面得到的新投影面作为第二次换面的旧投影面，再次进行投影面变换，使其替代掉第一次变换投影面时未被替换掉的投影面，其变换过程必须符合点的变换投影面法的两个条件。从作图过程可知，点的二次变换和一次变换方法完全相同，只是将换面的作法重复了一次。点的二次换面投影图如图 5.6 所示。

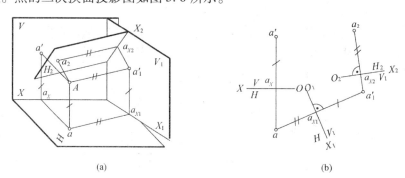

图 5.6　点的二次换面示意图

（a）空间示意图；（b）投影示意图

★特别提示

提示：点在空间的任意投影面上投影均为一个点，故点的投影变换并无实际意义，其存在主要意义在于为直线和平面的变换投影面法做铺垫。

5.2.3 直线的变换

一般位置的直线由于其不具备全等性及积聚性等特性,在求解空间几何元素的问题中求解过程很复杂。而直线变换的目的就是通过变换投影面使原来处于一般位置的直线转换为投影面的平行线或者投影面的垂直线,从而使得复杂的问题简单化。这就要求新的辅助投影面位置的选择必须满足变换投影面法的两个条件,既要满足经过换面后的直线处于有利于解题的位置,又要使得新的辅助投影面垂直于原投影体系中未被替换掉的旧投影面。结合特殊位置直线的全等性或积聚性等特性可知,特殊位置直线显现出的特殊投影特性越多,要使得一般位置直线经过变换投影面得到的特殊位置直线所变换的次数就越多,即一般位置的直线通过一次换面只可以转换为投影面的平行线,在此基础上由投影面平行线再经一次换面变换才可变为投影面的垂直线,而要由一般位置直线转换到投影面垂直线是必须要经历两次换面方可得到。

5.2.3.1 直线的一次换面

(1) 将一般位置直线变换为投影面平行线,主要用于求解线段的实长和对某一个投影面的夹角问题。

如图 5.7 所示,AB 在原投影体系 V/H 中为一般位置直线。如果要变换为投影面的平行线(以正平线为例),需要将原投影体系中 V 面替换,找到新的辅助投影面 V_1 面使其平行于直线 AB,则直线 AB 在新的投影体系 H/V_1 中即为正平线,其在 V_1 面上的投影满足正平线的投影特征,即反映直线 AB 的实长,且与新投影轴的夹角就反映直线 AB 对 H 面的夹角 α。其作法如下:

1) 由于正平线的水平投影必然平行于 X_1 轴,作新投影轴 $X_1 // ab$。
2) 由点 a、b 作 X_1 轴的垂直线交于 X_1 轴并延长,并在其延长线上截取 $a_1'a_{X1} = a'a_X$,$b_1'b_{X1} = b'b_X$,即得到直线 AB 的新投影 $a_1'b_1'$。
3) 投影 $a_1'b_1'$ 即反映直线 AB 的实长,其投影与 X_0 轴的夹角反映 AB 对 H 面的夹角 α。

> ★特别提示
>
> 要得到某投影面平行线,则所求直线平行于哪个投影面,就变换该投影面。

(2) 将投影面的平行线转换为投影面垂直线,这样就使得它的新投影具有积聚性,主要用于求解一点到某一条直线的距离和两条直线间的距离问题。

如图 5.8 所示,AB 在 V/H 投影体系中为正平线,现将该正平线变换为投影面的垂直线。投影面垂直线的投影特征为一个点和一个垂直于投影轴的一条线,且直线可以反映线段的实长,在本图中,保持能够反映实长的投影 $a'b'$ 不变,建立新的辅助投影面 H_1,使新投影轴垂直于 $a'b'$,截取 $aa_X = bb_X$ 的距离,使新投影点 a_1b_1 到新投影轴的距离等于 $aa_X = bb_X$ 的距离。这样就使得直线 AB 由原来的正平线变换为投影面垂直线。

> ★特别提示
>
> 要得到某投影面垂直线,则所求直线垂直于哪个投影面,就变换该投影面。

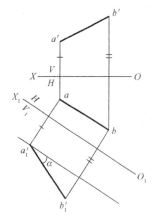
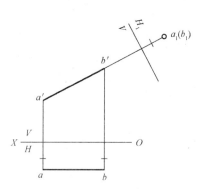

图 5.7　一般位置直线变换为平行线（水平线）　　　图 5.8　平行线变换为垂直线

5.2.3.2　直线的二次换面

根据前述内容可知，一般位置直线要变换为投影面垂直线必须要经过两次换面。第一次换面可以将一般位置直线变换为投影面平行线，继而再将投影面平行线转换为投影面垂直线。

如图 5.9 所示，AB 在 V/H 投影体系中为一般位置直线，第一次替换 H 面，使得 $H_1 // AB$，则 AB 在 V/H_1 投影体系中为 H_1 面平行线；第二次用新的辅助平面 V_2 替换掉 V 面，使得新投影面 $V_2 \perp AB$，则 AB 在 H_1/V_2 体系中为投影面垂直线。

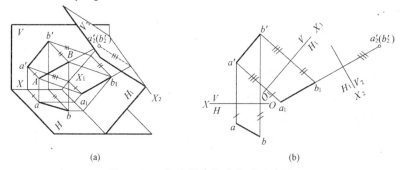

图 5.9　一般位置直线变换成垂直线
（a）空间示意图；（b）投影示意图

5.2.4　平面的变换

平面变换由组成平面的点和直线的变换所决定。平面变换的目的是某一般位置的平面经过变换称为新投影面的垂直面或者平行面。同直线换面一样，这就要求新的投影面位置选择既要满足特殊平面的投影要求，又要满足新投影面垂直于原投影体系中未被替换的旧投影面的投影体系的建立条件。有空间关系知道，只通过一次换面不可能使新投影面平行于一般位置平面。即一次换面只能使一般位置平面变换为投影面的垂直面，在此基础上进行二次换面，才可以使得一般位置平面转换为投影面的平行面。

5.2.4.1　将一般位置平面变换为投影面的垂直面

如图 5.10（a）所示，在 $\triangle ABC$ 在 V/H 的投影体系中处于一般位置，如果要变换为正垂面，应当使新的投影面 V_1 既要垂直于 $\triangle ABC$，又垂直于 H 投影面。为此，在 $\triangle ABC$ 上作一

条水平线 AD，使 $V_1 \perp AD$ 且 $V_1 \perp H$，则 $\triangle ABC$ 在 V_1 面上的投影积聚为一条直线。其作图过程如图 5.10（b）所示。

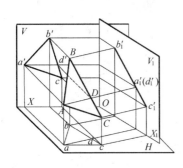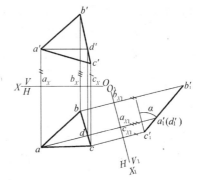

图 5.10　一般位置平面变换为投影面垂直面
（a）空间示意图；（b）投影示意图

（1）在 $\triangle ABC$ 上作水平线 AD，使其投影为 $a'd$、ad。

（2）作新投影轴 $X_1 \perp ad$，过 a、b、c 作 X_1 轴的垂直线并延长，截取 $a_1'a_{X1} = a'a_X$，$b_1'b_{X1} = b'b_X$，$c_1'c_{X1} = c'c_X$，得到新投影 a_1'、b_1'、c_1'。

（3）连接 a_1'、b_1'、c_1'，这时 $a_1'b_1'c_1'$ 积聚为一直线，它与 X_1 轴的夹角就是 $\triangle ABC$ 对 H 面的夹角 α。

5.2.4.2　将投影面的垂直面变换成投影面平行面

铅垂面 $\triangle ABC$ 要变换为投影面平行面，根据其平行面的投影特性，具有积聚性的水平面投影 abc 不改变，作新投影面 V_1 平行于 abc，即 $X_0 \parallel abc$，这时 $\triangle ABC$ 在 V_1 面上的投影 $\triangle a_1'b_1'c_1'$ 反映实形。

由上述可知，将一般位置平面转换为投影面平行面必须要经过两步骤，即第一次将一般位置平面转换为投影面垂直面，第二次再将投影面垂直面变换为投影面平行面（图 5.11）。

其作图过程如下：

（1）在 $\triangle ABC$ 上作正平线 AD，使新投影面 $H_1 \perp AD$，即作新轴 $X_1 \perp a'd'$，然后作出 $\triangle ABC$ 在 H_1 面上的新投影 $a_1b_1c_1$，它积聚为一直线。

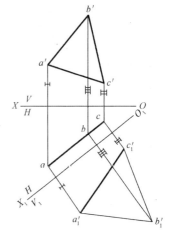

图 5.11　垂直面变换为平行面

（2）作新投影面 V_2 平行于 $\triangle ABC$，即使新轴 $X_2 \parallel a_1b_1c_1$，$\triangle ABC$ 在 V_2 面上的投影 $\triangle a_2'b_2'c_2'$ 反映实形。

5.2.5　应用举例

换面法实质是将某一几何元素由一般位置的投影关系变换为特殊位置的投影关系，以便于解决空间几何元素的定位和度量问题。

5.2.5.1　求交点、交线

对于一般位置直线与一般位置平面相交求交点及两个一般位置平面相交求交线问题，由于相交的几何元素没有积聚性投影，可采用辅助平面法求解交点或交线。但其解答过程过于复杂。通过变换投影面法，可以将平面转换为投影面垂直面，由于该平面具有积聚性，即可比较容易地求出交点或交线的投影。

【例5-1】如图5.12所示，试求直线 MN 与平面 ABC 的交点 K。

解：1）分析：由于 MN 为一般位置直线，则可用辅助平面法求解交点，也可采用换面法求交点。若用换面法，可先将△ABC 转换为投影面垂直面，然后利用积聚性求出其交点。

2）作图：

①变换 V 投影面（或变换 H 面），作水平线 AD，并作新轴 $X_1 \perp ad$ 得△ABC 在 V_1 投影面上积聚性投影 $a_1'b_1'c_1'$。

②同时作 MN 在 V_1 面上的投影 $m'n'$。其与平面积聚投影 $a_1'b_1'c_1'$ 的交点即为所求交点 K，即一般位置直线与一般位置平面交点在 V 面上的投影点 k_1'。

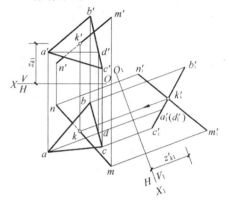

图 5.12　直线与一般位置平面的交点

③由 $z_{k1} = z_k$ 反求出点 k'，由 k_1' 求出 k，即求得 K 点在 V/H 投影体系中的两个投影。

【例5-2】如图5.13所示，在直线 AB 上找点 K，使其距点 C 为 20。

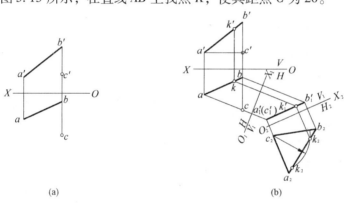

(a)　　　　　　　　　　(b)

图 5.13　在直线 AB 上按要求找出 K 点
(a) 已知条件；(b) 作图结果

解：1）分析：直线 AB 与点 C 可以构成一个平面。将平面 ABC 通过两次换面后变换成投影面平行面，反映实形，在此投影上就可以根据已知条件找到点 K。然后返回到 H 面和 V 面求出 k 和 k'。

2）作图过程，如图5.13（b）所示：

①将 ABC 平面通过两次换面，变换成投影面平等面。

②△$a_2b_2c_2$ 反映实形，以 c_2 为圆心，20 为半径画弧，交 a_2b_2 于 k_2。

③坐标返回。K 点在 AB 点，由此求出 k_1'。

④由 k_1' 作出 k'、k。

本题有两解，图中只作出一解。

5.2.5.2　求距离位置及实长

几何元素的度量如点到直线、点到平面、直线到直线、平面到平面的距离等。一方面，体现距离位置的直线往往需要通过特殊的平面或直线辅助作出；另一方面，体现距离实长的直线又必须变换为投影面平行线，让其在投影图中反映实长。采用变换投影面法作图往往比较方便。

【例 5-3】 如图 5.14 所示，过点 A 作直线与 BC 垂直相交，并求 A 到直线 BC 的距离。

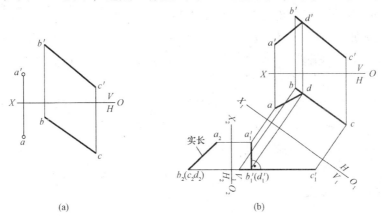

图 5.14　求点 A 到直线 BC 的距离

(a) 已知条件；(b) 作图结果

解： 1）分析：如图 5.14 所示，BC 直线为一般位置直线。如果将 BC 变换成投影面垂直线，那么它的垂线就是该投影面的平行线。

2）作图过程，如图 5.14（b）所示：

① 一次换面，把 BC 直线变换成投影面平行线。如图 5.14（b）所示，把 BC 直线变换成 V_1 面的平行线，A 点也相应地变换为 a_1'。根据直角投影定理，作 $a_1'd_1' \perp b_1'c_1'$。

② 二次换面，把 BC 直线变换成投影面垂直线。如图 5.14（b）所示，把 BC 直线变换成 H_1 面的垂线，A 点也相应地变换为 a_2。

③ 连接 a_2d_2（d_2 为垂足），AD 是 H_2 面平行线，所以 a_2d_2 就是 AD 的实长。

④ 坐标返回。根据 D 点在 BC 上，作投影连线与投影轴垂直，求出 d'、d。

⑤ 连接 ad、$a'd'$。

【例 5-4】 如图 5.15 所示，求点 K 到 $\triangle ABC$ 的距离。

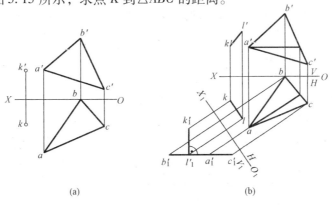

图 5.15　求 K 点到 $\triangle ABC$ 的距离

(a) 已知条件；(b) 作图结果

解：1）分析：如图 5.15 所示，求点 K 到 $\triangle ABC$ 的距离，如果 $\triangle ABC$ 是投影面垂直面，那么它的垂线是该投影面的平行线，反映实长。因此，只要换一次面，把 $\triangle ABC$ 变换成新投影面的垂直线，就可以求出点 K 到 $\triangle ABC$ 的距离。

2）作图过程，如图 5.15（b）所示：

① 一次换面，将 $\triangle ABC$ 变换成 V_1 面的垂直面。k' 也相应地变换为 k_1'。

② 作 $k_1'l_1' \perp a_1'b_1'c_1'$，垂足为 l_1'，$k_1'l_1'$ 即为垂线实长。

③ 坐标返回。因为 KL 是 V_1 面的平行线，根据投影面平行线的投影特性，作出 $kl \,/\!/\, X_1$ 轴。再根据 $l_1' \perp V_1$ 轴，找到 L 的 H 面投影 l。

④ 根据 $l' \perp V_1$ 轴，并量距（旧投影到旧投影轴的距离＝新投影到新投影轴的距离），求出 l'。

5.2.5.3 相交两平面之间的夹角

【例 5-5】如图 5.16 所示，一出料斗由薄钢板制成，试求出侧面实形及相邻两侧面之间的夹角（图中钢板厚度未画出）。

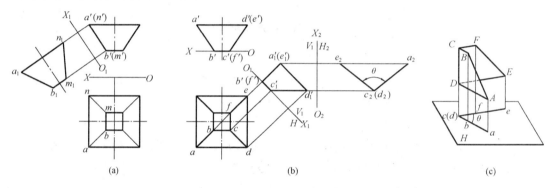

图 5.16 出料斗侧面实形及两侧面夹角
(a) 侧面实形；(b) 两侧面夹角；(a) 立体图

解：1）分析：由于四个侧面都全等，且左右两个侧面是正垂面，所以对正垂面一次换面即可变换为投影面的平行面而求出实形。相邻两侧面的夹角即二面角，由于料斗相邻两侧面夹角均相同，故只需求出如图 5.16（b）中 $ABCD$ 与 $CDEF$ 的两面夹角 θ 即可。又如图 5.16（c）所示，反映了二面角的投影，即两平面交线 CD 与投影面垂直，投影积聚为一点，则两平面分别积聚为两直线，这时投影面上两直线夹角就反映实形。因此需对 CD 进行二次换面，将其换成投影面的垂直线。

2）作图过程：如图 5.16（b）所示。

① 作侧面实形。如图 5.16（a）所示，对正垂面 $ABMN$ 进行变换，则在 H_1 面上的投影 $a_1b_1m_1n_1$ 即为侧面 $ABMN$ 的实形。

② 将一般位置直线 CD 变换为投影面平行线，本例变换 V 投影面。作轴 $X_1 \,/\!/\, cd$，求出两平面 $ABCD$ 及 $CDEF$ 在 V_1 投影面上的投影 $a_1'b_1'c_1'd_1'e_1'f_1'$，如图 5.16（b）所示。

③ 将投影面平行线 CD 再变换为新投影面的垂直线。作 $X_2 \perp c_1'd_1'$，求出两平面 $ABCD$ 及 $CDEF$ 在 H_2 面上的投影 $a_2b_2c_2d_2e_2f_2$。可见两平面在 H_2 面上的投影积聚为两条线，其两线夹角即为所求 θ。

5.3 旋 转 法

旋转法与换面法不同，旋转法不需要建立新的投影面，而是使直线或者平面等几何元素绕某一轴线，旋转到对圆投影面处于有利解题的位置。根据轴线相对于投影面的不同位置，旋转法可以分为绕投影面垂直轴线旋转和绕投影面平行轴线旋转两类。

5.3.1 绕投影面垂直轴线旋转

5.3.1.1 点的旋转

如图 5.17 所示，点 A 绕垂直于 H 投影面的轴 OO 旋转，点 A 到 OO 轴的垂足为 O，点 A 的旋转轨迹是以 O 为中心的圆。该圆所在的平面 P 垂直于轴 OO。由于轴线垂直于 H 面，所以 P 面是水平面。因此，A 点的轨迹在 V 面上的投影为平行于 X 轴的一条直线，在 H 面上的投影反映实形（即以 o 为圆心，oa 为半径的一个圆）。如果将点 A 转动某一角度 θ 而到达新的位置 A_1 时，则它的水平投影 a 也同样转过 θ 角到达 a_1，其旋转轨迹是以 o 为圆心，oa 为半径的一段圆弧 aa_1，而其 V 面投影则沿平行于 X 轴方向移动至 a_1' 位置，如图 5.17（b）所示。

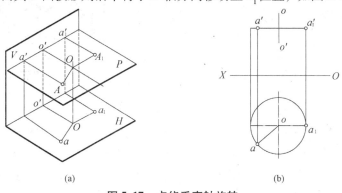

(a) (b)

图 5.17 点绕垂直轴旋转
(a) 空间示意图；(b) 投影示意图

可见，当一点绕垂直于投影面的轴旋转时，它的运动轨迹在轴所垂直的投影面上的投影为一个圆，而在轴所平行的投影面上投影为一段平行于投影轴的直线。

5.3.1.2 直线的旋转

直线的旋转可以用直线上的两点的旋转来决定，但必须遵循绕同一轴，按同一方向，旋转同一角度的"三同"原则，以保证两点的相对位置不会改变。

图 5.18 表示直线 AB 绕铅垂轴线顺时针旋转 θ 角的情况，其作图过程如下：

（1）使点 A 绕 OO 轴顺时针旋转 θ 角，则该 θ 角在 H 面上反映实形。作图时连接 oa，将 oa 绕 o 点旋转 θ 角到 oa_1 位置。

同样，作图时连接 ob，绕 o 点旋转 θ 角 ob_1 位置。连接 a_1 和 b_1，即得直线 AB 旋转后的新水平投影 a_1b_1。显然 $a_1b_1 = ab$。

（2）直线旋转后在 V 面上的新投影可根据点的旋转规律作出。即过 a'、b' 点分别作 X 轴的平行线，与从 a_1、b_1 点引出的投影连线相交得 a_1'、b_1'，连接 $a_1'b_1'$ 得直线 AB 旋转后新的正面投影 $a_1'b_1'$。

5.3.1.3 平面的旋转

平面的旋转由组成平面的点和直线的旋转所决定。因为它们应该同样遵循前述"三同"原则，即绕同一轴，按同一方向，旋转同一角度，以保证平面上的点和线的相对位置保持不变。

如图 5.19 所示，$\triangle a_1'b_1'c_1' \cong \triangle a'b'c'$，由于平面与该投影面的倾角不变，所以当平面绕垂直于投影面的轴（正垂轴）旋转时，它在轴所垂直的投影面（V 投影面）上的投影形状和大小不变。作图时，先做其不变的投影，再作其他投影（本例先作 V 投影，再作 H 投影）。

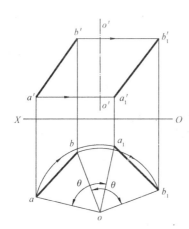

图 5.18 直线绕垂直轴线旋转

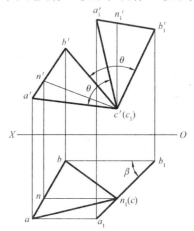

图 5.19 平面的旋转

5.3.1.4 绕投影面垂直轴线旋转的主要类型

把绕投影面垂直轴线旋转的方法应用于解决不同类型问题，可解决以下六种类型问题：

（1）将一般位置直线旋转成投影面平行线。一般位置直线旋转成投影面平行线，可求出直线实长及对投影面的倾角。如图 5.18 所示，AB 为一般位置直线。要旋转成正平线，则其水平投影应旋转到与 X 轴平行的位置上，因此选择铅垂线作为旋转轴，使 $a_1b_1 \parallel X$ 轴，相应地求出其 V 面投影 $a_1'b_1'$，则 $a_1'b_1'$ 反映直线 AB 实长及对 H 面的夹角 α。

（2）将投影面平行线旋转成投影面垂直线。如图 5.20 所示，AB 为一水平线，要旋转成投影面垂直线，则反映实长的水平投影必须旋转成垂直于 X 轴，即应选铅垂线为旋转轴，为作图方便，使 OO 轴通过点 B。当旋转后的投影 a_1b_1 垂直于 X 轴时，正面投影积聚为一点 $a_1'b_1'$。$a_1'b_1'$ 和 a_1b_1 即为正垂线的两面投影。

（3）将一般位置直线旋转成投影面垂直线。一般直线旋转成投影面垂直线必须经过二次旋转。一次旋转可将直线旋转成投影面平行线，使其在一面投影反映实长，在此基础上然后进行二次旋转，使直线旋转成投影面垂直线。一次旋转的方法类同图 5.18，二次旋转的方法类同图 5.20。

（4）将一般位置平面旋转成投影面垂直面。一般位置平面旋转成投影面垂直面，可求出平面对投影面的夹角。如图 5.19 所示，$\triangle ABC$ 为一般位置平面，要旋转成铅垂面并求倾角 β，则必须在平面上找一条正平线，并将其旋转为铅垂线。由前述可知，正平线经过一次旋转成投影面铅垂线。这样，平面 $\triangle ABC$ 随之旋转成铅垂面。作图时在 $\triangle ABC$ 上取正平线

CN，并旋转成铅垂线，得积聚的水平投影 n_1c_1，正面投影 $n_1'c_1' \perp X$ 轴，其他线按照"三同"原则旋转，这时 H 面上 $a_1b_1c_1$ 积聚为一直线，△ABC 为铅垂面。直线 $a_1b_1c_1$ 与 X 轴的夹角即反映平面对 V 面的倾角 β。

（5）将投影面垂直面旋转成投影面平行面。如图 5.21 所示，将铅垂面△ABC 旋转成正平面，则△ABC 的积聚投影 abc 必须旋转成与 X 轴平行，因此以铅垂线作为旋转轴线。作图时可通过点 B 作垂直 H 面的旋转轴△ABC，使 $a_1b_1c_1 // X$ 轴，此时该投影即为正平面的水平投影，其 V 面投影△$a_1'b_1'c_1'$ 反映实形。

（6）将一般位置平面旋转成投影面平行面。一般位置平面旋转成投影面平行面必须经过二次旋转，即先旋转成投影面垂直面，再旋转成投影面平行面。如图 5.22 所示，做水平线 MC（也可作正平线），通过点 c 作铅垂线轴，将 MC 旋转成正垂线，AB 随之旋转，使△ABC 旋转成正垂面。这时 $a_1'b_1'c_1'$ 积聚为一直线，其与 X 轴的夹角反映平面对 H 面的夹角 α。过 A_1 点作垂直于 V 面的旋转轴，将正垂面△$A_1B_1C_1$ 旋转成△$A_2B_2C_2$，其水平面投影 △$a_2b_2c_2$ 反映△ABC 实形。

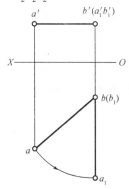

图 5.20 平行线旋转成垂直线

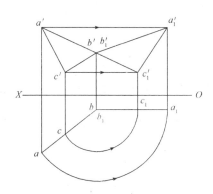

图 5.21 垂直面旋转成平行面

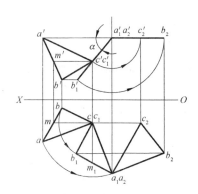

图 5.22 一般位置平面旋转成平行面

5.3.2 绕投影面平行轴线旋转

综上所述，求一般位置平面的实行，如果用换面法，需要经过二次换面，若用绕投影面垂直轴线，也需要二次旋转。如果以平面图形所在平面上一投影面平行线为轴旋转，则只需一次旋转，即可求得平面图形的实形。

图 5.23（a）所示为点 A 绕一水平线 OO 为轴线旋转的情况。

点 A 绕水平轴 OO 旋转的轨迹是以 B 为旋转中心，直线 AB 为旋转半径的一个圆，该圆在过点 A 且垂直于旋转轴 OO 的铅垂面上。因此，圆周的水平面投影积聚成一条直线并垂直于旋转轴的水平面投影 oo，两者的交点为旋转中心 B 的水平投影 b，圆周的 V 面投影为一椭圆，该椭圆在解题过程中没有用到，故不需画出。

如图 5.23（b）所示为直线 AB 绕水平轴线 OO 旋转到平行于 H 投影面的位置 a_1b 时，点 A_1 的画法如下：

（1）在 H 投影面上，由 a 作 oo 的垂线，交 oo 于 b，由 b 求出 b'，即为旋转中心 B 的两个投影，连接 ab 及 $a'b'$，即为旋转半径 AB 的两个投影。

（2）求出旋转半径即 AB 的实长（用直角三角形法，也可用绕垂直轴旋转法）。

（3）当点 A 旋转至平行于 H 面时（即与旋转轴处在同一水平面），其水平投影 a_1b 反映实长，故可在 ab 的延长线上量取 $a_1b = bA_0$，点 a_1 即为 A 旋转后的水平投影，其正面投影 a' 在 $o'o'$ 轴上。

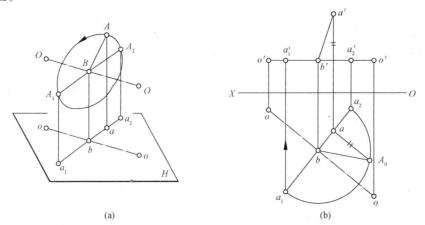

图 5.23 点绕水平轴线旋转

（a）空间示意图；（b）投影示意图

点 A 如果绕正平轴线旋转，其方法与绕水平轴线旋转类似。

如图 5.24（a）所示，一般位置平面 $\triangle ABC$，如果要求出其实形，可以绕 $\triangle ABC$ 上的一水平线如 BD 旋转至 H 面平行位置 $A_1B_1C_1$，则其水平投影取 a_1bc_1 反映 $\triangle ABC$ 的实形。作图方法如下：

（1）在绕 $\triangle ABC$ 上作一水平线 BD 的两面投影 $b'd'$、bd，将 BD 作为旋转轴。

（2）由点 A 作直线 BD 的垂直线交于 O，在水平投影上过 a 作 bd 的垂直线相交于 o，并求出 o'，o' 点即为 A 点的旋转中心。

（3）用直角三角形法求 OA 的实长（亦可用绕垂直轴线旋转法），并在 oa 的延长线上截取 $oa_1 = oA_0$，则 a_1 为 oA_0 绕 oo 轴旋转到水平位置时，点 A 的新水平投影。

（4）点 C_0 的位置即为延长 a_1d 与过 C 所作 bd 垂直线的交点上。C 点旋转后 c_1 点的位置，应由 A 点的旋转方向确定。

（5）此时 $\triangle a_1bc_1$ 反映 $\triangle ABC$ 的实形，如图 5.24（b）所示。

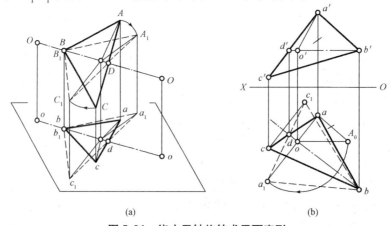

图 5.24 绕水平轴旋转求平面实形

（a）立体图；（b）投影作图

绕投影面平行轴线旋转法只需旋转一次即可得到一般位置平面的实行,因此在解决同一平面内的有关问题时,如平面实形,相交两直线夹角,两平行线之间距离等,用绕平行轴线旋转求解比较方便。

5.3.3 应用举例

【例5-6】如图5.25(a)所示,将点 M 绕 OO 轴旋转到已知平面 $\triangle ABC$ 上。

解:1)分析:点 M 绕 OO 轴旋转时的轨迹为平行于水平面的圆周,此圆周所确定的平面与已知平面 $\triangle ABC$ 必交于与点 M 距 H 面等高的水平线 EF 上,因此欲求旋转后的 M_1,必先作出水平线 EF。

2)作图过程:

①过点 m' 作 X 轴的平行线与 $\triangle a'b'c'$ 交于 $e'f'$,求得水平投影 ef。

②以铅垂轴 oo 为圆心,om 为半径画圆弧交 ef 于 m_1。

③按点的投影规律由 m_1 求出其正面投影 m_1'。

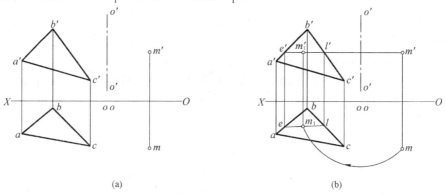

(a)   (b)

图5.25 将点 M 绕 OO 轴旋转到已知平面 $\triangle ABC$ 上

(a)已知条件;(b)作图结果

【例5-7】如图5.26(a)所示,已知直线 AC 与直线 AB 对于 H 面的倾角相等,由点 C 的水平投影 c,完成 $a'c'$。

解:1)分析:直线 AC 与直线 AB 对于 H 面的倾角相等,求出直线 AB 对 H 面的倾角 α,就是直线 AC 对 H 面的倾角 α,先利用倾角 α 求出直线 AC 旋转后的投影,然后返回求得旋转前的投影 $a'c'$。

2)作图过程:

①绕过点 A 的铅垂轴把直线 AB 顺时针旋转成正平线,可得倾角 α。

②绕同一铅垂轴把直线 AC 也旋转成正平线,并使其水平投影与直线 AB 的水平投影重合,正面投影 a'、b_1'、c_1' 在一条直线段上。

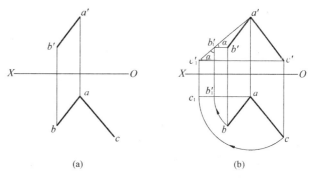

图5.26 旋转法作图

(a)已知条件;(b)作图结果

③将点 c_1' 沿 X 轴平行线移动，交 cc' 投影线于点 c'。

④连接 $a'c'$，即为所求。

【例5-8】如图5.27（a）所示，试在平面 $ABCD$ 内过点 M 作一直线 MN，使其与 V 面的倾角为 $45°$。

解：1）分析：过点 M 作 $\beta = 45°$ 的直线 MN 会有若干条，但含于平面 $ABCD$ 的直线，即是有确定解的，为此，包含点 M 任作一水平线 MN_1，使 MN_1 直线与 V 面的倾角 $\beta = 45°$；然后，将点 N_1 旋转到平面 $ABCD$ 上，为保持 $\beta = 45°$，旋转轴应为过点 M 的正垂线。

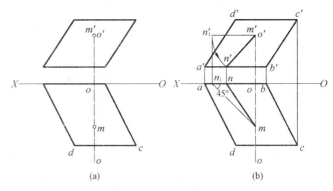

图5.27 求作直线 MN
（a）已知条件；（b）作图结果

2）作图过程，如图5.27（b）所示：

①作 $\beta = 45°$ 的水平线 MN_1：作 mn_1，使 mn_1 与 XO 轴的夹角为 $45°$，$m'n_1' // OX$。

②过点 M 作正垂轴 OO：m 在 oo 上，$oo \perp OX$；m' 与 o' 重合。

③将正面投影 n_0' 旋转至 $a'b'$ 上的 n' 位置，同时求出水平投影 n，n 在 ab 上。

④连接 $m'n'$，mn 即为所求。

本章小结

本章主要介绍了投影变换的两种方法，即换面法和旋转法。其中，换面法是最常用的一种方法，要求熟练掌握其作图方法与技巧。

本章重要知识点如下：

1. 换面法就是改变投影面的位置，使它与所给物体或其几何元素处于解题所需的特殊位置。其关键是要注意新投影面的选择条件，即必须使新投影面与某一原投影保持垂直关系，同时又利于解题需要，这样才能使正投影规律继续有效。

2. 换面法的四个基本问题：把一般位置直线变成投影面平行线（变换一次投影面）；把一般位置直线变成投影面垂直线（变换二次投影面）；把一般位置平面变成投影面平行面（变换一次投影面，需先在面内作一条投影面平行线）；把一般位置平面变成投影面平行面（变换二次投影面）。

3. 旋转法。

（1）绕投影面垂直轴线旋转的主要类型：将一般位置直线旋转成投影面平行线；将投影面平行线旋转成投影面垂直线；将一般位置直线旋转成投影面垂直线；将一般位置平面旋转成投影面垂直面；将投影面垂直面旋转成投影面平行面；一般位置平面旋转成投影面平行面。

（2）绕投影面平行轴线旋转。以平面图形所在平面上一投影面平行线为轴旋转，只需一次旋转，便可以求得平面图形的实形。

6

立体的截交线与相贯线

★教学内容

概述；平面与立体相交；两立体表面相交。

★教学要求

1. 掌握特殊位置平面截断棱柱和棱锥的截交线画法。
2. 掌握特殊位置平面截断圆柱、圆锥、圆球的截交线画法。
3. 掌握简单的同轴回转体的截交线画法。
4. 掌握特殊位置平面截断棱柱和棱锥的截交线画法。
5. 掌握特殊位置平面截断圆柱、圆锥、圆球的截交线画法。
6. 掌握简单的同轴回转体的截交线画法。

6.1 概 述

截交线（图 6.1）：基本形体被平面（截平面）截切时，所产生的交线。截交线是由平面与立体相交产生的，包括平面与平面立体相交、平面与曲线立体相交两种。

相贯线（图 6.2）：两立体相交称为相贯，是形体相交所产生的交线。通常根据相贯立体的不同分为平面立体与平面立体相贯、平面立体与曲面立体相贯、曲面立体与曲面立体相贯三种。

(a)

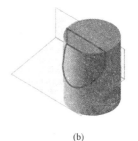
(b)

图 6.1 截交线
（a）平面体截交线；（b）曲面体截交线

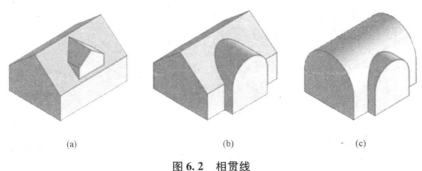

图 6.2 相贯线

(a) 平平相贯；(b) 平曲相贯；(c) 曲曲相贯

6.2 平面与立体相交

6.2.1 平面与平面立体表面相交

平面与立体相交，可以看作平面截切立体。该平面通常称为截平面，它与立体表面的交线称为截交线。截交线所围成的平面图形称为截断面（图 6.3）。如图 6.3 所示，平面立体的截交线一般是一个多边形，多边形的顶点是平面立体的棱线与截平面的交点，多边形的边是平面立体表面与截平面的交线。

研究平面与立体相交，其主要目的就是求截交线的投影和截断面的实形。立体的形状、大小及截平面与立体相对位置不同，所产生截交线形状也不同。

截交线具有以下三个基本性质：

（1）截交线既在截平面上，又在立体表面上，因此截交线是截平面和立体表面的共有线，截交线上的点是截平面和立体表面的共有点。

（2）立体表面是封闭的，因此截交线一般是封闭的图线，截断面是封闭的平面图形。

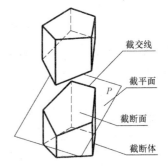

图 6.3 平面与平面立体表面相交

（3）截交线的形状取决于立体表面的形状和截平面与立体的相对位置。

求作平面体截交线投影的方法如下：

（1）交点法：先求出截交线上所有转折点，然后将同一平面内两点连线，最后首尾相接所形成的折线即为截交线。注意：求转折点时，若是平面体棱边上的点，则可利用线面求交点的方法；若不是棱边上的点，则要利用在平面内作点的方法（通常需作辅助线）。

（2）交线法：直接求出截交线上的每段直线段。每段直线段可利用截平面与平面体棱面求交线的方法来求。

★特别提示

当多个截平面截断平面体时，可以看成是多个截平面分别截断而组合形成的截交线，分别求出其投影，但要注意截交线的具体形状和截平面交界处的情况。

【例 6-1】 求作四棱锥（图 6.4）被 P 面截断后的投影图。

解： 1）分析：根据平面立体截交的特点可采用交点法作截交线。

2）作图过程：

① 作出截平面与四棱锥四条棱边的交点（共 4 点）。
② 将位于同一平面内的两点连成交线（共 4 段）。
③ 完成截断体投影。

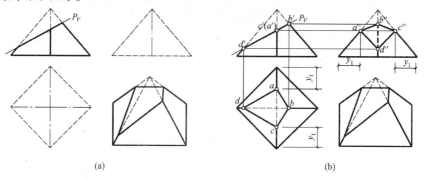

图 6.4 四棱锥被 P 面截切
(a) 已知条件；(b) 作图结果

【例 6-2】 如图 6.5（a）所示，求被正垂面 P 截断的六棱柱的投影图。

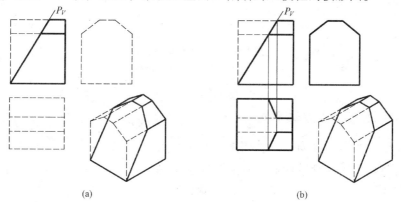

图 6.5 六棱锥被 P 面截切
(a) 已知条件；(b) 作图结果

解： 1）分析：根据平面立体截交的特点可采用交线法作截交线。

2）作图过程：

① 作出六棱柱顶面交线。
② 作出六棱柱两个侧垂面上交线。
③ 作出六棱柱前后两个正平面上交线。
④ 作出六棱柱左端面上交线。
⑤ 完成截断体投影。

【例 6-3】 如图 6.6（a）所示，已知三棱锥 SABC 与正垂直面 P 相交，求作截交线的投影。

解：1）分析：由于 P 是一正垂面，其正面投影 P_V 具有积聚性，所以截交线的正面投影与 P_V 重影。P_V 与 $s'a'$、$s'b'$、$s'c'$ 的交点 $1'$、$2'$、$3'$ 即为截平面与各棱线 SA、SB、SC 的交点 Ⅰ、Ⅱ、Ⅲ 的正面投影。利用直线上取点的方法，可求出 Ⅰ、Ⅱ、Ⅲ 的水平投影 1、2、3 和侧面投影 $1''$、$2''$、$3''$，其中直线 $1''3''$、$2''3''$ 不可见。

2）作图过程：如图 6.6 所示。

① 由于截平面 P 的 V 面投影具有积聚性，故截交线的 V 面投影为已知，即 $1'$、$2'$、$3'$。

② 从 $1'$、$2'$、$3'$ 向下作投影连线，得 1、2、3 点。

③ 从 $1'$、$2'$、$3'$ 各点向右作投影连线，分别与 $s''a''$、$s''b''$、$s''c''$ 相交于 $1''$、$2''$、$3''$，所得三角形 $1''2''3''$ 即为截交线 W 面的投影。

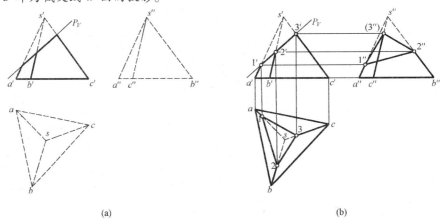

图 6.6 三棱锥的截交线
(a) 已知条件；(b) 作图结果

6.2.2 平面与曲面立体表面相交

在一个物体的两端假设两个点，而两点连成一线穿过物体，物体以此线为旋转中心，在旋转时它的每个部分旋转到固定一个位置时都是一样的形状，此为标准回转体。

平面与曲面立体（本节主要介绍回转体）相交时，所得的截交线一般情况下是一条封闭的平面曲线。如图 6.7 所示，截交线的形状取决于立体表面的形状和截平面与立体的相对位置。当截平面为特殊位置时，截交线的投影积聚在截平面有积聚性的同面投影上，截交线的投影可用立体表面上取点的方法来求出。

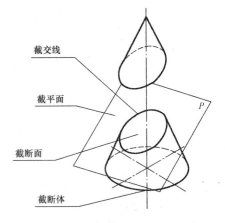

图 6.7 平面与曲面立体相交

截交线投影作法：一般可以采用描点法来求。即先求出曲线上一些点，包括三类特殊点和一些一般点。然后将这些点光滑连线。特殊点包括：确定曲线轮廓的点。如最左点、最右点、最高点、最低点、最前点、最后点；截交线上位于曲面体轮廓线上的点；轴线上的点、中心线上的点、截交线本身固有的特殊点；截交线每面投影可见与不可见的分界点；在求每类点时，可以采用曲面体上求点的方法来求，如素线法、纬圆法等。

6 立体的截交线与相贯线

★ **特别提示**

回转体的截交线一般是封闭的平面曲线或由平面曲线和直线共同组成的图形。截交线上的任一点都可看作截平面与回转体表面上某一素线（主要是轮廓素线）或圆曲线的交点。回转体的截交线比较复杂，不同回转体的截交线形状是不同的。

6.2.2.1 平面与圆柱相交

由于截平面与圆柱轴线的相对位置不同，平面与圆柱的截交线有三种情况，见表6.1。

表6.1 平面与圆柱相交的各种情况

截平面的位置	与轴线垂直	与轴线平行	与轴线倾斜
截断体的轴测图			
截断体的三视图			
截交线的形状	圆	矩形	椭圆

【例6-4】如图6.8所示，求圆柱被一正垂面截切后的截交线并完成该立体的三视图。

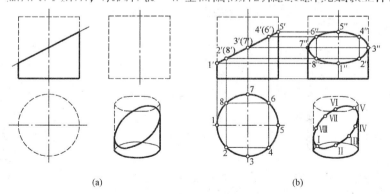

图6.8 圆柱截切

(a) 已知条件；(b) 作图结果

解：1) 分析：图6.8所示为一竖放的圆柱，轴线为铅垂线，截平面为正垂面（与轴线斜交）。其截交线为椭圆，正面投影积聚为一直线段，水平投影与圆柱面的积聚性投影圆重

· 145 ·

影，侧面投影为椭圆的类似形（椭圆或圆）。因此，作图时，可利用截交线的水平面投影与圆柱面积聚性投影重影的特点在圆周上取点，再由已知的正面投影求作截交线上的对应点的侧面投影，最后用光滑的曲线依次连接各点。

2）作图过程：

①作特殊点（即截交线上确定范围的最高、最低、最前、最后、最左、最右各点）：如图 6.8 所示，在截交线的水平投影上标出最左、最前、最右、最后点的水平投影 1、3、5、7，其正面投影可由截平面的积聚性求出，侧面投影根据投影规律作出。

②求一般点：在特殊点之间取任意四点，水平投影为 2、4、6、8，根据圆柱表面取方法，正面投影为 2′、4′、6′、8′，然后根据两投影求出在侧面投影上求出 2″、4″、6″、8″。同理，可再求出多一些的一般点，其结果更接近真实交线。

③可见性判别及光滑连接：由于截平面在上半个圆柱面且左低右高，因此，截交线在截断体上的左视图上可见。擦去多余作图线，整理完成全图。

【例 6-5】如图 6.9 所示，求圆柱被三个相交平面截切后的截交线，并完成该立体的三视图。

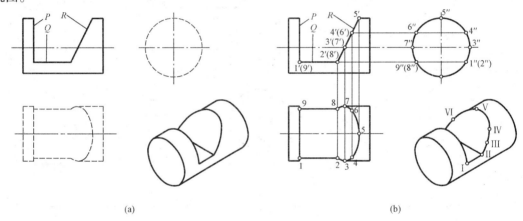

图 6.9 带缺口的圆柱体

（a）已知条件；（b）作图结果

解：1）分析：如图 6.9 所示，三个截平面分别是侧平面 P、水平面 Q、正垂面 R。侧平面 P 截切水平圆柱与圆柱轴线正交，其截交线为侧平圆。水平面 Q 截切圆柱表面，截交线为两条平行侧垂线。正垂面 R 截切水平圆柱与圆柱轴线斜交，其截交线为椭圆，其侧面投影积聚在圆柱有积聚性的侧面投影圆上，水平投影为不反映实形的椭圆。三个平面均为不完整截切，截交线也均为不完整的截交线，还要求出三个截平面两两相交的交线（P 与 Q 的交线、Q 与 R 的交线）。又因为切口在圆锥上面，因此截交线在俯视图中均可见，在左视图中重影在积聚圆上；截平面 P、Q、R 的交线在俯视图中可见，而截平面 P、Q、R 交线在左视图中不可见。

2）作图过程：如图 6.9 所示。

①求截交线上的特殊点 1、2、3、4、5、6、7、8、9。

②光滑顺次连接各点，作出截交线，并判别可见性。

③补全轮廓线。

6.2.2.2 平面与圆锥相交

由于平面与圆锥轴线的相对位置不同,平面与圆锥的截交线有五种情况,见表6.2。

表6.2 平面与圆锥相交的各种情况

截平面的位置	平行于基本投影面	通过锥顶	与圆锥所有素线相交	平行于圆锥任一条素线	平行于圆锥的两条素线
截断体的轴测图					
截断体的三视图					
截交线的形状	圆	等腰三角形	椭圆	直线封闭的抛物线	直线封闭的双曲线

【例6-6】如图6.10所示,求圆锥被一水平面截切后的截交线,并完成该立体三视图。

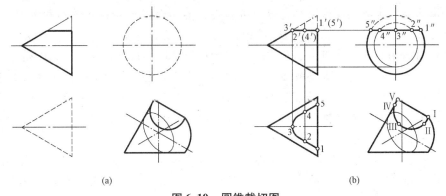

(a) (b)

图6.10 圆锥截切图

(a) 已知条件;(b) 作图结果

解:1)分析:如图6.10所示,圆锥为一横放的圆锥,轴线为侧垂线,锥顶朝左,截平面为水平面(平行于圆锥轴线)。其截交线为双曲线,它的正面投影和侧面投影均积聚为一直线,水平投影为双曲线实形,前后对称。

2）作图过程：如图6.10所示。

①作特殊点：最左点的水平投影可由正面投影直接求出，最右点在圆锥底圆上，其水平投影可由侧面投影根据投影规律作出。

②求一般点：在特殊点间取任意两点2′、4′，根据圆锥表面取点的方法（用纬圆法或素线法），在侧面投影上求出2″、4″，然后根据已知两投影求出水平投影4、5。同理，可再多求出一些一般点，其结果更接近真实交线。

③可见性判别及光滑连接：由于截切去上面一部分锥体，因此，截交线在俯视图上可见，圆锥的最前和最后素线没有截去，其水平投影轮廓线保持不变。整理完成全图。

【例6-7】如图6.11所示，求圆锥被平面 P、Q、R 截切后的截交线并完成该立体三视图。

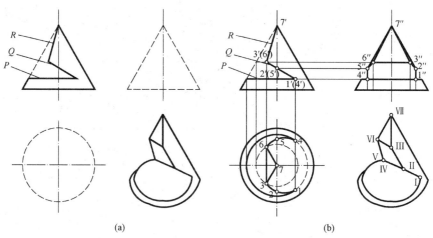

图6.11 带切口的圆锥
（a）已知条件；（b）作图结果

解：1）分析：图6.11所示为直立圆锥，轴线为铅垂线，被水平面 P 截切时，截平面垂直于圆锥轴线，其截交线为圆锥底圆的同心圆，其正面投影和侧面投影积聚为一直线段，水平投影反映实形；圆锥被正垂面 Q 截切时，由正面投影可知，截交线为椭圆；圆锥被正垂面 R 截切时，由正面投影可知，R 是过圆锥锥顶的平面，因此，其截交线为过锥顶的两条相交素线。三个平面均为不完整截切，截交线也均为不完整的截交线，只要求出三个截平面两两相交的交线（P 与 Q 的交线、Q 与 R 的交线）即可。因为切口在圆锥左面，因此截交线的侧面投影均可见；因圆锥面的水平投影可见，截交线水平投影也可见，截平面 Q、R 的交线可见，而截平面 P、Q 交线的水平投影为不可见。

2）作图过程：如图6.11所示，注意：三个截平面形成的切口为不完整截切圆锥表面，擦去多余作图线，保留切口处的截交线。根据切口的位置，圆锥底圆没有截切到，因此，圆锥水平投影的轮廓线不变。而切口把圆锥最前、最后素线截去一段，因此，在圆锥的侧面投影中，将切口处的圆锥轮廓擦去，其余保留，整理完成全图。

6.2.2.3 平面与圆球相交

平面与圆球截交线都是圆。如截平面为投影面平行面时，截交线在该投影面上的投影为圆的实形，其他两投影积聚为直线段，其长度等于截交线圆的直径；如截平面为投影面垂直面时，截交线在该投影面上的投影为一倾斜直线段，其长度等于截交线圆的直径，其他两投影为椭圆；如截平面为一般位置面时，截交线的三面投影均为椭圆。平面与圆球相交的各种情况，见表 6.3。

表 6.3　平面与圆球相交的各种情况

截平面的位置	平行于基本投影面	垂直于基本投影面	与基本投影面倾斜
截断体的轴测图	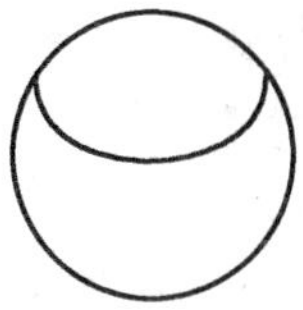	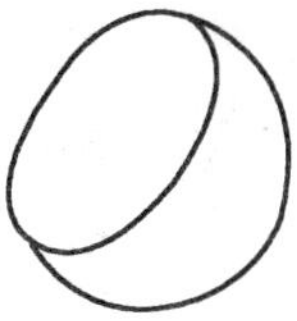	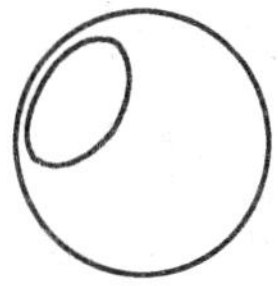
截断体的三视图	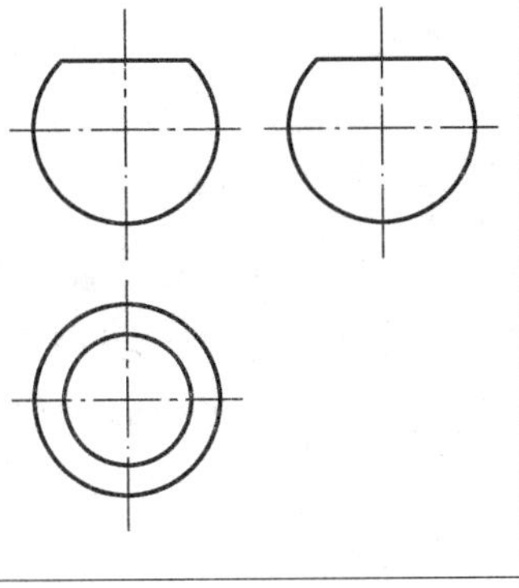	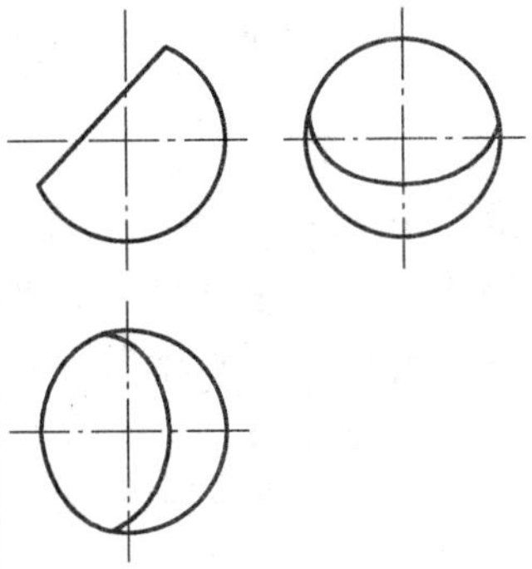	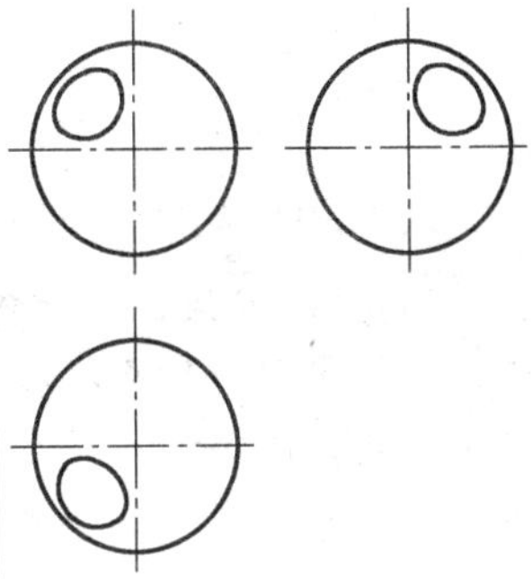
截交线的形状	圆	圆	圆

【例 6-8】 如图 6.12 所示，求圆球被正垂面截切后的截交线，并完成该立体的三视图。

解： 1) 分析：如图 6.12 所示，圆球被一正垂面所截切，截交线为一正垂圆，截交线的正面投影积聚为一倾斜直线段，反映截交线圆直径的实长，水平投影和侧面投影为椭圆。从截平面的正面投影可以看出，截平面截去了圆球上下半球分界线和圆球左右半球分界线的一部分。因此，在圆球截切后的水平投影和侧面投影中，圆球的轮廓线的投影均是不完整的。截平面截去了圆球的左上部分，截交线的水平投影和侧面投影是可见的。作图如图 6.12 所示，利用在圆球表面取点的方法求解。

2) 作图过程：

①作特殊点：在正面投影中取最左下点Ⅰ和最右上点Ⅵ的正面投影 1′、6′，在圆球上、下半球分界线上点Ⅱ、Ⅹ以及圆球左右半球分界线上点Ⅳ、Ⅷ的正面投影 2′、4′、8′、10′，这些点其余两面的投影也可直接求出。Ⅰ、Ⅵ两点又是截交线水平和侧面投影椭圆轴端上的点，椭圆上另一轴的两端点的正面投影位于截交线的正面投影的中点（点 3′、9′），它们是截交线上最前点Ⅲ和最后点Ⅸ，可利用纬圆法求出它们各自的其他两面投影。

②求一般点：在截交线有积聚性的正面投影的特殊点间任取两点Ⅴ、Ⅶ，可利用纬圆法求它们各自的其他两面投影。

③可见性判别及光滑连接：由于截去的是左上部球，截交线在各视图上均可见，将被截去的圆球轮廓线擦去，整理完成全图。

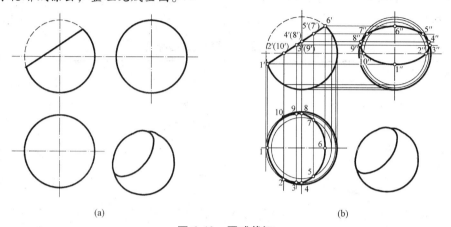

图 6.12 圆球截切
（a）已知条件；（b）作图结果

【例 6-9】如图 6.13 所示，作出圆球被截切后的三视图。

解：1）分析：如图 6.13 所示，上半球被两个侧平面 P、R 和一个水平面 Q 截切成一缺口，两侧平面截切圆球后形成的截交线为圆球表面的不完整侧平圆，其水平投影有积聚性，水平面截切圆球后截交线为不完整水平圆，其侧面投影有积聚性。两截平面的交线为两条正垂线，在左视图中部分不可见。下半球被一水平面截切，截交线为一完整水平圆（其水平投影为不可见）。

2）作图过程：如图 6.13 所示。

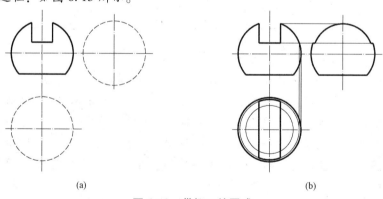

图 6.13 带切口的圆球
（a）已知条件；（b）作图结果

6.2.2.4 平面与组合回转体表面相交

组合回转体是由两个或两个以上回转体组成的立体。在求平面与组合回转体表面相交的截交线的投影时，应先分清组合回转体各部分是什么基本立体，并区分它们的分界处，分别作出平面与组合回转体的各部分回转体表面的交线的投影，然后合并成所求的截交线的投影。

6 立体的截交线与相贯线

★ 特别提示

多个截平面截断同一回转体的截交线可以看成多个截平面分别截断同一回转体而形成的截交线的组合。由于回转体的截交线比较复杂，一定要确定好截交线的具体形状。同轴回转体的截交线可以看成同一截平面截断不同回转体所形成的截交线的组合，画同轴回转体的截交线时，首先要分析该立体是由哪些基本体所组成的，再分析截平面与每个基本体的相对位置、截交线的形状和投影特性，然后逐个画出基本体的截交线组成的图形。画图时一定要区别开截平面截断各个回转体的截交线形状以及各条截交线的分界点。

【例 6-10】 如图 6.14 所示，求立体被两平面截切后的截交线，并完成该立体的三视图。

解：1）分析：水平面截切圆锥（截交线是双曲线）和圆柱（截交线为两直素线），正垂面截切圆柱（截交线是椭圆的一部分），截交线由三部分组成，其正面投影与截平面的投影重合（积聚为两直线），侧面投影分别与圆柱面的投影（圆）及水平截平面的投影（一直线）重合。切口在组合回转体左上方，截交线在俯视图、左视图上均可见。俯视图上可以看见两截平面的交线（正垂线）。

2）作图过程：

①作特殊点：取点 Ⅰ、Ⅲ、Ⅴ、Ⅵ、Ⅷ、Ⅹ 的正面投影 1′、3′、5′、6′、8′、10′，利用各点所在曲面的特点来求出另两面投影，如图 6.14 所示。

②求一般点：在抛物线上取点 2′、4′，利用纬圆法求出其他两面投影，在椭圆上取点 7′、9′，利用积聚性投影求另两面投影，如图 6.14 所示。

③依次连接各面上点，作出两面交线，整理完成全图，如图 6.14 所示。

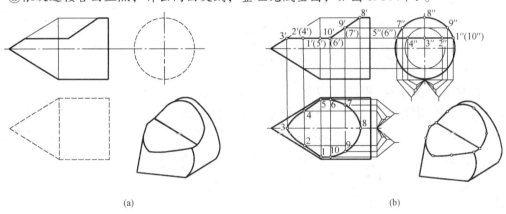

(a) (b)

图 6.14 带切口的组合回转体

(a) 已知条件；(b) 作图结果

6.3 两立体表面相交

两立体相交称为相贯，其表面的交线称为相贯线（图 6.15），组成的形体称为相贯体。两立体中只要有一个为平面立体时，其交线的求法可按照截交线方法来求。

相贯可分为全贯、互贯，如图 6.16 所示。当一个立体全部贯穿另一个立体时，称为全贯，有两组相贯线；当两个立体互相贯穿时，称为互贯，两立体互贯时，只有一组相贯线。

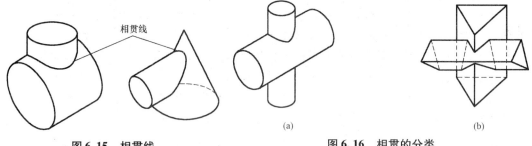

图 6.15　相贯线

图 6.16　相贯的分类

（a）全贯；（b）互贯

两立体相贯分三种情况（图 6.17），即两平面立体相贯、平面立体与曲面立体相贯、两曲面立体相贯。

由于组成相贯体的各立体的形状、大小和相对位置不同，相贯线的形状也不同，如图 6.17 所示。

（1）立体形状不同，相贯线形状不一样（图 6.17）。

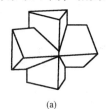  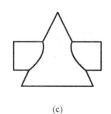

图 6.17　相贯的三种情况

（a）两平面立体相贯：空间折线；（b）平面立体与曲面立体相贯：多段平面曲线；
（c）两曲面立体相贯：空间曲线

（2）立体大小不同，相贯线形状不一样（图 6.18）。

（3）立体相对位置不同，相贯线形状不一样（图 6.19）。

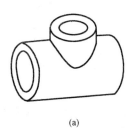 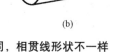 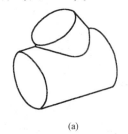 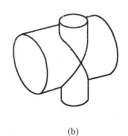

图 6.18　立体大小不同，相贯线形状不一样

（a）直径不同的两圆柱；（b）直径相同的两圆柱

图 6.19　立体相对位置不同，相贯线形状不一样

（a）两圆柱轴线斜交；（b）两圆柱轴线偏交

相贯线具有以下三个几何性质：

（1）相贯线是两相交曲面立体表面的共有线，也是两相交曲面立体表面的分界线，相贯线上的点是两相交曲面立体表面的共有点。因此，相贯线具有共有性和表面性。

（2）一般来说，两曲面立体的相贯线为封闭的空间曲线。

（3）特殊情况下，相贯线可能是不闭合的，也可能是平面曲线或直线。

6.3.1 两平面立体相贯

相贯线由空间折线组成，特殊情况下相贯线为平面折线。求解方法有两种：交点法：求出两立体中所有参与相贯的棱线与另一立体棱面的贯穿点，可归结为求解直线与平面的交点；交线法：直接求出两平面立体棱面的交线。

求相贯线的一般步骤如下：

（1）分析。认识两相贯体的形体特征，考察它们的相对位置，研究它们哪些部分参与相贯，选择解题方法。

（2）求相贯点。首先求特殊点，然后求出适当的一般点。

（3）连线。根据相贯线的性质，依次连接所求各点。连点时，只有当两个折点对每一个立体来说都位于同一棱面上才能相连接（同一折点不能连三条相贯折线）。

（4）补全立体投影及判别可见性。由相贯线所在的棱面的可见性决定，两个都可见的棱面相交出的相贯线才可见，只要有一个棱面是不可见的，则为不可见。

两平面立体相交的相贯线，一般情况下是由直线段组合而成的空间折线多边形。构成相贯线的每一直线段，都是两个平面体有关棱面的交线，每一个折点都是一平面体的棱线对另一平面体的贯穿点。

【例6-11】如图 6.20（a）所示，已知三棱锥与三棱柱相交，求作相贯线。

解：1）分析：

①本棱柱 DEF 的棱线垂直于 H 面，故相贯线的 H 面投影与三棱柱有积聚性的 H 面投影相重叠，本题只需求相贯线的 V 面投影；

②从 H 面投影上看，三棱柱与三棱锥都有不相贯的棱线，即 SB、DD、EE 棱线，因此，它们为互贯，相贯线是一组闭合折线。

2）作图过程：

①求相贯点。在 H 面投影上，三棱锥的两条棱 SA、SC 与三棱柱相交于点 1、2、3、4，即为贯穿点的 H 面投影，由此可得其 V 面投影 1′、2′、3′、4′［图 6.20（b）］。三棱柱的棱线 FF 对三棱锥的贯穿点，可利用包含棱线 FF 的铅垂面 Q 来求，它与三棱锥相交于 SM、SN 两直线，它们和棱线 FF 的交点Ⅴ（5、5′）和Ⅵ（6、6′），便是棱线对斜三棱锥的贯穿点［图 6.20（c）］。

②连相贯点为相贯线。对于平面体，连相贯线的原则是：只有位于一立体同一棱面而同时位于另一立体也是同一棱面的两点才能相连。例如，点Ⅰ、Ⅱ相连，因为它们同位于三棱柱的 $DDFF$ 截面，同时又位于斜三棱锥的 SAC 棱面。点Ⅰ和Ⅳ就不能相连，因它们虽属于三棱锥的 SAC 棱面，但它们又分别位于三棱柱的不同棱面 $DDFF$ 和 $FFEE$。

一棱线对另一立体贯进和贯出的两点之间，不能相连线，例如，Ⅰ和Ⅲ、Ⅱ和Ⅳ以及Ⅴ和Ⅵ都不能相连线。

③判别可见性。在同面投影中，只有两立体表面均可见，其交线才可见。否则不可见。对于 H 面投影，相贯线重合在三棱柱 DEF 有积聚性的投影上，不必判别可见。本题只对相贯线的 V 面投影进行判别，因斜三棱锥的 SAC 棱面不可见，所以它们于其棱面上的直线 1′2′、3′4′不可见，用虚线表示。其余 1′5′、5′3′、2′6′和 6′4′四段直线可见，用实线表示。

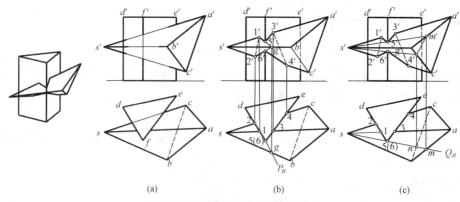

图 6.20　三棱锥与三棱柱的相贯线

(a) 已知条件；(c) 作图过程；(d) 作图结果

【例 6-12】如图 6.21 (a) 所示，求三棱锥和四棱锥的相贯线。

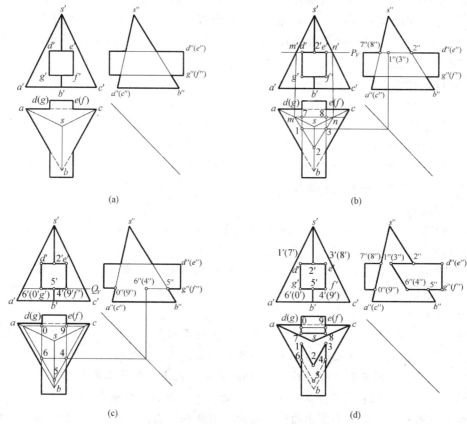

图 6.21　三棱锥和四棱锥的相贯线

(a) 已知条件；(b) 作图过程；(c) 作图过程；(d) 作图结果

解：1) 分析：

① V 面投影中可知四棱柱的四条棱线 DD、EE、FF、GG 贯穿三棱锥的三个棱面，属全贯，有两组相贯线。

② 四棱柱四个侧棱面的 V 面投影有积聚性，与两组相贯线重合。因此，相贯线在 V 面投

影不必求作，只求它的 H、W 面投影。

③从投影图得知，相贯线左右对称，前后不对称。

2）作图过程：

①求相贯线。过四棱柱上棱面 $DDEE$ 作水平面 P，其 V 面投影 P_V 与三棱锥相交于 $m'n'2'$ [图 6.21（b）]，则在 H 面投影中可得到棱面 $DDEE$ 与三棱锥的交线 Ⅰ Ⅱ Ⅲ（123）和 Ⅶ Ⅷ（78）。过棱柱下棱面 $GGEE$ 作水平面 Q [图 6.21（c）]，同理可知 $GGFF$ 和三棱锥的交线 Ⅳ Ⅴ Ⅵ（456）和 Ⅸ 0（90）。所以得两组相贯线，分别为 Ⅰ Ⅱ Ⅲ Ⅳ Ⅴ Ⅵ Ⅰ（1234561）和 Ⅶ Ⅷ Ⅸ 0 Ⅶ（78907），前者为闭合的空间折线，后者为闭合的平面折线。它们的 V 面投影都积聚在 $d'e'f'g'h'$ 上。

②根据 H 面投影和 V 面投影，补绘 W 面投影。

③判别可见性。相贯线的 H 面投影需要判别可见性，相贯线投影 456 和 90 属于四棱柱的不可见面 $GGFF$，故 456 和 90 为不可见，用虚线表示，如图 6.21（d）所示。

6.3.2 平面立体与曲面立体相贯

平面立体与曲面立体相交，其相贯线是由若干段平面曲线或由若干段平面曲线和直线组成，每一段平面曲线或直线的转折点，就是平面立体的棱线对曲面立体表面的贯穿点。因此，求平面立体与曲面立体的相贯线，可归结为求平面、直线或曲面立体表面的交线。

【例 6-13】 如图 6.22（a）所示，求四棱柱与正圆锥的相贯线。

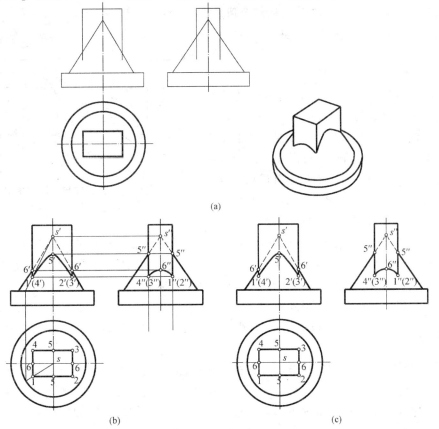

图 6.22 四棱柱与正圆锥的相贯线

(a) 已知条件；(b) 作图过程；(c) 作图结果

解：1）分析：

①四棱柱的四个侧面都平行于圆锥的轴线，所以相贯线是由四段双曲线所组成的。转折点是四根铅垂线和圆锥面的交点。

②相贯线与四棱柱的 H 面积聚投影相重合。因此，只需要求出 H、W 面的投影。

③相贯线左右、前后对称。

2）作图过程：

①求特殊点。首先求出四段双曲线的转折点Ⅰ、Ⅱ、Ⅲ、Ⅳ，可根据已知的四个点的 H 面投影，用素线法求出投影，而后再求前面和左右双曲线的最高点Ⅴ、Ⅵ，如图 6.22（b）所示。

②求作一般点。用素线法求一般点Ⅶ、Ⅷ的 V 面投影 $7'$、$8'$，如图 6.22（b）所示。

③连点成相贯线。V 面投影 $1'7'5'8'2'$，W 面投影 $4''6''1''$。

④判别可见性。$1'7'5'8'2'$ 和 $4''6''1''$ 都是可见，不可见的两段双曲线与可见的两段双曲线重合。

【例 6-14】 如图 6.23（a）所示，求三棱柱与半球的相贯线。

解：1）分析：

①平面和球面的截交线是圆，所以三棱柱与半球的相贯线由天段圆弧组成，转折点为三条棱线对半球的三个贯穿点。

②三棱柱的 H 面投影有积聚性，相贯线的 H 面投影与三棱柱的 H 面投影重合，故只需求相贯线的 V 面投影。

③棱面与半球面的截交线三段虽都是圆弧，但由于棱面的相对位置不同，故其投影的形状也不同。

2）作图过程：如图 6.23（b）所示。

①求相贯线转折点。即三条圆弧线的连接点Ⅰ、Ⅱ、Ⅲ。过棱面 $AACC$ 作正平面 P，P 平面与半球的截交线在 V 面投影为圆弧。ⅠⅢ的 V 面投影为圆弧线 $1'3'$。同示求出点Ⅱ。

②求圆弧线的最高点。已知ⅠⅢ圆弧线在 V 面上投影仍为圆弧线，故只需求Ⅲ和ⅡⅢ圆弧线的顶点。例如，Ⅲ圆弧线在 V 面上投影为椭圆，其顶点（最高点）Ⅵ，可采用过圆球心 o 向 12 作垂线相交于 6 点，过 6 点作 Q_H，正平面 Q 与半球的截交线在 V 面上投影为圆，定出 $3'$ 点。同法，定出ⅡⅢ圆弧的最高点 $7'$。

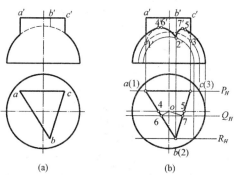

图 6.23 三棱柱与半球的相贯线

(a) 已知条件；(b) 作图结果

③$AABB$ 和 $BBCC$ 与 H 面投影的横向对称线相交于点Ⅳ和Ⅴ，Ⅳ和Ⅴ是正立面投影椭圆弧可见也不可见的分界点，可由点 4、5 引垂线到球面的正立面轮廓线上，即得点 $4'$、$5'$。

④连点成相贯线。棱面 $AABB$ 和球的截交线为 $1'4'6'2'$。棱面 $BBCC$ 和球面的截交线为 $2'7'5'3'$。

⑤判别可见性。圆弧 $1'3'$ 属于不可见的棱面 $AACC$ 和球面，用虚线表示。椭圆弧 $1'4'$ 和 $3'5'$ 位于不可见的球面，用虚线表示。椭圆弧 $4'6'2'$ 和 $5'7'2'$ 位于可见的棱面和球面，用实线表示。还有三棱柱与球面重叠部分。棱线 $a'a'$（$a'1'$）和 $c'c'$（$c'3'$）靠近 $1'$ 和 $3'$ 的一小段被球面遮住，也应用虚线表示，如图 7.23（b）所示。

6.3.3 两曲面立体相贯

两曲面立体相贯，其相贯线在一般情况下是封闭的空间曲线，特殊情况下可能是直线或平面曲线。组成相贯线的所有点，都是两曲面立体表面的共有点，因此求相贯线时，应先求出一系列共有点，然后用曲线光滑地连接成相贯线。

6.3.3.1 利用积聚性投影求相贯线

当两相交的曲面立体中有一个是圆柱面且它的轴线垂直于某一投影面时，则圆柱面在该投影面上的投影积聚为一圆，相贯线在该投影面上的投影，也重影在圆柱面的积聚圆上，这样，可以在该投影上取相贯线上一些点的投影，这些点的其他面投影可根据立体表面取点的方法求得。

【**例 6-15**】 如图 6.24（a）所示为轴线垂直相交的水平圆柱和直立圆柱相贯，求相贯线的投影，并完成立体的三视图。

解：1）分析：如图 6.24（a）所示，两圆柱轴线垂直相交，相贯线是在两个圆柱表面上的一条前后、左右对称的闭合的空间曲线。直立圆柱面的水平投影积聚为圆，也是相贯线的水平投影。同理，水平圆柱面的侧面投影积聚为圆，相贯线的侧面投影为该圆上的部分圆弧，并且左半、右半相贯线的侧面投影相互重合。因此，图中主要求作相贯线的正面投影。

2）作图过程：如图 6.24（b）所示。

①作特殊点：在相贯线的水平投影上定出最左点Ⅰ、最右点Ⅴ、最前点Ⅲ、最后点Ⅶ的水平投影 1、5、3、7，再在相贯线侧面投影（积聚性的圆弧）上相应地作出 1″、(5″)、3″、7″，由两个投影求得正面投影 1′、5′、3′、(7′)。在侧面投影上可看出最高点Ⅰ、Ⅴ和最低点Ⅲ、Ⅶ。左视图中点Ⅴ不可见，主视图中点Ⅶ不可见。

②求一般点：在相贯线水平投影上定出特殊点间的四个一般位置点Ⅱ、Ⅳ、Ⅵ、Ⅷ的水平投影 2、4、6、8，根据宽相等作图线与左视图上积聚圆相交求出四点的侧面投影 2″、(4″)、(6″)、8″，最后求主视图的投影 2′、4′、(6′)、(8′)。因为对称取点，左视图中Ⅳ、Ⅵ不可见，主视图中Ⅵ、Ⅷ不可见。

③可见性判别及光滑连接：依次连接各点组成相贯线的正面投影，相贯线的前半段可见，后半段不可见且与前半段重合，整理完成全图。

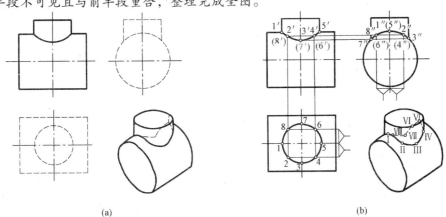

图 6.24 轴线垂直相交两圆柱的相贯线
（a）已知条件；（b）作图结果

6.3.3.2 辅助平面法求相贯线

辅助平面法是利用辅助平面求作相贯线上点的方法。即当两曲面立体表面相交时,用与两曲面立体都相交的辅助平面同时切割这两个立体,得到两组截交线的交点为辅助平面和两曲面立体表面的三面共有点,即是相贯线上的点。需要注意的是,辅助平面选取时,要使辅助平面与两曲面的截交线的投影是最简单的图线(直线或圆)。辅助平面一般选用能在曲面立体上截交出纬圆或直线段的特殊平面(如投影面的平行面或投影面的垂直面),以便解题。

【例 6-16】 如图 6.25(a)所示,求圆柱和圆台正交的相贯线的投影并完成该立体的三视图。

解:1)分析:如图 6.25(a)所示,圆柱的轴线为侧垂线、圆台的轴线为铅垂线放置。相贯线为封闭的空间曲线,前后对称,正面投影重合。如果相贯线的侧面投影重合在圆柱面的积聚性投影上,则主要求作相贯线的水平投影和正面投影。

2)作图过程:如图 6.25(b)所示。

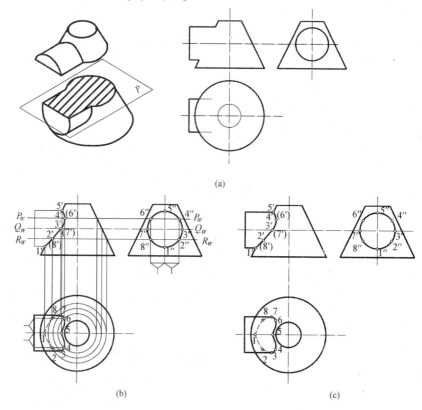

图 6.25 水平圆柱和竖直圆台正交的相贯线
(a)已知条件;(c)作图过程;(d)作图结果

①作特殊点:先作出立体的左视图,可知相贯线上点Ⅰ、Ⅴ分别是最低点和最高点,由于点Ⅰ、Ⅴ在前后对称中心上,可确定水平投影点 1、5,由于点Ⅰ、Ⅴ在圆台最左素线上,可确定正面投影点 1′、5′。而点Ⅲ、Ⅶ分别是相贯线上最前和最后点,也是圆柱最前、最后素线上的点,可过圆柱中心作辅助平面 Q,画出 Q_W、Q_V 求出平面 P 与圆锥面截交圆的水平投影,与圆柱最前、最后素线交于 3、7,并求出 3′、7′。

② 求一般点：为方便作图，在相贯线的侧面投影（圆）的特殊点间取四个对称的一般位置点Ⅱ、Ⅳ、Ⅵ、Ⅷ的侧面投影2″、4″、6″、8″，过Ⅳ、Ⅵ作辅助平面P，在俯视图中画出平面P与圆锥面的截交线圆，并画出P与圆柱的截交线（两条直线），交点就是点Ⅳ、Ⅵ的水平投影4、6，最后在PV上定出4′、6′。同理可作辅助平面R求2、8、2′、8′。

③ 可见性判别及光滑连接：因相贯线前后段对称，它们的正面投影重合只需画出可见的前半段1′2′3′4′5′。在水平投影中，圆柱面上半部分的相贯线34567可见，圆柱面下半部分的相贯线78123不可见。除相贯线外，俯视图中还有圆台下底面轮廓线被圆柱遮挡不可见。以上分别采用实线或虚线光滑连接，整理完成全图。

【例6-17】如图6.26（a）所示，作出直立圆柱和上半球相贯线的投影，并完成立体三视图。

解：1）分析：如图6.26（a）所示，圆柱和球的轴线垂直相交，相贯线为封闭的空间曲线，前后对称。相贯线的水平投影积聚在圆柱面的水平投影（圆）上。相贯线的前、后半段的正面投影重合，它的侧面投影图形左右对称。

2）作图过程：如图6.26（b）所示。

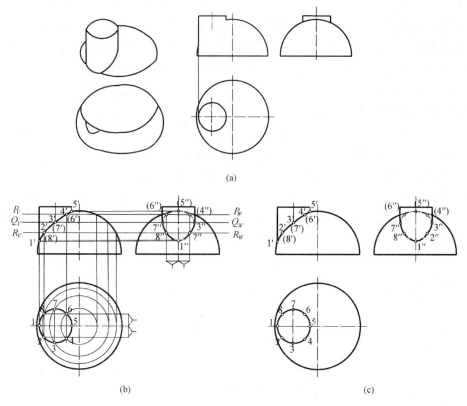

图6.26 轴线平行的圆柱和半球的相贯线
(a) 已知条件；(b) 作图过程；(d) 作图结果

① 求特殊点：在相贯线的水平投影上，定出最左点Ⅰ、最右点Ⅴ、最前点Ⅲ、最后点Ⅶ的水平投影1、5、3、7，点Ⅰ、Ⅴ在俯视图的前后的对称中心线上，它们的正面投影1′、5′在半球的正面投影最左轮廓线上，它们的侧面投影1″、5″也在半球的前后的对称中心线上。

点Ⅲ、Ⅶ在球面的一般位置上，求作时可过点Ⅲ、Ⅶ作水平辅助平面Q，具体作法是先在俯视图中以球心为中心过3、7作球的截交线圆，在左视图和主视图作出能得到该球的截交线圆的辅助平面位置QW、QV，因点Ⅲ、Ⅶ在辅助平面上，所以$3'$、$7'$在QV上，$3''$、$7''$在QW上，利用投影原理确定$3'$、$7'$、$3''$、$7''$位置。

②求一般点：在相贯线的水平投影（圆）的特殊点间取四个一般位置点Ⅱ、Ⅳ、Ⅵ、Ⅷ的水平投影2、4、6、8，同理求得它们的另两个投影面的投影。

③可见性判别及光滑连接：因相贯线前后段对称，它们的正面投影重合只需画出可见的前半段$1'2'3'4'5'$。在侧面投影中，圆柱面上的相贯线$7''8''1''2''3''$部分可见，圆柱面上的相贯线$3''4''5''6''7''$不可见。除相贯线外，还有部分轮廓线被圆柱遮挡不可见。以上分别采用实线或虚线光滑连接，整理完全图。

6.3.3.3 综合举例

三个或三个以上的立体相交在一起，称为复合相贯。这时相贯线由若干条相贯线组合而成，结合处的点称为结合点。处理复合相贯线，关键在于分析，找出有几个两两曲面立体相贯，从而确定其有几段相贯线组成。

以回转体相贯为例，在求多个曲面立体相交的相贯线的投影时，应先分清组合回转体各部分是什么基本立体，分清相贯线是由哪两种曲面（圆柱面、圆锥面、圆球面）以哪种方式（轴线正交、斜交、正交叉、斜交叉）相交得到的，并确定它们的分界处，分别作出每两部分回转体表面的相贯线的投影，然后合并成所求的相贯线的投影。

【例6-17】如图6.27（a）所示，补全立体所缺的相贯线。

解：1）分析：如图6.27（a）所示，立体为一竖放的圆柱和圆台组合体，在水平方向上开了一大孔，在立体的底部中间向上开了一个竖直小孔。相贯线由五个部分组成：大孔与圆台正交相贯，相贯线有左右对称两部分，大孔与圆柱面正交相贯，相贯线有左右对称两部分，另一部分是大孔与小孔正交相贯。立体前后对称，所以相贯线前后对称。由于相贯线上点的求法不同，求相贯线时要注意分清各部分及点所在的表面。求大孔与圆台正交相贯线的求法用辅助平面法。求大孔与圆柱面正交相贯线利用积聚性投影求。求大孔与小孔正交相贯线的求法利用积聚性投影求，但相贯线在立体内部，正面投影不可见。

2）作图过程：如图6.27（b）所示。

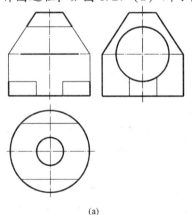 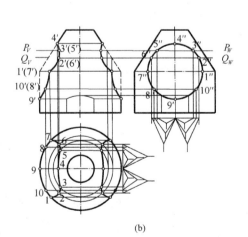

(a) (b)

图6.27 组合相贯线

(a) 已知条件；(d) 作图结果

6.3.3.4 相贯线的规律与特殊情况

（1）两圆柱相贯线的变化趋势（图6.28）。

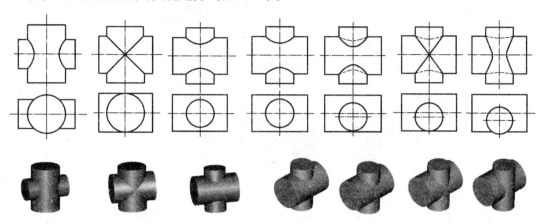

图6.28　两圆柱相贯线的变化趋势

（2）两圆柱相贯的三种形式（图6.29）。

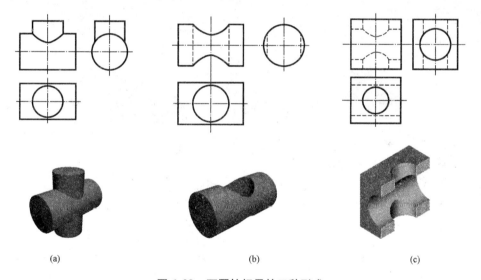

图6.29　两圆柱相贯的三种形式
（a）两外表面相交；（b）外表面与内表面相交；（c）两内表面相交

（3）圆柱与圆锥相贯线的变化趋势（图6.30）。

（4）曲面相贯的特殊情况。在某些特殊的情况下，相贯线可能是不闭合的，也可能是平面曲线或直线，见表6.4。当两回转体轴线相交且外切于同一球面时，它们的相贯线为相等的两椭圆。若相交两轴线同平行于某投影面时，其相贯线在该投影面内积聚为两直线。两轴线平行的圆柱体相贯和同一个顶点的两圆锥体相贯时，它们的交线为直线。

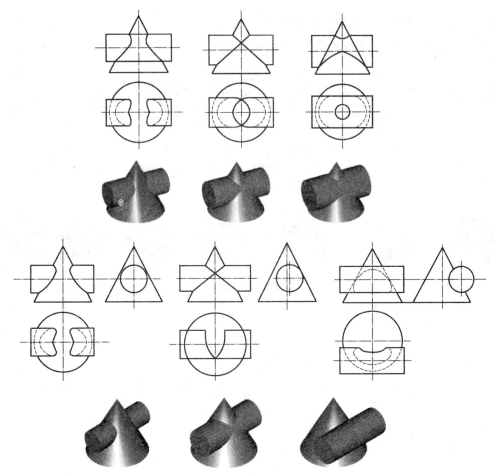

图 6.30　圆柱与圆锥相贯线的变化趋势

表 6.4　曲面相贯的特殊情况

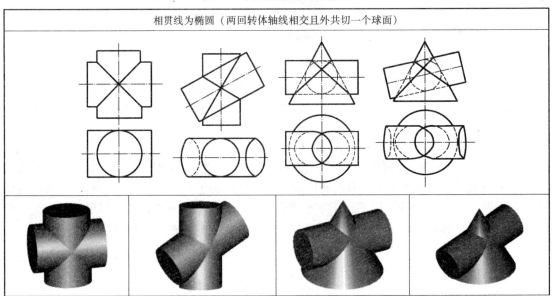

续表

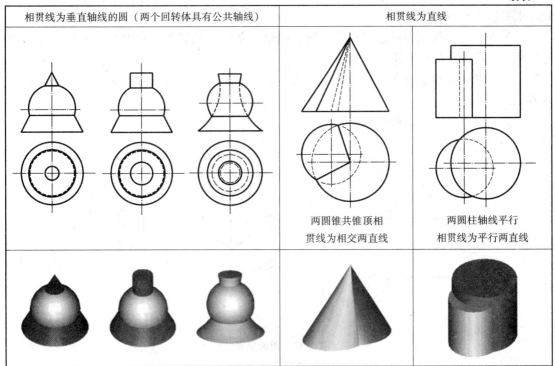

6.3.4 相贯线的近似画法

在工程制图中,当不需要精确画出相贯线时,用近似画法简化或模糊画法表示,如图 6.31 所示。

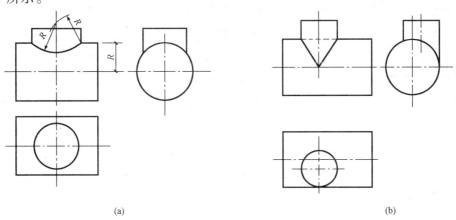

(a)　　　　　　　　　　　　　　(b)

图 6.31　相贯线的近似画法

6.3.5 屋面交线

在房屋建筑中,两坡顶和四坡顶屋面是常见的屋面形式,对水平面倾角相等、檐口等高的屋面,称为同坡屋面。

同坡屋面(图 6.32)有以下特点:

(1) 两个坡面交线是一条平行于檐口线的水平线即屋脊线。它的水平投影与这两檐口线的水平投影平行且等距。

(2) 相邻两个坡面的檐口线相交，其交线是一条斜脊或斜沟，它的水平投影必定为两檐口线水平投影夹角的平分线。

(3) 如果在屋面上有两斜脊、两天沟或一斜脊一天沟相交则交点上必然有另一条屋脊线通过。

(4) 有几个檐口线，就有几个坡面。

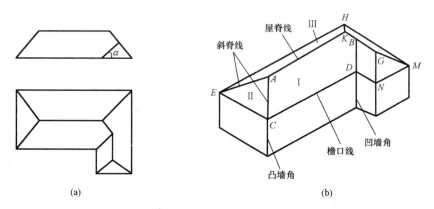

图 6.32 同坡屋面
(a) 投影图；(b) 立体图

【例 6-18】如图 6.33 (a) 所示，已知四坡屋面的倾角 α，以及檐口线的 H 投影，求屋面交线的投影。

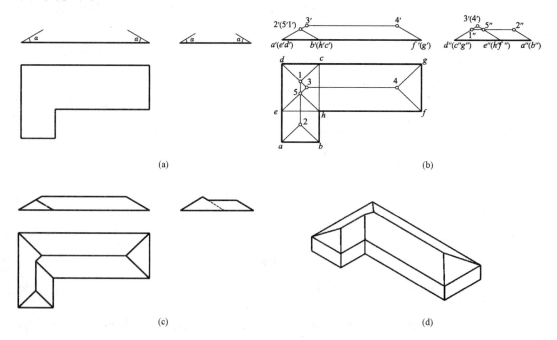

图 6.33 作屋面交线
(a) 已知条件；(b) 投影作图；(c) 作图结果；(d) 立体图

解： 1) 分析：由已知条件可知，利用同坡屋面的投影特性，先作水平和正面投影，再根据水平与正面投影，作侧面投影。

2) 作图过程：

①先将房屋平面划分为两个矩形 abcd 和 defg，如图6.33（b）所示。

②根据同坡屋面的特性，作各矩形顶角的平分线和屋脊线的投影，得到部分重叠的两个四坡屋面 [图6.33（b）]。

③平面图的凹角 bhf 是由两檐口线垂直相交而成，坡屋面在此从方向上发生转折，因此，此处必然有一交线，其角平分线即天沟线。做法：自 h 作45°斜线交于点5，此直线 h5 即为天沟线的 H 面投影。

④房屋平面图中共有6条檐口线，应有6个坡面与之对应。ab 檐口对应 ab2，bh 檐口对应 bh52，hf 檐口对应 hf435，fg 对应 fg4，gd 对应 gd34，da 对应 da253 坡面。各檐口所对应坡面按相邻矩形坡的交线的最大范围确定，范围之内的线条不予表示。例如 gd34 面内的 1c 线应擦去，而 hc 和 eh 线为假设辅助线条，实际不存在。

⑤根据给定的坡屋面倾角 α 和已求得的 H 面投影，可作出屋面的 V、W 面投影，如图6.33（c）所示。

本章小结

本章主要介绍了截交线与相贯线的投影特点及绘图方法。截交线和相贯线是立体表面常见的两种表面交线，立体被平面截切，表面就会产生截交线，两立体相交，表面就产生相贯线，二者有共同点，也有不同点。

本章主要内容小结如下：

1. 截交线的定义：由平面截断基本体所形成的表面交线称为截交线。

2. 截交线的特性：

（1）任何基本体的截交线都是一个封闭的平面图形（平面体是平面多边形，曲面体是平面曲线或由平面曲线与直线共同组成的图形）；

（2）截交线是截平面与基本体表面的共有线，截交线上的每一点都是截平面与基本体表面的共有点（共有点的集合）。

3. 求截交线的方法：

①积聚性求点法；②辅助（素）线法；③辅助平面法。

4. 求截交线的步骤：

（1）确定被截断的基本体的几何形状。

（2）判断截平面的截断基本体的位置（回转体判别截平面与轴线的相对位置）。

（3）想象截交线的空间形状。

（4）分析截平面与投影面的相对位置，弄清楚截交线的投影特性。

（5）判别截交线的可见性，确定求截交线的方法。

（6）将求得的各点连接，画出其三面投影。

5. 平面体的特殊截交线及画法：

（1）特性：平面体的截交线都是由直线所组成的封闭的平面多边形。多边形的各个顶点是棱线与截平面的交点，多边形的每一条边是棱面与截平面的交线。

（2）画法：求平面体截交线的方法主要是用积聚性求点法和辅助线法。画平面体的截交线就是求出截平面与平面体上各被截棱线的交点（即平面多边形的各个顶点），然后依次连接即得截交线。根据截交线是截平面与基本体表面的共有线，截交线上的点也是截平面与基本体表面的共有点，我们所要求掌握的是特殊位置平面截切平面立体的截交线，我们可以利用积聚性求点法或辅助平面法，求出截平面与平面立体的各棱线的交点，然后依次连接，也就求出了截交线。

6. 相贯线的特性：

（1）相贯线是两个立体表面的共有线（共有点的集合），也是两个立体表面的分界线；

（2）相贯线一般是封闭的空间曲线，特殊情况下为平面曲线或直线。

7. 求相贯线的方法：积聚性求点法；辅助平面法。

8. 同坡屋面交线。在房屋建筑中，两坡顶和四坡顶屋面是常见的屋面形式，对水平面倾角相等、檐口等高的屋面，称为同坡屋面。利用同坡屋面的投影特点可作出同坡屋面的交线。

7 轴测投影

★教学内容

轴测投影图的基本知识；正轴测投影；斜轴测投影；圆的轴测投影；非圆曲线的轴测投影；轴测图的选择；轴测图的剖切。

★教学要求

1. 把握轴测的含义，准确理解轴测投影的基本概念、种类及特性。
2. 理解轴测图的形成及其投影特性。
3. 熟悉叠加式、切割式组合体的轴测图的作图方法。
4. 掌握轴测投影规律，能绘制轴测投影图，尤其是常用轴测投影（正等测、斜二测）。
5. 掌握圆的轴测投影图的画法。
6. 培养学生勤于动手动脑的良好习惯，激发学习专业知识的热情。

7.1 轴测投影图的基本知识

7.1.1 轴测图的形成与作用

（1）轴测图的形成。轴测投影也称轴测投影图或轴测图。它是将物体连同其参考直角坐标系，沿不平行于任一坐标面的方向，用平行投影法将其投射在单一投影面上所得的图形。

为研究空间形体三个方向长度的变化，特在空间形体上设一直角坐标系 $O-XYZ$，以代表形体的长、宽、高三个方向，并随形体一并投影到平面 P 上。于是在平面 P 上得到 O_p-

$X_pY_pZ_p$，如图 7.1 所示。

S——称为轴测投影方向。

P——称为轴测投影面。

$O_p - X_pY_pZ_p$——轴测投影轴，简称轴测轴。

(2) 多面正投影图与轴测图的比较。

图 7.2 (a) 所示为正投影图；图 7.2 (b) 所示为轴测图。

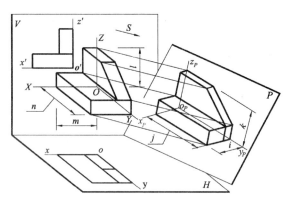

图 7.1 轴测投影的形成

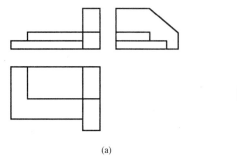

(a) (b)

图 7.2 多面正投影图与轴测图的比较

(a) 正投影图；(b) 轴测图

工程上一般采用正投影法绘制物体的投影图。即多面正投影图，它能完整，准确地反映物体的形状和大小，且质量性好，作图简单，但立体感不强，只有具备一定读图能力的人才看得懂。

轴测投影属于单面平行投影，能同时反映形体长、宽、高三个方向的形状，具有形象直观的优点，但不能确切地表达形体原来的形状与大小，且作图较复杂，因而轴测图在工程上一般仅用作辅助图样。在绘图教学中，轴测图也是发展空间构思能力的手段之一。通过画轴测图可以帮助人们想象物体的形状，培养空间想象能力。

7.1.2 轴测图的特性与基本概念

(1) 轴测投影的特性。当投射方向 *S* 垂直于投影面时，形成正轴测图；当投射方向 *S* 倾斜于投影面时，形成斜轴测。由于轴测投影是根据平行投影原理作出的，因此它具有如下特性：

1) 直线的轴测投影仍为直线。

2) 空间相互平行直线的轴测投影仍保持相互平行关系。所以，形体上与轴平行的线段，其轴测投影也平行于轴测轴。

3) 只有与坐标平等的线段，才与坐标轴发生相同的变形，其长度可沿着相应的轴测方向，并按相应的轴向变形系数去测量——"轴测"。

4) 空间相互平行两线段的长度之比，等于它们平行投影的长度之比。因此，形体上平行于坐标轴的线段的轴测投影长度与线段实长之比,等于相应的轴向变化系数。

(2) 轴测图的基本概念。

1) 轴测轴、轴间角。空间互相垂直的坐标轴 OX、OY、OZ 在轴测投影面上的轴测轴,分别以 $o_p x_p$、$o_p y_p$、$o_p z_p$ 表示。三个轴测轴之间的夹角 $\angle x_p o_p y_p$、$\angle y_p o_p z_p$ 及 $\angle x_p o_p z_p$ 称为轴间角。

2) 轴向变化率(轴向伸缩系数)。轴向变化率,又称为轴向伸缩系数。在空间坐标系,投射方向和投影面三者相互位置被确定时,点 A 的轴测坐标线段与其对应的坐标线段的比值,称之为轴向变化率。分别用 p、q、r 表示 x 轴、y 轴、z 轴轴向变化率,如图 7.3 所示。

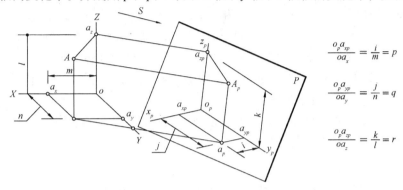

图 7.3 轴测图的基本概念

由上可知,轴间角确定了形体在轴测投影图中的方位。变形系数确定了形体在轴测投影图中的大小。这两个要素是作出轴测图的关键。

(3) 轴测投影的分类。轴测投影可分为正轴测投影和斜轴测投影两大类,如图 7.4 所示。当投影方向垂直于轴测投影面时,所作的投影称为正轴测投影;根据轴向变化率的不同,正轴测投影又可以分为正等测轴测投影、正二测轴测投影和正三测轴测投影。当投影方向倾斜于轴测投影面时,所作的投影称为斜轴测投影,可分为斜等测轴测投影、斜二测轴测投影、斜三测轴测投影。

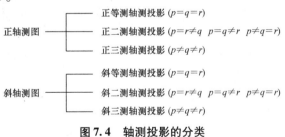

图 7.4 轴测投影的分类

7.1.3 绘制轴测图的步骤与方法

(1) 绘制轴测图的步骤。

1) 对所画物体进行形体分析,搞清楚原体的形体特征,选择适当的轴测图。

2) 在原投影图上确定坐标轴和原点。

3) 绘制轴测图,画图时,先画轴测轴,作为坐标系的轴测投影,然后再逐步画出。

4) 轴测图中一般只画出可见部分,必要时才画出不可见部分。

(2) 绘制轴测图的方法。画平面立体轴测图的基本方法是:沿坐标轴测量,按坐标画出各顶点的轴测图,该方法简称坐标法;对一些不完整的形体,可先按完整形体画出,然后再用切割方法画出不完整部分,此法称为切割法;对另一些平面立体则用形体分析法,先将其分成若干基本形体,然后还逐一将基本形体组合在一起,此法称为组合法。

工程中通常根据由物体的正投影绘制轴测图,它是根据坐标对应关系作图,即利用物体上的点、线、面等几何元素在空间坐标系中的位置,用沿轴向测定的方法,确定其在轴测坐标系中的位置从而得到相应的轴测图。

1) 切割法。对于切割形物体,首先将物体看成是一定形状的整体,并画出其轴测图,然后再按照物体的形成过程,逐一切割,相继画出被切割后的形状。

2) 叠加法。对于叠加形物体,运用形体分析法将物体分成几个简单的形体,然后根据各形体之间的相对位置依次画出各部分的轴测图,即可得到该物体的轴测图。

3) 坐标法。根据物体的特点,建立合适的坐标轴,然后按坐标法画出物体上各顶点的轴测投影,再由点连成物体的轴测图。

作平面立体正等轴测图的最基本的方法是坐标法,对于复杂的物体,可以根据其形状特点,灵活运用叠加法、切割法等作图方法。

7.2 正轴测投影

正轴测投影图如图 7.5 所示,空间形体的三个坐标轴与轴测投影面有一定的倾斜角度,投影方向垂直轴测投影面时,其上所得为正轴测投影图。正轴测投影图的形成如图 7.6 所示。工程上,常采用的是正等测轴测投影图和正二测轴测投影图这两种形式的轴测图。

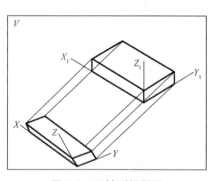

图 7.5 正轴测投影图

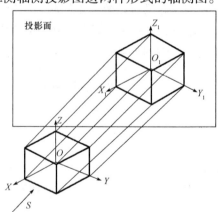

图 7.6 正轴测投影图的形成

7.2.1 正等测

当空间形体的三个坐标轴与轴测投影面的倾斜角度相同时,所形成的正轴测投影图称为正等测投影图,简称正等测图。

(1) 轴间角。正等轴测投影,由于物体上的三根直角坐标轴与轴测投影面的倾角均相等,因此,与之相对应的轴测轴之间的轴间角也必须相等,即 $\angle XOY = \angle YOZ = \angle XOZ =$

120°，如图 7.7（a）所示。

(2) 轴向变化率。轴向变化率即轴向伸缩系数，正等轴测投影中 OX、OY、OZ 轴的轴向变化率相等，即 $p=q=r$。经数学推导得：$p=q=r\approx 0.82$。为作图方便，取简化轴向变化率 $p=q=r=1$［图 7.7（b）］，这样画出的图形，在沿各轴向长度上均分别放大到 $1/0.82\approx 1.22$ 倍，如图 7.7（c）所示。

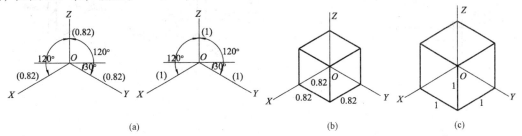

图 7.7　正等测的轴间角与轴向变化系数
(a) 轴间角与轴向变化系数；(b)、(c) 轴测图举例

★ 特别提示

正等测画图技巧：上下的线平行于 Z 轴画；左右的线平行于 X 轴画；前后的线平行于 Y 轴画。物体上相互平行的线段在立体中也相互平行。

【例 7-1】根据投影图［图 7.8（a）］求作立体的正等轴测图（采用简化系数法）。

解：1）分析：根据四棱台的形体特点，可采用坐标法绘制。即根据物体上各个点的空间位置沿轴测或沿平行于轴测轴直线上进行度量，作出它们在轴测图中的位置，然后进行连接，最后再画出整个图形。

2）作图过程：绘制轴测轴；在正投影中分别量取四棱台底面的各点的尺寸，画出四棱台底；量取四棱台的高度，用轴测投影特性绘出四棱顶面；整理并加深图线，完成全图。

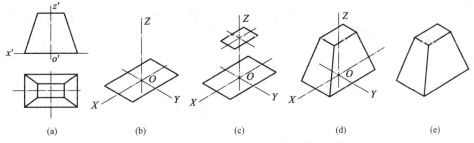

图 7.8　根据投影图求作立体的正等轴测图
(a) 投影图；(b) 画四棱台底面；(c) 画四棱台顶面；(d) 整理、加深；(e) 轴测图

【例 7-2】如图 7.9（a）所示，根据台阶的投影图，求它的正等轴测图（采用简化系数法）。

解：1）分析：根据台阶的形体特点，可采用切割与叠加组合法绘制。对台阶的侧面采用切割，再对整个台阶进行叠加，形成台阶轴测图。

3）作图过程：①绘制轴测轴；②画长方体，画斜面两水平边；③画另一侧栏板；④画

· 171 ·

踏步的端面;⑤画踏步、整理并加深图线,完成全图。

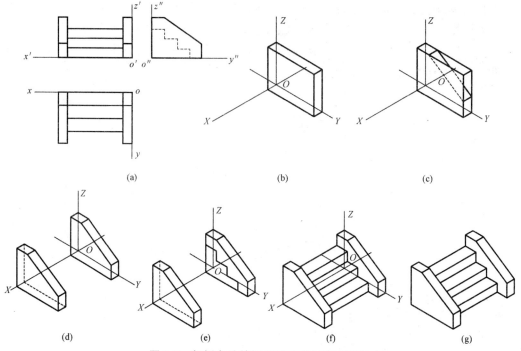

图 7.9 根据台阶的投影图完成正等轴测图
(a) 轴测图;(b) 画长方体;(c) 画斜面;(d) 画另一侧栏板;
(e) 画踏步的端面;(f) 画踏步、整理、加深;(g) 轴测图

7.2.2 正二测

当空间形体的三个坐标轴中有两个与轴测投影面的倾角相同时,所形成的正轴测投影图称为正二测投影图,简称正二测图。

(1) 轴间角。正二测的轴间角如图 7.10 (a) 所示,$\angle XOY = \angle YOZ = 131°25'$,$\angle XOZ = 97°10'$。

(2) 轴向变化系数。正二测的轴向变化系数分别为:$p = r = 0.94$;$q = 0.47$。简化后,取 $p = r = 1$;$q = 0.5$,如图 7.10 (b) 所示。

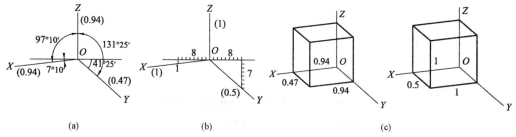

图 7.10 正二测的轴间角与轴测变化系数
(a) 轴间角与轴测变化系数;(b) 简化画法;(c) 轴测图举例

【例 7-3】绘制图 7.11 (a) 所示平面立体的正二轴测图(采用简化系数法)。

解:1) 分析:根据图示的形体特点,可采用切割法绘制。

2) 作图过程:确定坐标轴,绘制轴测轴;画完整长方体的正二测图;画切口、缺口和两切角；整理、描深，去掉多余的线。

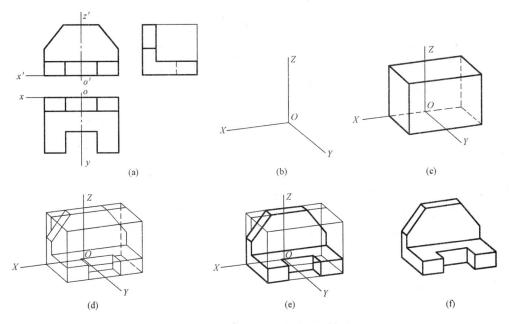

图 7.11　绘制图示平面立体的正二轴测图

(a) 轴测图；(b) 确定坐标轴，绘制轴测轴；(c) 画完整长方体的正二测图；
(d) 画切口、缺口和两切角；(e) 整理、描深；(f) 正二测图

【例 7-4】绘制图 7-12（a）所示坡屋顶的正二轴测图（采用简化系数法）。

解：1）分析：根据图示的形体特点，可采用坐标法绘制。

2）作图过程：确定坐标轴，绘制轴测轴；画出坡屋顶的底面；画 A、B 两点，整理、描深；整理、描深，去掉多余的线。

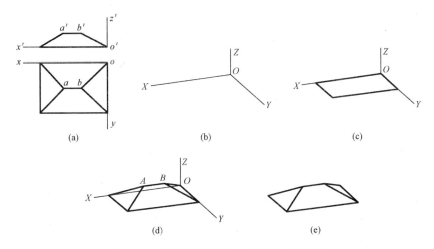

图 7.12　绘制图示平面立体的正二轴测图

(a) 轴测图；(b) 确定坐标轴，绘制轴测轴；(c) 画出坡屋顶的底面；
(d) 画 A、B 两点，整理、描深；(f) 正二测图

7.3 斜轴测投影

斜轴测投影图的形成如图 7.13 所示。通常将坐标系 $O—XYZ$ 中的二个坐标轴放置在与投影面平行的位置,所以较常用的斜轴测投影有斜等测轴测投影和斜二测轴测投影。但无论哪一种,如果它的三个变形系数都相等,就叫作斜等测投影(简称斜等测)。如果只有两个变形系数相等,就叫作斜二测轴测投影(简称斜二测)。对于形体的正平面形状较复杂或具有圆和曲线时,常用正面斜二测图;对于管道线路常用正面斜等测图。

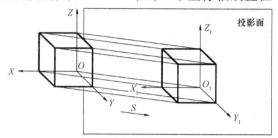

图 7.13 斜轴测投影图的形成

7.3.1 斜等测

斜等测是斜投影图的一种,其投影方向倾斜于轴测投影面,如图 7.14(b)所示为斜等测轴测投影图。

(1)轴间角。斜等测的轴间角 X 与 Y 垂直, Y 与 Z、X 与 Z 所成角度如图 7.14(a)所示,$\angle XOZ = 120°$, $\angle YOZ = 150°$, $\angle XOY = 90°$。

(2)轴向变化系数。斜等测的轴向变化系数分别为:$p = q = r = 1$,如图 7.14(b)所示。

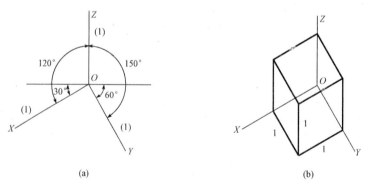

图 7.14 斜等测的轴间角与轴向变化系数
(a)轴间角与轴向变化系数;(b)轴测图举例

【例 7-5】已知建筑群的总平面图如图 7.15(a)所示,并已知有关建筑物的形状和高度从图中量取,尺寸自定,试画出其斜等测轴测投影图。

解:1)分析:根据图示的形体特点,绘制斜等测轴测投影图。X 轴与水平线成 30°,Y 轴与水平线成 60°,Z 轴置于铅垂位置,可表达建筑物和树的高度。用斜等测图来表达建筑群,既有总平面的优点,又具有直观性。

2)作图过程:旋转平面图;逐点垂直升高度;自上而下加粗可见面;整理、加深。

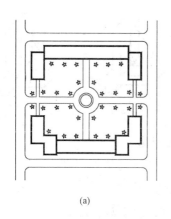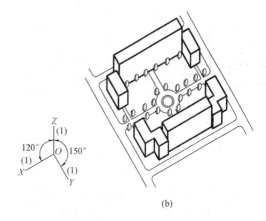

(a)　　　　　　　　　　　　　　　(b)

图 7.15　绘制斜等测轴测投影图

(a) 轴测图；(b) 投影图

7.3.2　斜二轴测图

斜二轴测图是斜投影图的一种，其投影方向倾斜于轴测投影面，如图 7.16 所示为正面斜二轴测图。在正面斜二测图中，立体上平行于 V 面的平面仍反映实形。斜二轴测图主要用于表示仅在一个方向上有圆或圆弧的物体，当物体在两个或两个以上方向有圆或圆弧时，通常采用正等测的方法绘制轴测图。

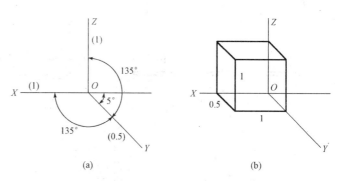

图 7.16　斜二轴测的轴间角与轴向变化率

(a) 轴测图；(b) 投影图

(1) 轴间角。斜二测的轴间角如图 7.16（a）所示，$\angle XOY = \angle YOZ = 135°$，$\angle XOZ = 90°$。作图时，将轴测轴 OX、OZ 分别画成水平线和垂直线，而将 OY 轴画成与水平线成 45° 的斜线。

(2) 轴向变化系数。斜二测的轴向变化系数如图 7.16（b）所示，在斜二测轴测图中，OX、OZ 两轴的轴向变化率相等，即 $p = r = 1$，而 OY 轴的轴向变化率 $q = 0.5$。作图时，凡与 OX、OZ 轴平行的线段均按原尺寸量取，与 OY 轴平行的线段要缩短一半后量取。

★ **特别提示**

正面斜二轴测图最大的优点：物体上凡平行于 V 面的平面都反映实形。特别当形体正面有圆或圆弧时，画图简单。

【例 7-6】如图 7.17 所示，绘制挡土墙的正面斜轴测图。

解：1）分析：根据图 7.17（a）所示的形体特点，可采用组合法绘制。

2）作图过程：确定坐标，画轴测轴；画竖墙和底板；画扶壁的三角形底面；完成扶壁。

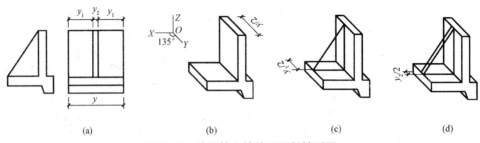

图 7.17 绘制挡土墙的正面斜轴测图
（a）轴测图；（b）画竖墙和底板；（c）画扶壁的三角形底面；（d）完成扶壁

【例 7-7】 如图 7.18（a）所示，作拱门的正面斜二测图。

解： 1) 分析：根据图 7.18（a）所示的形体特点，可采用叠加、切割组合法绘制。

2) 作图过程：作地台及拱门的墙面位置线；作拱门的前墙面；完成拱门，作顶板前缘位置线；作顶板，完成轴测图。

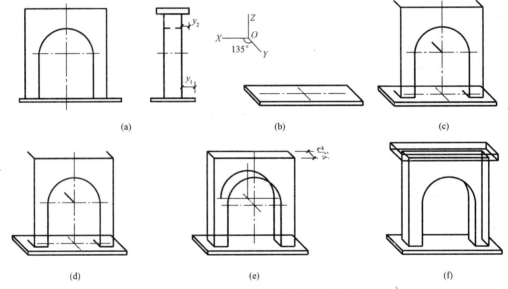

图 7.18 绘制图示平面立体的正二轴测图
（a）轴测图；（b）作地台及拱门的墙面位置线；（c）作拱门的前墙面；
（d）完成拱门，作顶板前缘位置线；（e）作顶板，完成轴测图；（f）轴测图

7.4 圆的轴测投影

7.4.1 圆的正等测投影

分析图 7.19，XOY 坐标面上圆及其轴测投影椭圆间的关系。

分析结果如下：椭圆的长轴方向与 XOY 面内对 P 面的平行线平行，即 $AB // P$ 面；椭圆的短轴方向与 XOY 面内对 P 面的最大斜度线方向平行，即 $CD // P$ 面最大斜度线；$A_1B_1 = AB$（椭圆长轴），$C_1D_1 = CD\cos\varphi$；在正等轴测图中，$\alpha = \beta = \gamma$；各坐标面对 P 面的倾角相等：$\Psi =$

$90°-\alpha = 90°-\beta = 90°-\gamma$；各短轴的长度相等。

由上分析可知（图7.20），当圆所在平面不平行于轴测投影面时，其轴测投影为椭圆。坐标面或其平行面上的圆的正等轴测图是椭圆。三个坐标面对轴测投影面都不平行，其轴测投影均为椭圆。三个坐标面上的圆的正等轴测图是大小相等、形状相同的椭圆，只是它们的长、短轴方向不同。用坐标法可以精确作出该椭圆，即按坐标定出椭圆上一系列的点，然后光滑连接成椭圆。但为了简化作图，工程上常采用"菱形法"绘制椭圆。现以平行于坐标面的圆的正等测图（图7.21）的画法为例分析圆的轴测图。

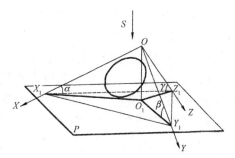

图 7.19 分析 *XOY* 坐标面上圆及其轴测投影椭圆间的关系

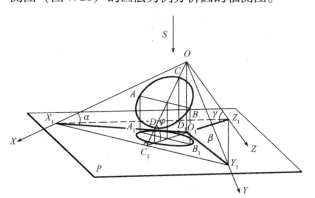

图 7.20 *XOY* 坐标面上圆及其轴测投影椭圆间的关系

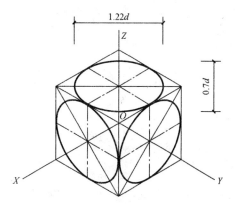

图 7.21 平行于坐标面的圆的正等测图

（1）坐标法。坐标法画圆的正等轴测图的步骤（图7.22）：

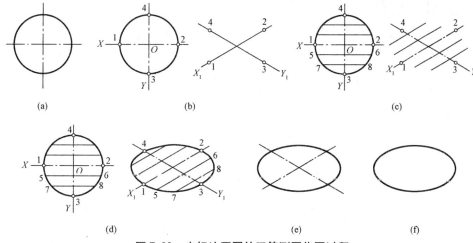

图 7.22 坐标法画圆的正等测图作图过程

(a) 投影图；(b) 画正等测坐标系，画1、2、3、4点；(c) 画5、6、7、8点；
(d) 光滑连接各点；(e) 整理、描深；(f) 轴测图

1）画正等测坐标系。

2）在圆上取1、2、3、4四个点，根据正等测轴向变化系数和轴图投影特性，在圆中量

取各点对应长度后,描点于坐标中。为使圆上作图结果准确,在圆上再取四个点:5、6、7、8,在轴测图中画出5、6、7、8点。

3)光滑连接各点,加深所需要的线条,便可得到圆的正等轴测图。

(2)"菱形法"。工程中常用"菱形法"画圆的正等测图,是一种近似画法。"菱形法"作图过程如图7.23所示。具体作图步骤:

1)定坐标原点,画轴测轴。
2)画圆的外切正方形,及其轴测投影。
3)在菱形对角线上定4个圆心。
4)定半径画4段圆弧,整理并描深结果。

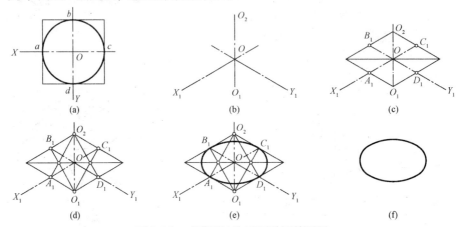

图 7.23 "菱形法"画圆的正等测图

(a)投影图;(b)定坐标原点,画轴测轴;(c)画圆的外切正方形,以及其轴测投影;
(d)在菱形对角线上定4个圆心;(e)定半径画4段圆弧,描深;(f)轴测图

★ **特别提示**

由于平行于 H、W 面的两个椭圆的作图比较繁,所以当物体这两上方向上有圆时,一般不用斜二测轴测图,而采用正等测轴测图。

【例7-8】如图7.24(a)所示,作圆柱的正等轴测图。

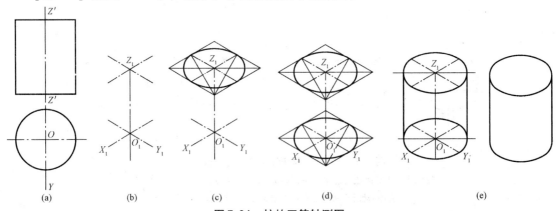

图 7.24 柱的正等轴测图

(a)投影图;(b)画轴测轴;(c)画圆柱顶面的轴测投影;
(d)画圆柱底面的轴测投影;(e)画公切线,描深;(f)轴测图

解：1) 分析：根据图7.24（a）所示的形体特点，可采用"菱形法"绘制圆柱体中上下面的圆，然后画公切线，即可形成圆柱体的轴测投影。

2) 作图过程：定坐标原点；根据"菱形法"画圆柱顶面的轴测投影；根据"菱形法"画圆柱底面的轴测投影；画公切线；整理、描深。

【**例7-9**】如图7.25（a）所示，作圆台的正等轴测图，尺寸从图中量取。

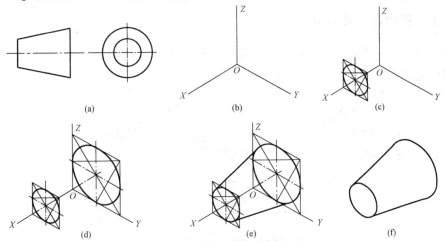

图7.25 圆台的正等轴测图

(a) 投影图；(b) 定坐标原点，画轴测轴；(c) 根据"菱形法"画圆台左端圆的轴测投影；
(d) 根据"菱形法"画圆台右端圆的轴测投影；(e) 画公切线；(f) 整理、描深

解：1) 分析：根据图7.25（a）所示的形体特点，可采用"菱形法"绘制圆台中上下面的圆，然后画公切线，即可形成圆台的轴测投影。

2) 作图过程：定坐标原点，画轴测轴；根据"菱形法"画圆台左端圆的轴测投影；根据"菱形法"画圆台右端圆的轴测投影；画公切线；整理、描深。

【**例7-10**】作图7.26所示形体的正等轴测图，尺寸从图中量取。

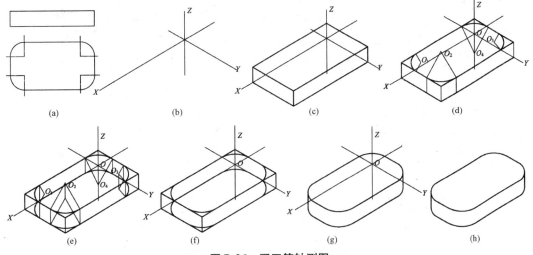

图7.26 画正等轴测图

(a) 投影图；(b) 定坐标原点，画轴测轴；(c) 根据坐标法画长方体的轴测投影；
(d) 根据"菱形法"画顶面四圆角的轴测投影；(e) 移心法画底面四圆角的轴测投影；
(f) 去掉辅助线；(g) 用截切法整理图形的轴测图；(h) 整理、描深

解：1）分析：根据图 7.26（a）所示的形体特点，根据"菱形法"画顶面四圆角的轴测投影，再采用移心法画底面四圆角的轴测投影，然后整理作图即可形成轴测投影。

2）作图过程：定坐标原点，画轴测轴；根据坐标法画长方体的轴测投影；根据"菱形法"画顶面四圆角的轴测投影；移心法画底面四圆角的轴测投影；去掉辅助线；用截切法整理图形的轴测图；整理、描深。

7.4.2 圆的正二测投影

平行于坐标面的圆的正二测投影均为椭圆；平行于不同坐标面的圆的轴测椭圆，其椭圆长、短轴长度、方向变化如图 7.27 所示。

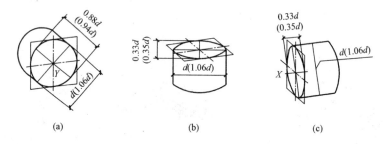

图 7.27 平行于不同坐标面的圆的轴测椭圆
（a）平行于 XOZ 坐标面的圆；（b）平行于 XOY 坐标面的圆；（c）平行于 YOZ 坐标面的圆

（1）圆平行于 XOZ 坐标面。图 7.28 所示为平行于 XOZ 坐标面的圆的轴测图画图步骤。

（2）圆平行于 XOY 或 YOZ 坐标面。图 7.29 所示为平行于 XOY 或 YOZ 坐标面的圆的轴测图画图步骤。

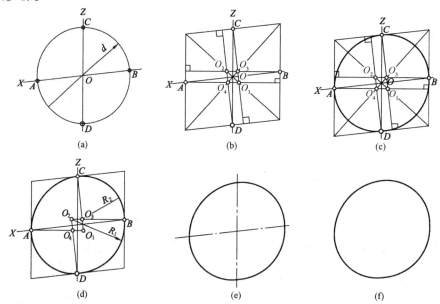

图 7.28 圆平行于 XOZ 坐标面
（a）画轴测轴和 4 个连接点 A、B、C、D；（b）定圆弧的中心 O_1、O_2、O_3、O_4；
（c）画圆弧完成椭圆；（d）描深、整理；（e）整理；（f）轴测图

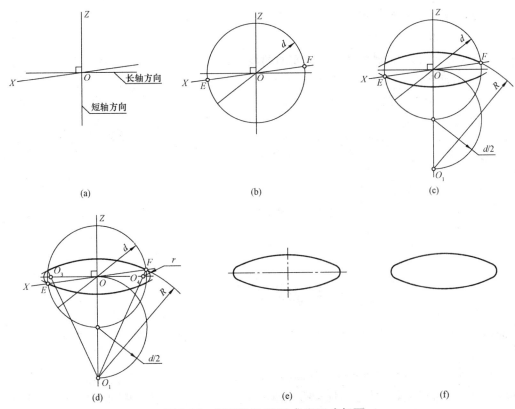

图 7.29 圆平行于 XOY 或 YOZ 坐标面

(a) 定长、短轴方向；(b) 定连接点 E、F；(c) 定短轴上大圆弧中心 O_1O_2（省略），画大圆弧；
(d) 定长轴上小圆弧中心 O_3O_4，画小圆弧；(e) 整理描深；(f) 完成椭圆

7.4.3 圆的斜二测投影

如图 7.30 所示，在立方体的斜二测投影中，正面斜二测的轴测投影是和正立面（XOZ 坐标面）平行的，故正平圆的轴测投影仍然是圆。侧面和顶面的正方形变成平行四边形，水平圆和侧平圆的轴测投影是椭圆。作椭圆时，要借助于圆的外接正方形的轴测投影，定出属于椭圆上的八个点，这种方法，称为八点法。

圆的斜二测图三个方向圆（图 7.30）的详细情况如下：

（1）平行 V 面的圆仍为圆，反映实形。

（2）平行于 H 面的圆为一扁椭圆，长轴对 O_1X_1 轴偏转 7°，长轴 ≈ 1.06d，短轴 ≈ 0.33d。

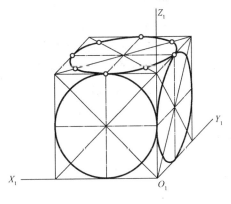

图 7.30 圆的斜二测投影

（3）平行于 W 面的圆与平行于 H 面的圆的椭圆形状相同，长轴对 O_1Z_1 轴偏转 7°。

如图 7.31 所示，平行于 H 面圆的斜二测图作图步骤如下：

(1) 作出正方形的轴测图及其中线,得切点1、2、3、4。
(2) 连接对角线。
(3) 作出内平行弦的轴测投影,确定对角线(椭圆)上的点。
(4) 光滑连接以上八点,即为所求。

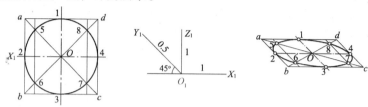

图 7.31　圆的斜二测图作图步骤

7.5　非圆曲线的轴测投影

曲线的轴测图,一般情况下仍是曲线,所以只要作出曲线上一系列点的轴测投影,然后再连成曲线即可。

画平面曲线的轴测图时,先在反映曲线实形的正投影图中,作出方格网,然后画出方格网的轴测图,再在轴测格中,按照正投影格网中曲线的位置,画出曲线的轴测图,这种方法称为网格法。

【例7-11】如图7.32所示,已知墙面花饰的正面形状及厚度,试画其正二测图。

解:1) 分析:根据图7.32(a)所示的形体特点,可采用坐标法绘制。画空间曲线的轴测图时,可在作出曲线上一系列点的次投影后,再逐点求作其轴测图,连接各点即是该空间曲线的轴测投影。

2) 作图过程:

①在图中确定坐标系,在正二测图中,用网格法依格画空花的正面形状。
②沿 Y 轴向量取厚度,画出看得见的与正面形状相同的背面形状。
③整理并加深图线,完成全图。如图7.32(b)所示为花饰的正二测图。

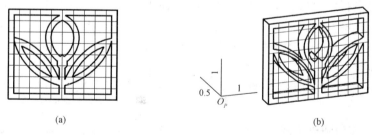

图 7.32　花饰的正二测图
(a) 投影图;(b) 轴测图

【例7-12】如图7.33(a)所示,已知一被截切后圆柱的两面投影图,试画其正等测图。

解:1) 分析:圆柱被裁切部位的轮廓线是空间曲线,其余轮廓线是圆柱底面圆和表面素线的轴测投影。其关键是作空间曲线的轴测图。

2）作图过程：

①在图中确定坐标系，通过直线量取 H 面投影圆周上各点坐标，作出圆柱的水平面次投影。

②在 y_p 轴上取一点 O_{p1}，作 $X_{p1}O_{p1}//X_pO_p$、$Z_{p1}O_{p1}//Z_pO_p$，并在 $X_{p1}O_{p1}Z_{p1}$ 坐标面上作圆柱及切口各点在正平面上的次投影［图7.33（b）］。

③过水平面上的各次投影点作 Z_p 平行线与正平面上的对应次投影点的 Y_p 平行线相交，得到切口曲线上各点 G_p、F_p、E_p…的轴测图。

④光滑连接各点，即成圆柱切口曲线轴测图，加深所需要的线条，使得到被截切圆柱的正等测轴测图［图7.33（c）］。

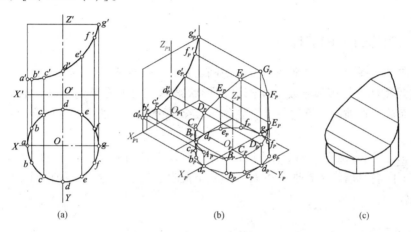

图 7.33　绘制正等测图测图

（a）已知条件；（b）作图过程；（c）作图结果

7.6　轴测图的选择

7.6.1　轴测类型的选择

轴测类型的选择应注意以下问题：

（1）选择轴测投影应考虑的两个方面。选择哪一种轴测投影来表达一个物体，应按物体的形状特征和对立体感程度的要求综合考虑而确定。通常应从两个方面考虑：首先考虑直观性；其次是作图的简便性。

（2）对土木建筑工程中常用的几种轴测投影的一般比较。一般情况下，正二测的直观性和立体感最好，其次是正等测［图7.34（b）］，再次是正面斜二测［图7.34（c）］，正面斜等测和水平斜等测最差；但作图的简便性恰相反，正面斜等测和水平斜等测作图最简捷，其次是正等测和正面斜二测，正二测作图最繁复。

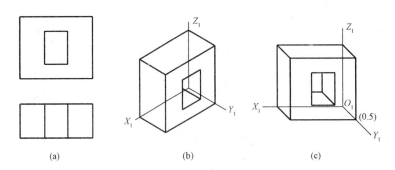

图 7.34 正等测与正面斜二测比较
(a) 两面投影；(b) 正等测；(c) 正面斜二测

7.6.2 投影方向的选择

投影方向的选择应注意以下两个方面的问题：

(1) 避免物体有较多部分或主要部分的形状被遮。为了看清楚物体，通常把物体的最主要的一个面放置在前面，挑选一个看到物体较多部分和主要部分的方向观看，以便看清楚这个物体。

如图 7.35 分别为由左、前、上向右、后、下投射；由右、前、上向左、后、下投射；由左、前、下向右、后、上投射；由右、前、下向右、后、下投射四种投射方向作出的正面斜等测的比较。

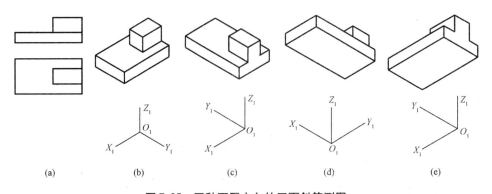

图 7.35 四种不同方向的正面斜等测图
(a) 正投影图；(b) 由左、前、上向右、后、下投射；；(c) 由右、前、上向左、后、下投射；
(d) 由左、前、下向右、后、上投射；(e) 由右、前、下向右、后、下投射

(2) 避免物体上的某个或某些平面表面积聚成直线。如图 7.36 所示，在选择轴测类型时要避免物体上的某个或某些平面表面积聚成直线。已知图 7.36（a）所示的两面投影，采用正面斜二测时可避免平面表面的投影积聚，采用正等测，有两个平面表面的投影积聚。

(3) 避免物体转角处的不同的交线在轴测投影中共线（图 7.37）。如图 7.37 所示，当采用正等测时不同交线共线，无法清楚表达空间形体，采用正面斜二测，不同交线不共线。因此，在轴测图选择时避免物体转角处的不同交线在轴测投影中共线。

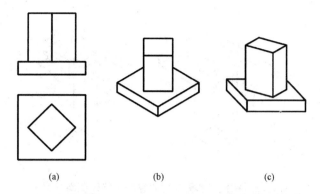

图 7.36 避免物体上的某个或某些平面表面积聚成直线

(a) 两面投影；(b) 正等测；(c) 正面斜二测

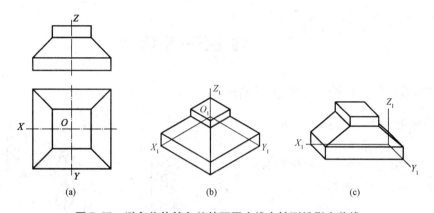

图 7.37 避免物体转角处的不同交线在轴测投影中共线

(a) 两面投影；(b) 正等测（不同交线共线）；(c) 正面斜二测（不同交线不共线）

【**例 7-13**】如图 7.38（a）所示，根据柱顶节点的投影图作出它的正轴测图。

解：1）分析：根据主次梁相交的形体特点，可采用坐标法绘制。

2）作图过程：分析投影图；选择投影方向，并作楼板轴测图；画出柱、主梁、次梁位置；作柱轴测图；作主梁轴测图；作次梁，并完成节点轴测图。作图结果如图 7.38（f）所示。

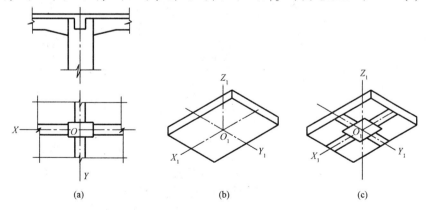

图 7.38 根据投影图求作立体的正等轴测图

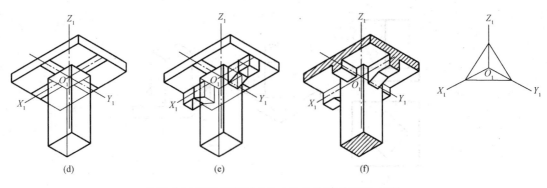

图 7.38 根据投影图求作立体的正等轴测图（续）

7.7 轴测图的剖切

7.7.1 画剖切轴测图时应注意的问题

画剖切轴测图时应注意以下几个问题：

（1）画剖切轴测图时，可假想用平行于坐标面的平面将形体切去 1/4，画出其内部形状 [图 7.39（a）]。一般不采用将形体切去一半画轴测剖切图 [图 7.39（b）]。如采用这种画法，将切掉的部分向前移一段距离画出，这样才能较全面地显示形体的外形。

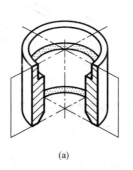
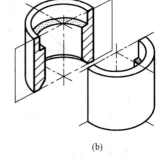

(a)   (b)

图 7.39 轴测图的剖切画法

(a) 剖切 1/4；(b) 剖切 1/2

（2）轴测图的剖切面应画出其材料图例线。图例线应按其断面所在坐标面（图 7.40）的轴测方向绘制。

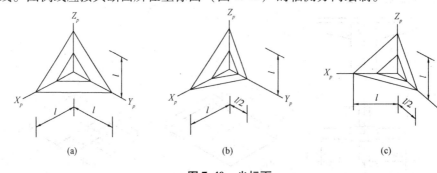

(a)   (b)   (c)

图 7.40 坐标面

(a) 正等测；(b) 正二测；(c) 斜二测

（3）在轴测图上也可以把需要表示的某一局部切开，称为局部剖切（图 7.41）。平行于坐标面的剖切部分画剖切图例线，而对于不规则的断裂表面则画上波浪线。

7.7.2 剖切轴测图的画法

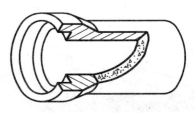

图 7.41　局部剖切画法

画剖切图的步骤（图 7.42）如下：
（1）画出形体外表轴测图，本图用正等测。
（2）沿轴测轴切去 1/4。
（3）画出内部显露各线，如画形体顶部圆孔的下口和底面圆口。
（4）在剖切断面范围内画图例线，并擦去多余的线条，加粗轮廓线。

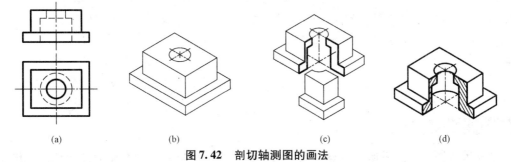

图 7.42　剖切轴测图的画法
（a）投影图；（b）轴测图；（c）剖切作图过程；（d）作图结果

本章小结

本章主要内容包括：轴测投影图的基本知识；正轴测投影；斜轴测投影；圆的轴测投影；非圆曲线的轴测投影；轴测图的选择；轴测图的剖切。本章重要知识点总结如下：

1. 轴测投影图是单面平行的投影图。直线平行于轴，则直线的轴测投影必定与轴的轴测投影平行。轴的轴测投影是重要内容。直线的轴测投影与轴的轴测投影之间存在变化率。在画图中一般取简化变形系数作图。轴测投影图是辅助性的图样，一般不作为设计图。

2. 平面立体轴测图的画法。
（1）坐标法：根据物体的特点，建立合适的坐标轴，然后按坐标法画出物体上各顶点的轴测投影，再由点连成物体的轴测图。
（2）切割法：对于切割形物体，首先将物体看成是一定形状的整体，并画出其轴测图，然后再按照物体的形成过程，逐一切割，相继画出被切割后的形状。
（3）叠加法：对于叠加形物体，运用形体分析法将物体分成几个简单的形体，然后根据各形体之间的相对位置依次画出各部分的轴测图，即可得到该物体的轴测图。

3. 圆的正等测的画法。
（1）坐标法：按坐标法确定圆周上若干点的轴测投影，后光滑地连接成椭圆。
（2）棱形法（近似法）：用四心扁圆代替轴测椭圆，确定的四个圆心，四段圆弧光滑地连接成一扁圆，使之与轴测椭圆近似。

4. 圆的斜二测的画法：八点法。

5. 轴测图的选择：轴测类型的选择、投影方向的选择。

6. 轴测图的剖切

8 组合体的投影

★教学内容

组合体的概念，组合体的组合方式，组合体三视图的绘制、组合体的尺寸标注、组合体的识读方法等内容。

★教学目标

1. 了解组合体的组合方式，能够根据形体分析法和线面分析法阅读和绘制组合体的投影图，以此提高学生的空间想象能力，为今后识读专业图纸打下重要基础。

2. 掌握长方体组合体三面投影图的画法，并能根据三面投影图想象出形体的形状。培养学生的学习兴趣及合作学习的能力。

8.1 概 述

如图 8.1 所示，由两个或两个以上的基本体（柱体、长方体、锥面体、圆柱体及球面体）经叠加、挖切、相贯等方式构成的形体，称为组合体，它是相对于基本立体而言的。因此，可以说除基本立体之外的一切立体都是组合体。基本形体包括平面体和曲面体。平面体是表面由平面围成的形体。曲面体是表面由曲面或曲面与平面组合围成的形体。

任何复杂的工程建筑物，从宏观上都可把它们看成是由若干个几何形体，经叠加或挖切等方式组成的，反过来说，可以将组合体假想分解成若干个基本的几何形体，分析这些几何形体的形状大小与相对位置，从而得到组合体的完整形象，这种方法称为形体分析法。

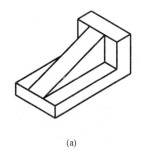 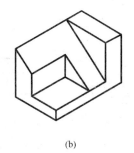 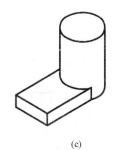

图 8.1 不同形式组成的组合体
(a) 叠加；(b) 挖切；(c) 相贯

8.1.1 组合体的组成方式

8.1.1.1 组合体的分类

组合体根据构成方式的不同可分为叠加式组合体、截割式组合体、综合式组合体三种。

(1) 叠加式。如图 8.2 (a) 所示，由若干基本形体叠加而成的组合体，称为叠加式组合体。

(2) 截割式。如图 8.2 (b) 所示，由一个基本形体被一些不同位置的截面切割后而形成的组合体，称为截割式组合体。

(3) 综合式。如图 8.2 (c) 所示，由基本形体叠加和被截割而成的组合体称为综合式组合体。

 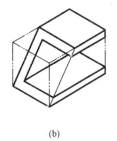 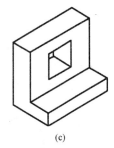

图 8.2 组合体的组合方式
(a) 叠加式组合体；(b) 截割式组合体；(c) 综合式组合体

在许多情况下，叠加型和切割型并无严格的界限，同一组合体既可按叠加方式分析，也可按切割方式来理解。在进行具体形体的分析时，应以易于作图和理解为原则。

8.1.1.2 相邻两表面之间的组合关系

(1) 叠加（图 8.3）。当两基本体叠加时，若相邻表面共面（平齐），则衔接处无线，若相邻表面共面（不平齐），则衔接处有交线。

(2) 相切（图 8.4）。当两基本体相邻表面相切，则相切处光滑过渡。

(3) 相交（图 8.5）。当两基本体相邻表面相交，则相交处存在交线（截交线或相贯线）。

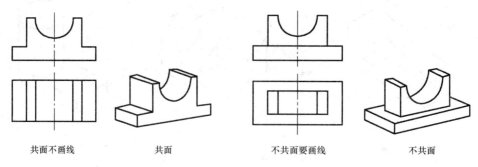

共面不画线　　　共面　　　　　不共面要画线　　　不共面

图 8.3　叠加

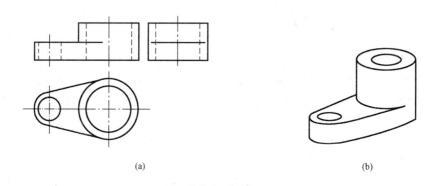

(a)　　　　　　　　　　　　　(b)

图 8.4　相切

(a) 相切处无线；(b) 两基本体相邻表面相切，相切处光滑过渡

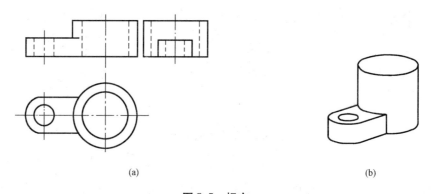

(a)　　　　　　　　　　　　　(b)

图 8.5　相交

(a) 相交处有线；(b) 两基本体相邻表面相交，相交处存在交线

8.1.1.3　组合体组合方式分析举例

如图 8.6 所示，对齐表面衔接处应为无线；如图 8.7 所示，两表面相切时，以切线位置分界光滑过渡不能画线。

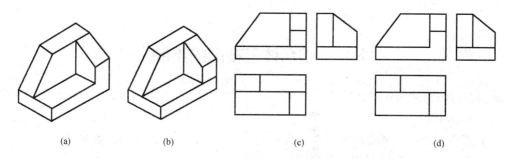

图 8.6 对齐共面衔接处无线
(a) 正确形体；(b) 错误形体；(c) 错误三视图；(d) 正确三视图

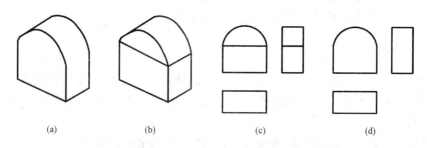

图 8.7 两表面相切时，以切线位置分界光滑过渡不能画线
(a) 正确形体；(b) 错误形体；(c) 错误三视图；(d) 正确三视图

8.1.2 组合体的三视图

（1）三投影图的形成和名称。在画法几何中，把形体在 V、H、W 面上的正投影称为三面投影图。在工程制图中，通常又称为三视图，如图 8.8 所示。

1）V 面投影图，称为正立面图，简称立面图，或正视图。
2）H 面投影图，称为水平面图，简称平面图，或俯视图。
3）W 面投影图，称为左侧面图，简称侧面图，或侧视图。

（2）三视图的投影规律。画出组合体中各几何形体的三视图，并按其相对位置组合，就得到组合体的三视图。三视图之间不画个投影间的联系线，但三视图个投影之间的位置关系和投影规律仍保持不变。

1）投影关系：
①正立面图、水平面图长对正。
②正立面图、侧立面图高平齐。
③水平面图、侧立面图宽相等。
2）方位关系：
①正立面图反映上、下、左、右位置关系。
②水平面图反映前、后、左、右位置关系。
③侧立面图反映上、下、前、后位置关系。

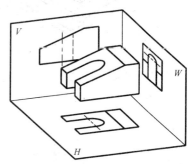

图 8.8 三视图的形成

8.2 组合体三视图的绘制

画组合体投影图的步骤如下：
(1) 形体分析。
(2) 投影选择：选择安放位置；选择正面投影方向；选择投影图的数量。
(3) 先选比例、后定图幅或先定图幅、后选比例。
(4) 画底稿线（布图、画基准线、逐个画出各基本形 体投影图）。
(5) 检查整理底稿、加深图线。
(6) 书写文字、再次检查、裁去图边、完成全图。

8.2.1 形体分析

把一个复杂形体分解成若干基本形体或简单形体的方法，称为形体分析法。其是画图、读图和标注尺寸的基本方法。画图前应首先分析组合体的组合方式，即分析该组合体属于叠加式还是截割式。

对于叠加式组合体，主要分析各组成部分的形状确定各组成部分之间的相对位置，各组成部分间的表面连接关系；对于截割式组合体，还要分析截割部分的位置和形状。

如图 8.9 所示为小门斗。其主要由三棱柱、四棱柱先经叠加，后截割一个半圆柱和一个四棱柱形成。从结构上看，下方的台阶由两个四棱柱并排组成，最上方由一个三棱柱挖去一个半圆柱形成，中间部分是由一个四棱柱中间截割出一个小四棱柱形成。绘制组合体图形时，应注意平面与平面的交线的画法，两平面相交时需要画出交线，两平面相切、平齐时，不需要画出交线。

 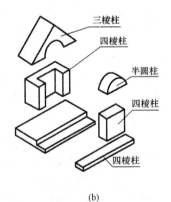

(a) (b)

图 8.9 小门斗
(a) 小门斗组合体；(b) 小门斗形体分析

图 8.10 所示为一室外台阶，在进行形体分析时，将它可以看成是由边墙、台阶、边墙三大部分组成的。

8 组合体的投影

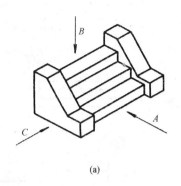
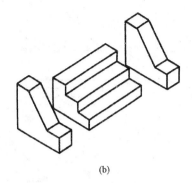

图 8.10 室外台阶

（a）室外台阶组合体；（b）室外台阶形体分析

8.2.2 视图选择

视图选择的原则是用较少的视图把形体完整、清晰地表示出来。

（1）确定放置位置。确定放置位置，如图 8.11 所示。通常是指将形体的哪一个表面放在 H 面上，或者说确定形体的上下。为方便看图，应选择最能反映该组合体形状特征和位置关系的视图作为主视图。通常按形体的工作状态放置，并应将形体的主要表面平行或垂直于基本投影面。

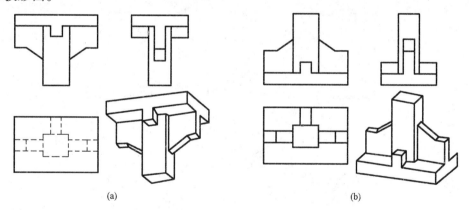

图 8.11 确定放置位置

（a）梁柱节点的安放位置；（b）柱及其基础的安放位置

（2）选择正面投影方向。选择正面投影方向按以下三个方面考虑：
1）使立面图尽量反映形体各组成部分的形状特征及相对位置 [图 8.12（a）]；
2）各视图中虚线较少 [图 8.12（b）]；
3）合理利用图幅 [图 8.12（c）]。
比较图 8.13 中的 A、B、C 和 D 四个方向可知，沿 B 向观察所得视图较好。
（3）确定视图数量。简单的图形并不是都需要三个视图，对于基本几何形体（棱柱、棱台、圆柱、球），一般只需要两个视图，有的形体如果注上尺寸只需要一个视图，如球面体，只要在它的半径上加注 $S\phi \times \times$ 就可以，其中 $\times \times$ 为尺寸数字。

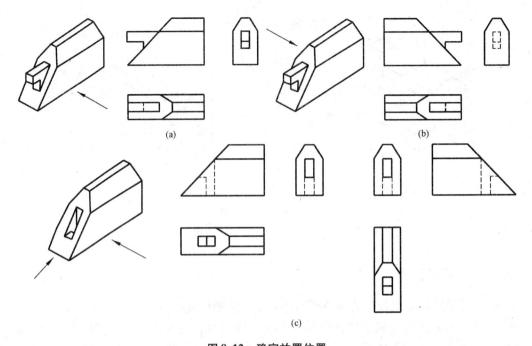

图 8.12 确定放置位置
(a) 反映榫头各部分;(b) 虚线较多;(c) 利用图幅比较

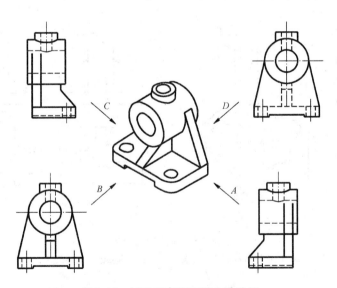

图 8.13 轴承座正面投影方向选择

选择投影图数量的基本原则是用最少的投影图把形体表达得清楚、完整。即清楚、完整地图示整体和组成部分的形状及其相对位置的前提下,投影图的数量越少越好。

视图的个数一般由构成组合体的基本几何形体所需的视图个数确定。如图 8.14(a)所示为小门斗的投影图,在确定立面图后,需要三个视图;如图 8.14(b)所示为管接头需要的两个视图;如图 8.14(c)所示为台阶需要的三个视图。

如图 8.15 所示为可省略与不可省略的投影数量的对比。

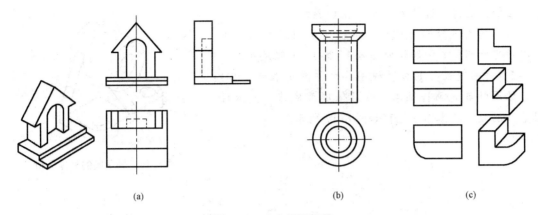

图 8.14 确定视图数量

（a）用三个投影图表达小门斗；（b）用两个投影图表达管接头；（c）用三个投影图表达台阶

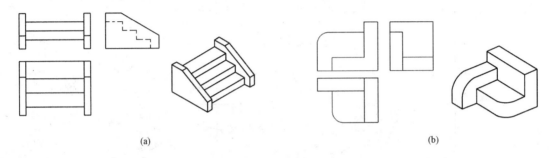

图 8.15 视图数量对比

（a）可省略水平投影图；（b）三面投影图均不可省略

8.2.3 画出视图

（1）选择比例和图幅。有先选比例后定图幅和先选图幅后定比例两种。若是先选比例，可结合确定的视图数量，得出各视图所需面积，再估计注写尺寸、图名和视图空间所需面积，确定出图幅大小；若先选定图幅大小，也应根据视图数量和布置，留足注写尺寸、图名、视图空间等位置来确定比例。如果比例不合适，再重新确定比例。

（2）完成视图。布置视图，在确定每个视图的位置时，每个图形用水平和竖直方向以两条基准线定位，使每两个投影图都有共同基准。应注意视图匀称美观，不致过稀或过密。然后用 H 或 2H 铅笔画出稿线。

> ★特别提示
>
> 画组合体三视图时，首先选择基准点，基准点主要包括：大的、重要的底面或端面；对称面、回转轴线、圆的中心线等。

【例 8-1】根据图 8.16 所示画出轴承座的三视图。

解：1）分析：

①形体分析。轴承座分五个部分：轴承、凸台、支承板、肋板、底板，如图 8.16 所示。

②视图选择。选择 B 方向为主视图方向。

③选择图纸幅面和比例。依据所用图纸幅面大小，选择适当比例，本例题按照图 8.16 按 1∶1 取尺寸。

2) 作图过程：①布置视图，画作图基准线。②绘图。绘图时可先画将轴承，然后依次画底座、支承板、凸台、肋板。具体作图过程如图 8.17 所示。

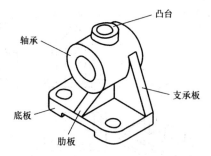

图 8.16 轴承座的形体分析

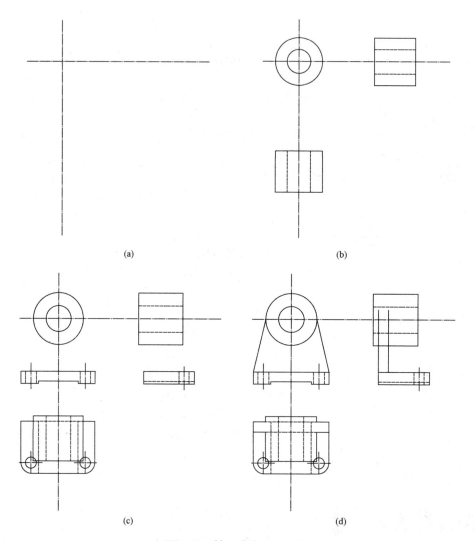

图 8.17 轴承座的画法图解

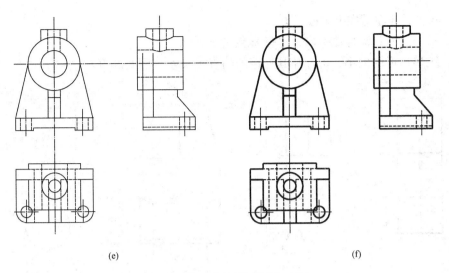

图 8.17 轴承座的画法图解（续）

8.2.4 画组合体投影图的注意事项

（1）在三面正投影图中，三个面上的投影图共同反映同一个形体，所以必然符合长对正、高平齐、宽相等关系。

（2）绘制叠加式组合体视图时，注意可见与不可见的区分，不同形体表面交线、相贯线的绘制方法等。绘制截割式组合体时，按切割的顺序画出被切去形体的三视图，对被切去的形体，应先按画反映形体特征的视图，再画其他视图。

（3）对于包含回转体及圆的视图，要绘制回转体的轴线及圆的十字中心线。

8.3 组合体的尺寸标注

视图只能表达组合体的结构形状，而组合体各部分的大小及其相对位置，要通过标注尺寸来确定。

8.3.1 基本体的尺寸标注

为了掌握组合体的尺寸标注，必须先熟悉基本体的尺寸标注方法。一些常用的基本体的尺寸标注已形成固定形式，如图 8.18 和图 8.19 所示。

基本几何体的尺寸标注满足以下要求：

（1）任何基本几何体都有长、宽、高三个方向上的大小，在视图上，通常要把反映这三个方向的大小尺寸都标注出来（图 8.18）。

（2）对于回转体，可在其非圆视图上注出直径方向尺寸"ϕ"[图 8.20（a）]。

（3）球的尺寸标注要在直径数字前加注"$S\phi$"[图 8.20（b）]。

（4）尺寸一般标注在反映轮廓特征的投影上，并尽可能集中注写在一两个投影的下方或右方，必要时才注写在上方或左方。

（5）一个尺寸只需标注一次，尽量避免重复。

（6）正多边形的大小，可标注其外接圆的直径尺寸［图 8-20（c）］。

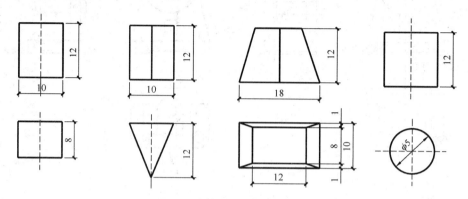

图 8.18　基本体尺寸标注（尺寸单位：mm）

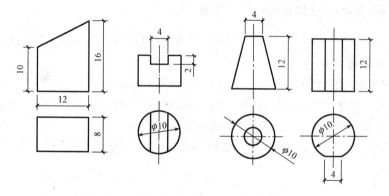

图 8.19　有切割的几何体尺寸标注（尺寸单位：mm）

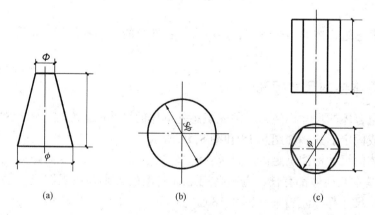

图 8.20　基本几何体的尺寸标注
（a）回转体；（b）球；（c）正多边形

8.3.2 组合体的尺寸标注

（1）尺寸种类。组合体视图上一般要标注三类尺寸：定形尺寸、定位尺寸和总体尺寸。

定形尺寸——确定组合体中各基本体大小的尺寸。

定位尺寸——确定组合体中各基本体之间相对位置的尺寸。

总体尺寸——确定组合体外形的总长、总宽、总高的尺寸。

确定尺寸位置的几何元素，如点、直线、平面，称为尺寸基准。

（2）尺寸的标注。在标注尺寸时，要先标注定形尺寸，其次是定位尺寸，最后才是总体尺寸。标注时先选择尺寸基准，也就是选择一个或几个标注尺寸的起点。若形体是对称的，可选择对称中心轴线作为长度和宽度的起点；若形体不对称，那么高度方向一般以顶面或底面为起点，宽度方向一般以前表面或后表面为起点，长度方向一般以左侧面或右侧面为起点。

【例8-2】试标注如图8.21（a）所示组合体的尺寸。

解：1）分析：根据组合体特征，尺寸标注一般先标注定形尺寸，然后标注定位尺寸，最后标注总体尺寸。

2）作图过程：

①标注定形尺寸。这类尺寸确定各基本体的大小。如图8.21（b）中50、30、7这三个尺寸确定确定底板的长、宽、高；φ20、φ12可以确定圆筒的大小，R5、φ5可以确定底板圆角和底板四个圆柱孔的大小及圆筒上圆柱孔的大小。

②标注定位尺寸。这类尺寸确定各基本体之间的相对位置。如40、20这两个尺寸确定底板上四个圆柱孔的圆心位置；22尺寸确定圆筒上圆柱孔的圆心位置。

③标注总体尺寸。这类尺寸确定组合体的总长、总宽和总高。如50、30、27这三个尺寸确定该组合体的总体尺寸。标注总体尺寸时，如遇回转体，一般不以轮廓线为界直接标注其总体尺寸，往往标注中心高或中心距。

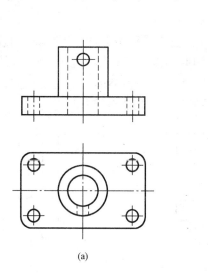
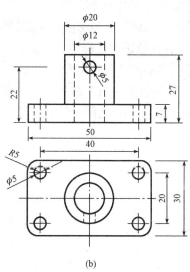

(a)　　　　　　　　　　(b)

图8.21 组合体的尺寸标注（单位：mm）

8.3.3 组合体尺寸标注中的注意事项

(1) 同一形体的尺寸应该尽量集中标注。
(2) 尺寸应该标注在反应形体特征的视图上。
(3) 相互平行的尺寸,要使小尺寸靠近图形,大尺寸依次向外排列,避免尺寸线和尺寸线或尺寸界线相交。
(4) 尺寸应该尽可能标注在轮廓线外面,应该尽量避免在虚线上标注尺寸。

8.4 组合体的识读方法

读图和画图是工程制图课程的基本要求,画图是用视图来表达物体的形状。读图是根据视图想象物体的形状。组合体识图的目的,就是根据已给出的组合体三视图和三视图所具有的特性,运用读图的基本要领和基本方法,能够正确、迅速地读懂三视图,想象出组合体地空间形状,并通过不断实践,逐步提高读图能力。读图时除了应熟练运用投影规律进行分析外,还应掌握读图的基本方法。

8.4.1 组合体三视图读图的基本知识

(1) 读图就是根据组合体的视图想象出它的空间形状。读图是画图的逆过程,因此,读图时必须以画图的投影理论为指导。需要掌握的投影理论主要有以下四点:
1) 掌握三视图的形成及其投影规律——"长对正,高平齐,宽相等"。
2) 掌握各种位置直线和平面的投影特性。
3) 熟悉常见基本几何体的投影特点。
4) 熟悉常见回转体的截交线和相贯线的投影特点。
(2) 在组合体的识图过程中,要综合运用投影理论的基本知识,做到以下几个方面:
1) 有关试图必须联系起来看。由于一个视图并不能确定立体的形状和基本体间的相对位置,因此必须将有关视图联系起来看。如图 8.22 所示,各形体的主视图相同,如果只看主视图并不能确定各形体之间的差异,必需联系俯视图才能将各形体区分开来。

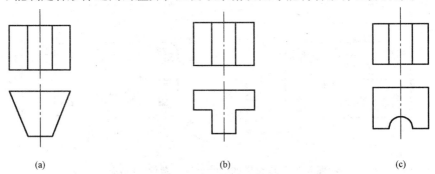

图 8.22 立面图相同的两视图
(a) 立体;(b) 立体;(c) 立体

2) 对于柱体,应以反映其底面实形的视图为主来想象其形状。柱体的形状取决于底面的形状,当底面平行于投影面时,柱体的投影特点是:相应视图反映底面实形,其余两个视图的轮廓都是矩形,如果矩形内还有直线,则这些直线应垂直于底面的投影面,并符合投影面垂直线的特性。

3) 要弄清楚形体之间的组合方式是挖砌还是叠加。对于底面平行于投影面的柱体,如果与它组合的形体的所有投影都在这个柱体的同面投影轮廓之内,则该形体是在这个柱体上挖切形成的切口或孔;如果与它组合的形体只要有一个投影在这个柱体同面投影轮廓之外,它们就是叠加体。

4) 要弄清楚图中线条和线宽(指线条围城的封闭图形)的意义。视图中的每一线条可以表示两表面交线的投影、面的积聚性投影、回转体轮廓素线的投影。

视图中的线框可以表示形体上平面的投影、曲面的投影、复合表面的投影。

8.4.2 组合体的读图方法

组合体读图的基本方法可分为形体分析法和线面分析法。形体分析法主要适用于以叠加为主的组合体;线面分析法主要适用于以切割为主的组合体。

8.4.2.1 读图方法

(1) 形体分析法(图8.23)。所谓形体分析法,就是通过对物体几个投影图的对比,先找到特征视图,然后按照视图中的每一个封闭线框都代表一个简单基本形体的投影道理,将特征视图分解成若干个封闭线框,按"三等关系"找出每一线框所对应的其他投影,并想出形状。然后,再把他们拼装起来,去掉重复的部分,最后构思出该物体的整体形状。

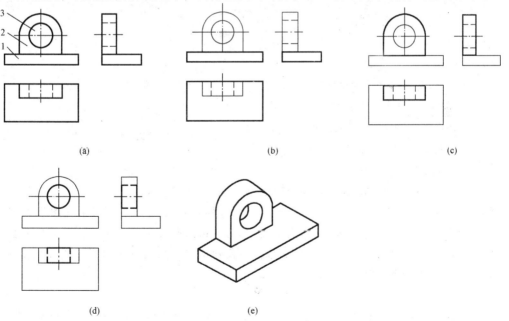

图8.23 形体分析法读图

(a) 三视图分线框;(b) 线框1在形体中的三投影;(c) 线框2在形体中的三投影;
(d) 线框3在形体中的三投影;(e) 整体形状

(2) 线面分析法（图 8.24）。运用点、线、面的投影特性，分析视图中图线和封闭线框的含义及空间位置，搞清组合体交线及表面的形状、位置，从而读懂视图的分析方法称之为线面分析法。

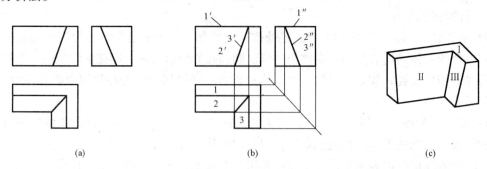

图 8.24　线面分析法读图
(a) 投影图；(b) 分线框，对投影；(c) 空间形状

形体分析法和线面分析法是有联系的，不能截然分开。对于比较复杂的图形，先从形体分析获得形体的大致整体形象之后，不清楚的地方针对每一条"线段"和每一个封闭"线框"加以分析，从而明确该部分的形状，弥补形体分析的不足。以形体分析法为主，结合线面分析法，综合想象得出组合体的全貌。

8.4.2.2　读图步骤

(1) 叠加式组合体的读图步骤。

1) 抓住特征分线框。

2) 分析线框想形状。

3) 综合起来想整体。

4) 对照验证。

(2) 截割式组合体的读图步骤。

1) 初步了解，确定物体原形。

2) 逐个分析，确定各切割面的位置和形状。

3) 综合想象其整体形状。

4) 对照验证。

【例 8-3】如图 8.25（a）所示为形体的三视图，想象其空间形状。

解：1) 抓住特征分线框。图 8.25（a）所示为轴承座的三视图，从主视图和俯视图可以看出该组合体左右对称。从三视图看，组合体主要由三部分叠加而成。从结构较明显的主视图中，根据线框找投影关系，再分析形体，想象空间形状。依据主视图，可将组合体分为三部分，如图 8.25（b）所示。

2) 分析线框想形状。

①第 I 部分为轴承座的底座，从图 8.25（c）中可以看出，俯视图中 1 所对应的不看见的线为左视图中 1″所对应的侧垂面；主视图中 2′对应的不可见的线是左视图中 2″对应的侧垂面。另外，I 部分还存在两个圆孔贯穿 2″所在的平面。

②第 II 部分为一个长方体中间挖去一个半圆柱体，如图 8.25（d）所示，左视图中不可

见的线为半圆柱体的素线。

③第Ⅲ部分为两个对称放置的三棱柱,如图8.25(e)所示,三棱柱的底面是正平面,在主视图投影中反映实形,俯视图与左视图中反映的两直角边所在平面的投影。

3) 综合起来想整体。把上述分别想象的几个基本几何体按照图8.25(a)所给定的相对位置综合为组合体,如图8.25(f)所示。

4) 对照验证。按照想象出的组合体[图8.25(f)],对照已知的三视图[图8.25(a)],结果完全相符,说明读图正确。

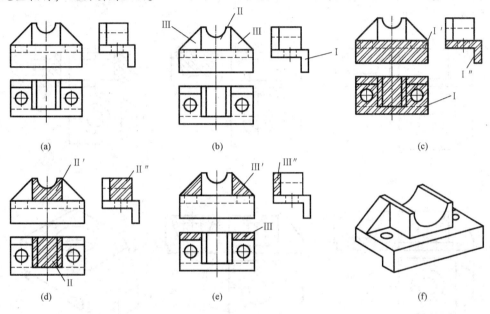

图8.25 轴承座形体投影

【例8-4】 如图8.26(a)所示为一形体三视图,想象形体的空间形状。

解: 1) 初步了解,确定形体原形。从图8.26(a)三视图投影可以看出,该形体原形为长方体,经三种方式切割6次及两次挖砌形成。经切割后得到四种特殊位置的平面,两个圆柱体。

2) 逐个分析,确定各切割面的位置和形状。

①从图8.26(b)可以看出,主视图中Ⅰ′所对应的平面为正垂面,且该平面与水平投影面和侧立投影面均成一定角度,依据"长对正,高平齐,宽相等",可以确定Ⅰ面、Ⅰ″面在俯视图及左视图中对应的位置。在俯视图中,Ⅰ面及左视图中Ⅰ″面均体现该平面的相似性,并不反映平面的实形。因此,该平面由一个与正立面垂直且与长方体倾斜相交的平面切割而形成。

②从图8.26(c)俯视图可知,Ⅱ面为铅垂面,在水平投影上积聚为一条线,该平面与正立投影面及侧立投影面均成一定角度,在主视图中Ⅱ′面及左视图中Ⅱ″面均体现该平面的相似性,并不反映平面的实形。该平面由垂直于水平投影面且与长方体的侧面倾斜相交的平面切割而成。

③从图8.26(d)可知,左视图中Ⅲ″为侧平面,该平面平行于侧立投影面,垂直于水

平投影面及正立投影面,在 H 面及 W 面的投影积聚为一条线。该平面为长方体前底面的一部分,为 I、II 面切割前底面后剩余的部分。

④图 8.26(e)所示的俯视图中不可见的线是一个铅垂面与一个正垂面的交线,铅垂面在水平投影面中积聚为一条线与俯视图中不可见的虚线重合,左视图积聚为一条线。

3)综合起来想整体。该形体实际上是将原始长方体沿着 I、II、IV 平面的方向切割得到的,之后再挖砌两个同心圆柱,最终得到组合体,其空间形状如图 8.26(f)所示。

4)对照验证。按照想象出的组合体[图 8.26(f)],对照已知的三视图[图 8.26(a)],结果完全相符,说明读图正确。

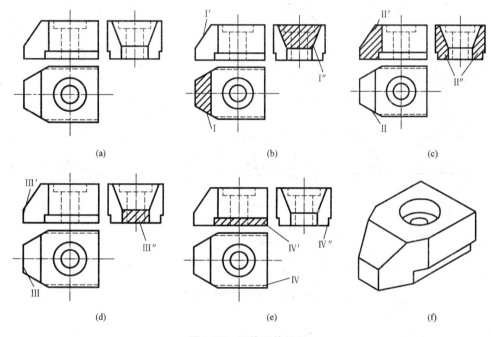

图 8.26 压块形体投影

8.4.3 根据组合体的两面投影补画第三面投影

根据已知的两面投影,补画出形体的第三面投影,是训练读图能力的一种方法,这就要求用形体分析方法和线面分析方法看懂两面投影所表示形体的空间形状,然后逐个补画各基本几何体的第三面投影,最后处理虚线、实线及各线段的起止位置。

【例 8-5】如图 8.27 所示为形体的两面投影,补画侧立投影图。

解:1)初步了解,确定形体原形。从图 8.27(a)俯视图与主视图投影可知,该形体的原形是一个长方体。

2)逐个分析,确定各切割面的位置和形状。

①认真对比主视图与俯视图可知,主视图中 p'[图 8.27(b)]所表示的是一个正垂面,该平面与水平投影面及侧立投影面均有夹角。p' 所对应的水平投影面的投影为 p 面,依据"长对正,高平齐,宽相等",可以确定该平面在侧立投影面的投影 p'',如图 8.27(b)所示。

② 同理，可以看到俯视图中 q [图 8.27（c）] 所表示的是一个铅垂面，该平面与正立投影面及侧立投影面均有夹角。q 所对应的水平投影面的投影为 q′面，同理可以确定该平面在侧立投影面的投影 q″，如图 8.27（c）所示。

③ 在得到 p″、q″投影后，主视图与俯视图分别剩余 s′、r 两个线框 [图 8.27（d）]，s′所表示的是一个正平面，r 所表示的是一个水平面；s′在水平投影面的投影积聚为一条线即 s，则 s′所表示的正平面垂直于 H 面及 W 面，同理 r 所表示的水平面垂直于 V 面及 W 面，因此 s′、r 在 W 面的投影积聚为一条线，依据"长对正，高平齐，宽相等"，可得到 s″、r″的投影，如图 8.27（d）所示。完成以上图示内容后，在侧立投影面得到一线框 k″，k″为一侧平线，其在 H 面及 V 面的投影也可以找到。

3）综合起来想整体。通过逐个分析线条及线框，可以完成侧立投影面的投影，如图 8.27（e）所示。该形体由长方体经 P、Q、R、S 面切割形成，该形体空间结构如图 8.27（f）所示。

4）对照验证。按照想象出的组合体 [图 8.27（f）]，对照题目中给出的主视图与俯视图投影，并与图 8.27（e）中侧立投影面投影对比，结果完全相符，说明作图正确。

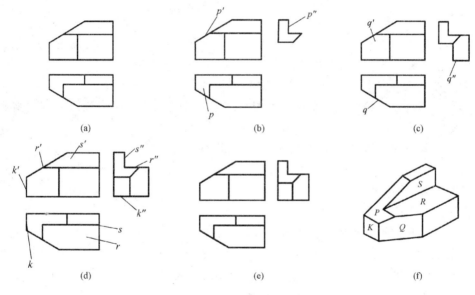

图 8.27　补画形体第三面投影

8.4.4　补绘图中遗漏的图线

（1）目的与要求。通过补线练习，学会运用投影规律校对图样的基本方法，进一步掌握叠加、切割和综合的组合形式，以及物体上相邻表面处不同相对位置时的投影特性。

（2）补漏线的方法与步骤。补漏线的方法与步骤（图 8.28），一般从反映特征的主视图入手，联系其他视图看懂物体各组成部分的形状和相对位置；并从主、俯、左三个方向分别分析：组合体各表面的相对位置是平齐、不平齐（错开）、相切还是相交。然后，补全遗漏的图线。

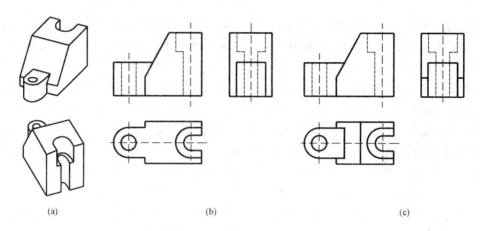

图 8.28 补全视图中遗漏的图线
（a）形体；（b）已知条件；（c）作图结果

本章小结

本章的主要内容包括：组合体的概念，组合体的组合方式，组合体三视图的绘制、组合体的尺寸标注、组合体的识读方法等内容。本章重要知识点如下：

1. 组合体的组合方式：叠加式、切割式、综合式。
2. 形体之间表面连接形式：叠合、相交、相切。连接画法：平齐无线、相错有线、相交有线、相切无线。
3. 视图：投影图，即将物体向投影面作正投影得到的图形。

正视图：正面投影图。

俯视图：水平投影图。

左视图：侧面投影图。

4. 组合体读图方法：形体分析法和线面分析法。
5. 正视图的选择：要最能反映物体的形状特征；要符合物体的工作位置；要符合物体的加工位置；要使视图中的虚线较少；要合理地使用图纸。
6. 叠加式组合体的读图步骤。

①抓住特征分线框；②分析线框想形状；③综合起来想整体；④对照验证。

7. 截割式组合体的读图步骤。

①初步了解，确定物体原形；②逐个分析，确定各切割面的位置和形状；③综合想象其整体形状；④对照验证。

9

剖面图和断面图

★ 教学内容

视图；剖面图；断面图；轴测图中形体的剖切；第三角投影画法简介。

★ 教学要求

1. 掌握工程图样的视图表示方法。
2. 掌握剖面图、断面图的形成、分类及画法。
3. 理解剖面图、断面图的区别。
4. 掌握轴测剖面图的画法；了解第三角投影画法。

9.1 视 图

9.1.1 基本投影视图

物体向基本投影面投影所得的视图，称为基本视图。国家标准中规定正六面体的六个面为基本投影面，将物体放在六面休中，然后向六个基本投影面进行投影，即得到六个基本视图。这种将物体置于第一分角内，即物体处于观察者与投影面之间进行投射，然后按图 9.1（b）展开投影面的方法称为第一角画法。我国规定采用这种方法。

基本投影面展开后，各基本视图的配置关系如图 9.2（a）所示。其中，按箭头 A 方向由前向后投影得到的视图称为正立面图；把按箭头 B 方向由上向下投影得到的视图称为平面图；把按箭头 C 方向由左向右投影得到的视图称为左侧立面图；把按箭头 D 方向由右向左投影得到的视图称为右侧立面图；把按箭头 E 方向由下向上投影得到的视图称为底面图；把按箭头 F 方向由后向前投影得到的视图称为背立面图。

实际工作中为了合理利用图纸，在同一张图纸进行上绘制六个视图时，可将视图按图 9.2（b）的顺序进行配置。

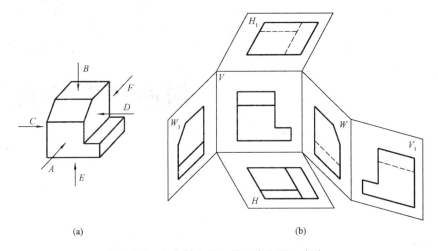

图 9.1　六个基本视图的形成和展开方法

（a）六个基本投射方向；（b）基本视图的形成和展开方法

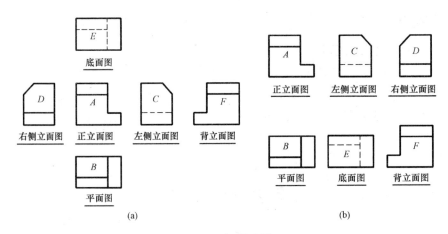

图 9.2　视图配置

9.1.2　镜像投影视图

若把一镜面放在形体的下面，代替水平投影面，在镜面中得到形体的垂直映像，这样的投影即为镜像投影。镜像投影所得的视图应在图名后注写"镜像"二字，如图 9.3 所示。

建筑装饰施工图中，常用镜像视图来表示室内顶棚的装修、灯具或古建筑中殿堂室内房顶上藻井（图案花纹）等构造。

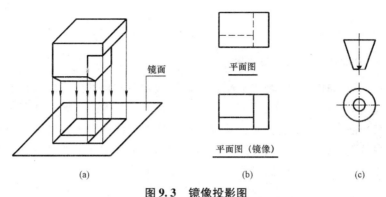

图 9.3 镜像投影图

(a) 镜像示意图；(b) 镜像投影与平面图比较；(c) 镜像识别符号

9.2 剖 面 图

9.2.1 剖面图的形成

用视图虽能清楚地表达出物体的外部形状，但内部形状却需用虚线来表示。对于内部形状比较复杂的物体，就会在图上出现较多的虚线，并且虚、实相重叠，给画图、读图和标注尺寸均带来不便，也容易产生差错，无法清楚表达形体的内部构造。为此，标准中规定用剖面图表达物体的内部形状。

如图 9.4（a）所示为形体二视图，其内部某些线条被挡住，所以在视图中只能用虚线表示。为了将组合体内的孔洞表达清楚，现假想用一个正平面通过形体孔洞的轴线将整个形体剖开，如图 9.4（b）所示。然后，将观察者和剖切平面之间的部分移去，其余部分向投影面作投影，所得到的图形称为剖面图，简称剖面，如图 9.4（c）所示。

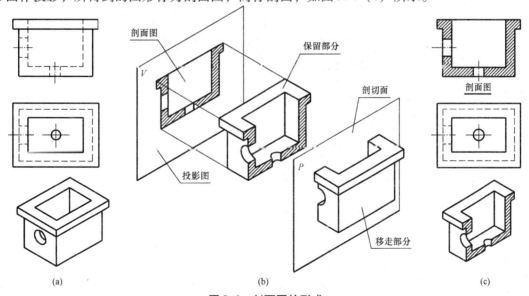

图 9.4 剖面图的形成

(a) 形体二视图；(b) 剖面图的形成；(c) 剖面图

9.2.2 剖面图的画法

9.2.2.1 确定剖切平面的位置和数量

画剖面图时，应选择适当的剖切平面位置，使剖切后画出的图形能确切、全面地反映所要表达部分的真实形状。

选择的剖切平面应平行于投影面，并且通过形体的对称面或孔的轴线。一般将剖切平面选在对称面或中分面处，剖面图的投射方向与视图的投射方向相同，如图 9.5 所示。一个形体有时需画几个剖面图，但应根据形体的复杂程度而定。

> ★ 特别提示
>
> 选择剖面位置的基本原则：平行于某一投影面；过形体的对称面；过孔洞的轴线。注意剖切过程不能产生新线。

9.2.2.2 剖面图的标注

画剖面图时要进行标注，包括画剖切符号、注写编号和注写剖面图名称三项工作。

剖切符号由剖切位置线和投射方向线两部分组成，均应以粗实线绘制。剖切位置线指示剖切平面的起始位置、终止位置和转折位置，其长度为 6~10 mm；投射方向线指示剖切后的投射方向，垂直于剖切位置线绘制，长度为 4~6 mm。剖切符号不应与图面上的其他图线相接触。

视剖切符号的编号宜采用阿拉伯数字，按顺序由左至右、由下至上连续编排，并应注写在投射方向线的端部。

剖面图的名称应用相应的编号，水平地注写在相应的剖面图下方，并在图名下画一条粗实线，如图 9.5 所示。

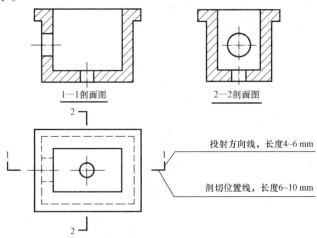

图 9.5 全剖面图

9.2.2.3 剖面图的图线

剖面图除应画出剖切面剖切到部分的图形外，还应画出沿投射方向看到的部分，被剖切面切到部分的轮廓线用粗实线绘制；剖切面没有切到，但沿投射方向可以看到的部分，用中实线绘制。

另外，为了使图形更加清晰，剖视图中应省略不必要的虚线。

9.2.2.4 剖面图的图例

为区分形体的空腔和实体，使剖面图层次分明，形体被剖切到的部分（截面）应按照形体的材料类别画出相应的材料图例，常用建筑材料图例如图9.6所示。当未指明形体的材料时，均宜采用间隔均匀、方向一致的45°细实线表示图例。

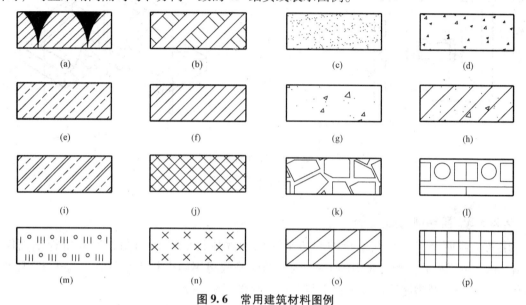

图9.6 常用建筑材料图例

（a）自然土壤；（b）夯实土壤；（c）砂、灰土；（d）砂砾石、碎砖三合土；
（e）石材；（f）砖；（g）混凝土；（h）钢筋混凝土；（i）耐火砖；（j）多孔材料；
（k）毛石；（l）木材；（m）焦渣、矿渣；（n）石膏板；（o）空心砖；（p）饰面砖

9.2.3 剖面图的种类

9.2.3.1 全剖面图

用一个剖切平面将形体全部剖开后画出的剖面图，称为全剖面图。全剖面图一般用于不对称，或者虽然对称但外形简单、内部比较复杂的形体，如图9.5所示。

9.2.3.2 半剖面图

当形体具有对称平面时，在垂直于对称平面的投影面上的投影，以对称线为分界，一半画剖面，另一半画视图，这种组合的图形称为半剖面图，如图9.7所示。

半剖面图适合于内外结构都需要表达的对称形体，半剖面图一般不再画虚线；但如有孔洞，仍需将孔洞的轴线画出。

在画半剖面图时，应注意以下几点：

（1）半剖面图与半外形投影图应以对称轴线作为分界线，即画成细单点长画线。
（2）半剖面图一般应画在水平对称轴线的下侧或垂直对称轴线的右侧。

(3) 半剖面图一般不画剖切符号。

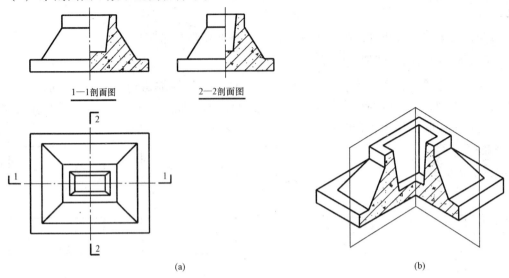

图 9.7 半剖面图
(a) 投影图；(b) 直观图

9.2.3.3 阶梯剖面图

用两个或两个以上相互平行的剖切平面剖切物体得到的剖面图，称为阶梯剖面图，如图 9.8（a）所示。图 9.8 中的 1—1 剖面图就是假想用两个相互平行且平行于 V 面的平面 P 和平面 Q 剖开物体后，在 V 面上得到的阶梯剖面图。

当物体上有较多层次的内部孔、槽，不能用一个既平行于基本投影面，又能通过孔、槽的轴线的剖切平面把各孔、槽都剖切到时，采用阶梯剖的方法就能解决上述问题。

因剖切是假想的，所以在画阶梯剖面时，不画两个剖切平面直角转折处的分界线，如图 9.8（c）所示。剖切平面的转折处也不应与图中轮廓线重合。为使转折处的剖切位置线不与其他图线发生混淆，应在转角的外侧加注与剖切符号相同的编号，如图 9.8（b）所示。

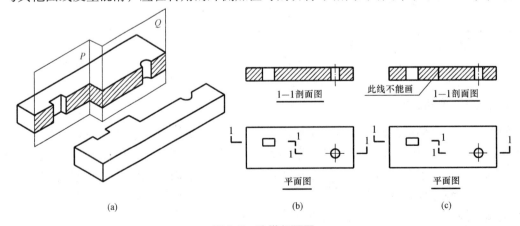

图 9.8 阶梯剖面图
(a) 直观图；(b) 正确画法；(c) 错误画法

9.2.3.4 旋转剖面图

用两个相交且交线垂直于基本投影面的剖切面对物体进行剖切，物体被剖开后，以交线为轴，将其中倾斜部分旋转到与投影面平行的位置再进行投射，所得到的剖面图称为旋转剖面图，如图9.9所示。这种剖面图的图名后面应加上"展开"二字。

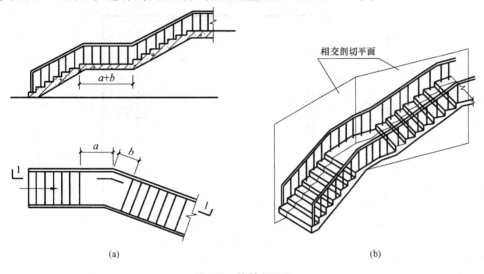

图 9.9 旋转剖面图
（a）投影图；（b）直观图

9.2.3.5 局部剖面图和分层局部剖面图

当形体只有局部的内部构造需要清晰表达时，用剖切面局部地剖开形体，所得到的剖面图，称为局部剖面图。局部剖面图不用标注剖切符号，也不另行标注剖面图的图名。局部剖面图和外形图之间用波浪线分开，波浪线不得与轮廓线重合，也不得超出图样的轮廓线。图9.10所示为杯形基础的局部剖面图。在图中，假想将杯形基础局部地剖开，用以表达钢筋的配置情况。

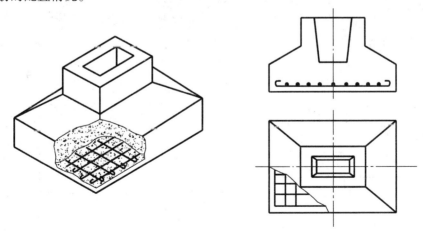

图 9.10 局部剖面图
（a）投影图；（b）直观图

对建筑物的多层构造可用几个互相平行的剖切平面分别将物体局部剖开,把几个局部剖面图重叠画在一个投影图上,称为分层局部剖面图。分层局部剖面图不用进行剖视的标注,绘制时应按照构造层次以波浪线将各层投影隔开,波浪线不与任何图线重合。这种剖面图多用于反映地面、墙面、屋面等处的构造。图9.11 所示为板条抹灰隔墙分层材料和构造做法。

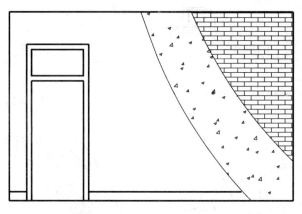

图9.11 分层局部剖面图

★特别提示

分层剖切的剖面图,应按层次以波浪线将各层隔开。波浪线不应与任何图线重合,也不能超出轮廓线之外。

9.2.4 剖面图的尺寸标注

剖面图的尺寸标注方法除要满足组合体尺寸标注的要求外,当遇到半剖面图,因图形不完整而造成尺寸组成欠缺时,在尺寸组成完整的一侧注写尺寸,尺寸数字应按整体全尺寸注写,并将相关尺寸线略超过对称中心即可。如需在剖面符号区域内注写尺寸数字时,应将剖面线断开,剖面图上内外尺寸应分开标注。如图9.12 所示,内外尺寸分别标注在图的左右两侧,这样尺寸清晰,便于看图。

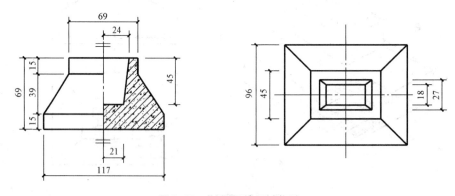

图9.12 剖面图的尺寸标注

9.3 断面图

9.3.1 断面图的形成

对于某些单一的杆件或需要表示某一部位的截面形状时,可以只画出形体与剖切平面相交的那部分图形,即假想用剖切平面将物体剖切后,仅画出断面的投影图称为断面图,简称断面。如图 9.13 所示,为带牛腿的工字形柱子的 1—1、2—2 断面图。

9.3.2 断面图和剖面图的区别

(1)断面图只画出物体被剖切后剖切平面与形体接触的那部分,即只画出截断面的图形;而剖面图则画出被剖切后剩余部分的投影,如图 9.14 所示。

(2)断面图和剖面图的符号也有不同,断面图的剖切符号只画长度 6~10 mm 的粗实线作为剖切位置线,不画剖视方向线,编号写在投影方向的一侧。

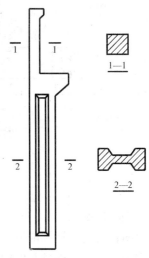

图 9.13 柱断面图

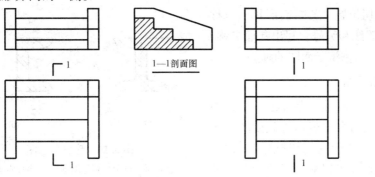

图 9.14 断面图与剖面图区别

9.3.3 断面图的绘制

断面图只画出截口的形状,其剖切符号仅用剖切位置线表示。剖切位置线绘制成两段粗实线,长度宜为 6~10 mm。剖切符号的编号宜采用阿拉伯数字,按顺序连续编排,并注写在剖切位置线的同一侧,数字所在的一侧就是投影方向,断面名称注写在相应图样的下方可省略"断面"二字,如图 9.14 所示。断面图的图线及线型和材料图例等,均与剖面图画法相同。

9.3.4 断面图的种类

9.3.4.1 移出断面图

将形体某一部分剖切后所形成的断面图移画于主投影图的一侧,称为移出断面,如图 9.15 所示。移出断面图的轮廓线用粗实线绘制,可画在剖切位置线的延长线上或其他适当位置。当一个形体有多个移出断面时,应整齐地排列在相应剖切位置线附近,以便识读。这种表达形式适用于断面变化较多的构件。

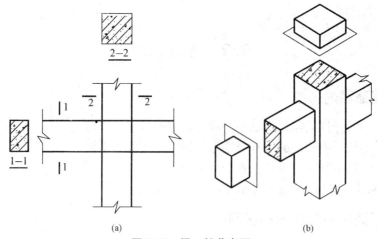

图 9.15 梁、柱节点图
(a) 梁、柱节点移出断面图；(b) 直观图

当移出断面图形是对称的，它的位置又紧靠原视图且无其他视图隔开，即断面图的对称轴线为剖切平面迹线的延长线时，也可省略剖切符号和编号。如图 9.16（a）所示，工字钢断面的画法用细点画线代替剖切位置。若断面形状不对称时，则应画出剖切位置线和编号，写出断面名称。如图 9.16（b）所示，为槽钢断面图的画法。

9.3.4.2 中断断面图

绘制在视图轮廓线中断处的断面图，称为中断断面图。这种断面图适合于表达等截面的长向构件，中断断面图不需要标注剖切符号和编号。画中断断面图时，原长度可以缩短，构件断开处画波浪线，但尺寸应标注构件总长尺寸（图9.17）。

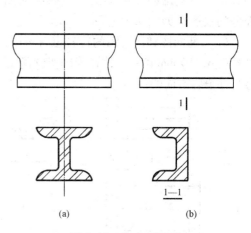

图 9.16 移出断面图
(a) 梁、柱节点移出断面图；(b) 直观图

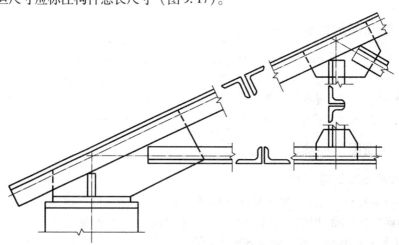

图 9.17 中断断面图

9.3.4.3 重合断面图

将断面图直接画在投影图中，二者重合在一起的称为重合断面，如图 9.18 所示。重合断面图的比例应与原投影图一致。断面轮廓线可能是闭合的（图 9.19），也可能是不闭合的（图 9.18）。此时，应于断面轮廓线的内侧加画图例符号。

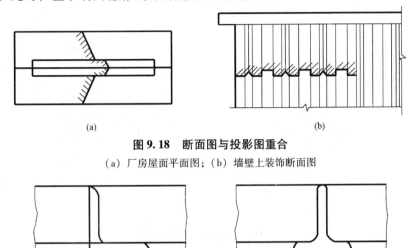

图 9.18 断面图与投影图重合
(a) 厂房屋面平面图；(b) 墙壁上装饰断面图

图 9.19 断面图是闭合的

在结构施工图中，常将梁板式结构的楼板或屋面板断面图画在结构布置图上。如图 9.20 所示为屋面板重合断面图画法。它是用侧平面剖切屋面板得到的断面图，经旋转后重合在平面图上，因屋面板断面图形较窄，不易画出材料图例，故以涂黑表示。

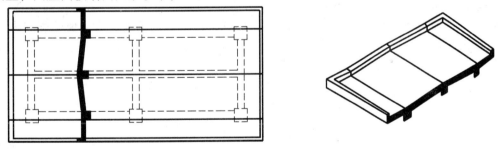

图 9.20 断面图画在结构布置图上

9.4 轴测图中形体的剖切

9.4.1 轴测剖面图的形成

为了表达物体的内部结构，通常采用两个互相垂直的平面沿坐标面方向将物体四分之一切开，这样画出的剖面图叫作轴测剖面图。

其画法与一般形体轴测图的画法相同，只是在截面轮廓范围内要加画剖面线。

轴测剖面图中的剖面线不再是45°斜线，而应按轴测投影方向来画，这样才能使图形逼真。当剖切面通过肋或薄壁的等结构的纵向对称面时，不画剖面线只画其轮廓线。常用的各种轴测投影中的剖面线画法如图9.21所示。

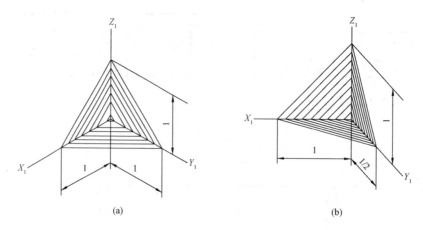

图9.21 轴测图上剖面线画法
(a) 正等测图；(b) 斜二测图

9.4.2 轴测剖面图的画法

（1）先画好物体外形的轴测图，再在要求的位置画剖切部分的图线，最后擦掉被剖去的外形轮廓线，补画剖面线。如图9.22所示，已知杯形基础的正投影图，画出其剖切1/4后的剖面轴测图，如图9.23所示。

（2）先在轴测图中画出剖切平面上的截面形状，再由近而远地完成主要轮廓和内部的形状，如图9.24所示。

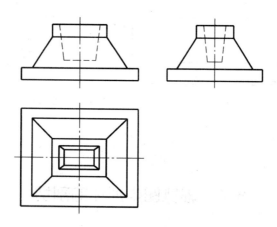

图9.22 杯形基础投影图

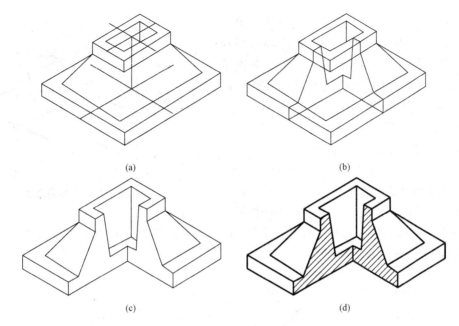

图 9.23 杯形基础轴测剖面图画法（一）

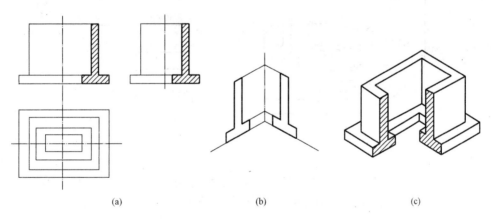

图 9.24 杯形基础轴测剖面图画法（二）
（a）三面投影图；（b）先在轴测图中画出剖切平面的形状；
（c）由近而远画出轮廓线和内部形状

9.5 第三角投影画法简介

三个相互垂直的投影面 H、V、W 将空间划分为八个分角，如图 9.25 所示。

将物体放置在第一分角内进行正投影，称为第一角投影，我国规定采用这种投影方法，如图 9.26 所示。

而世界上有些国家是采用的第三角投影，即将物体放在第三分角内进行正投影，如图 9.27 所示。

这两种投影的顺序不一样。第一角投影的顺序为：观察者—物体—投影面；而第三角投影的顺序为：观察者—投影面—物体，第三角投影假定投影面是透明的，人就像隔着玻璃看东西一样。第三角投影展开平面时，V 面不动，H 面向上翻转，W 面向前翻转，展开后的视图如图 9-27（b）所示。

前面介绍过，第一角画法的基本视图有六个，即正立面图、平面图、左侧立面图、右侧立面图、底面图和背立面图。六个基本视图的形成及展开方法如图 9.28（a）所示，六个基本视图的配置如图 9.28（b）所示。第三角画法的基本视图也有六个，六个基本视图的形成及投影面的展开方法如图 9.29（a）所示，六个基本视图的配置如图 9.29（b）所示。

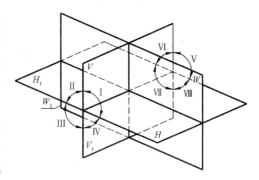

图 9.25　八个分角的形成

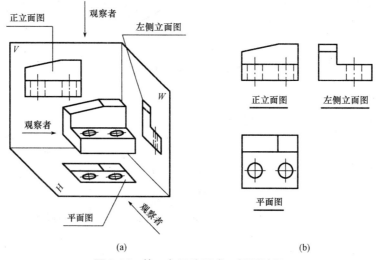

图 9.26　第一角画法形成三视图过程
（a）正投影；（b）三视图

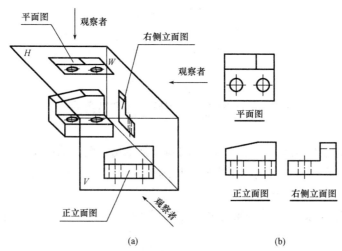

图 9.27　第三角画法形成三视图过程
（a）正投影；（b）三视图

9 剖面图和断面图

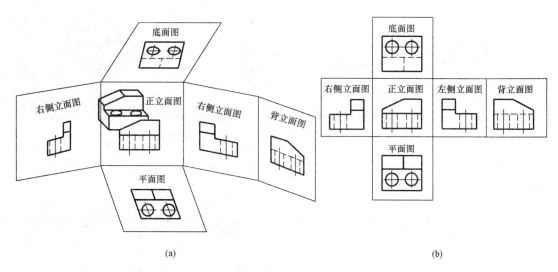

图 9.28 第一角投影法中六个基本视图的展开及配置

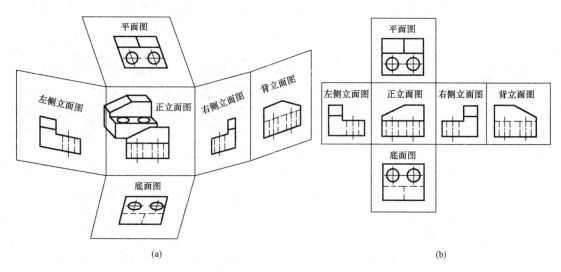

图 9.29 第三角投影法中六个基本视图的展开及配置

由于第三角画法的视图也是按正投影法绘制的，因此六个基本视图之间长、宽、高三方向的对应关系仍符合正投影规律，这与第一角画法相同。在第三角画法中，投影面 W 上的视图为右侧立面图，背立面图是随着右侧立面图展开的，配置在右侧立面的右方。而在第一角画法中，在投影面 W 面上的视图为左侧立面图，背立面图是随着左侧立面图展开的，配置在左侧立面的右方。

为了识别第三角画法与第一角画法，规定了相应的识别符号，如图 9.30 所示。该符号一般标在所画图纸标题栏的上方或左方。若采用第三角画法时，必须在图样中画出第三角画法识别符号；若采用第一角画法，必要时也应画出其识别符号。

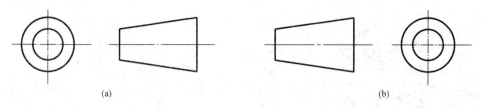

图 9.30 第三角画法和第一角画法识别符号
(a) 第三角画法识别符号；(b) 第一角画法识别符号

本章小结

本章主要介绍了视图；剖面图；断面图；轴测图中形体的剖切；第三角投影画法简介。本章重要知识点总结如下：

1. 基本投影视图。

物体向基本投影面投影所得的视图，称为基本视图。国家标准中规定正六面体的六个面为基本投影面，将物体放在六面体中，然后向六个基本投影面进行投影，即得到六个基本视图。

2. 剖面图形成、分类及画法。

假想用一个正平面通过形体孔洞的轴线将整个形体剖开，然后将观察者和剖切平面之间的部分移去，其余部分向投影面作投影，所得到的图形称为剖面图，简称剖面。

由于形体的形状不同，对形体作剖面图时所剖切的位置和作图方法也不同，通常所采用的剖面图有全剖面图、半剖面图、阶梯剖面图、局部剖面图（分层局部剖面图）和旋转剖面图五种。

3. 断面图形成、分类及画法。

假想用剖切平面将物体剖切后，仅画出断面的投影图称为断面图，简称断面。

断面图可分为移出断面图、中断断面图和重合断面图。

4. 剖面图与断面图的区别。

（1）断面图只画出物体被剖切后剖切平面与形体接触的那部分，即只画出截断面的图形，而剖面图则画出被剖切后剩余部分的投影。

（2）断面图和剖面图的符号也有不同，断面图的剖切符号只画长度 6~10 mm 的粗实线作为剖切位置线，不画剖视方向线，编号写在投影方向的一侧。

5. 轴测剖面图画法。

为了表达物体的内部结构，通常采用两个互相垂直的平面沿坐标面方向将物体四分之一切开，这样画出的剖面图叫作轴测剖面图。

其画法与一般形体轴测图的画法相同，只是在截面轮廓范围内要加画剖面线。

10 标高投影

★教学内容

标高投影概述；点和直线的标高投影；平面的标高投影；曲面的标高投影；标高投影在土木工程中的应用。

★教学要求

1. 掌握标高投影基本概念、原理与计算方法。
2. 能根据标高投影的形成原理从标高投影中识别其反映的地面特征。
3. 通用标高投影中点、线、面的表示方法，绘制点、线、面的标高投影。
4. 能读懂曲面和地形面标高投影图。
5. 会应用标高投影基本知识解决土木工程中的标高投影问题。

10.1 概 述

在前面章节中，介绍了用三面投影来表达点、线、面、立体，但对于一些复杂的曲面，如道路路线、地形面等起伏不平的地面很难用三面投影来表达清楚。为此，常用一组平行、等距的水平面与地面截交，所得的每条截交线均为水平曲线，其上每一点距某一水平基准面 H 的高度相等，这些水平曲线称为等高线。一组标有高度数字的地形等高线的水平投影，能清楚地表达地面起伏变化的形状。

如图 10.1 所示，为表达地形面，若仅仅画出水平投影则缺少高度表达。如果在水平投影上加注有高程数字相结合表示空间形体，就可以清楚表达空间形体。这种在物体的水平投影上加注某些特征面、线及控制点的高程数值和绘图比例来表示空间形体的方法，称为标高投影法。

标高投影是以水平投影面 H 为投影面，称为基准面。标高就是空间点到基准面 H 的距离。一般规定：H 面的标高为零，H 面上方的点标高为正值；下方的点标高为负值，标高的单位常用米（m）。在实际工作中，地形图通常以我国青岛附近的黄海平均海平面作为基准面，所得的高程称为绝对高程，否则称为相对高程。标高投影包括水平投影、高程数值、绘图比例三要素，如图 10.1 所示。

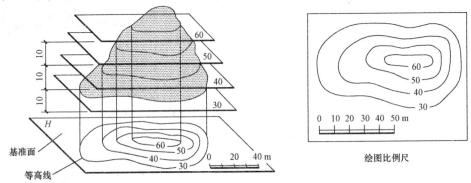

图 10.1　标高投影表示地形线

★ 特别提示

标高投影图是一种单面正投影图，即水平投影，它必须标明比例或画出比例尺；否则，就无法从单面正投影图中来准确地确定物体的空间形状、具体尺寸和位置。其长度单位，如果图中没有注明，则单位以 m 计。除地形面外，也常用标高投影法来表示其他一些复杂曲面。

10.2　点和直线的标高投影

点和直线的标高投影包括点的标高投影和直线的标高投影两部分。

10.2.1　点的标高投影

将点向 H 面作正投影，然后在其右边标出该点到 H 面的实际距离（即标高数字），即得到该点的标高投影，如图 10.2 所示。图 10.2（a）表示 A、B、C 三点与水平面的空间位置，图 10.2（b）即为三点的标高投影。从图中可以看出，点 A 在 H 上方 4 m，点 B 在 H 面下方 3 m，点 C 在 H 面上，在 A、B、C 三点的水平投影 a、b、c 的右下角标明其高度数值 4、-3、0，就可得到 A、B、C 三点的标高投影图。其中，高度数值 4、-3、0 称为高程或标高，其单位以 m 计，在图上一般不需注明。

★ 特别提示

为了表示几何元素间的距离或线段的长度，标高投影图中都要附以比例尺。在图 10.1 中，如果用所附的比例尺度量，即可知道 A、B、C 任意两点间的实际水平距离。

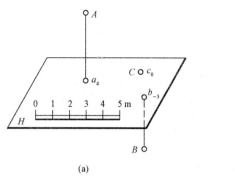
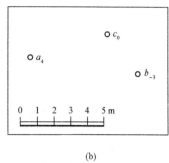

图 10.2　点的标高投影

（a）立体图；（b）标高投影图

10.2.2　直线的标高投影

10.2.2.1　直线的标高投影表示法

（1）根据两点确定一条直线的原理，利用直线上两点的高程和直线的水平投影可以表示直线的标高投影，如图 10.3 所示。图 10.3（a）中倾斜直线 AB、铅垂线 CD、水平线 EF 的标高投影，分别可表示成图 10.3（b）中的 a_7b_4、c_9d_3 和 e_7f_7。

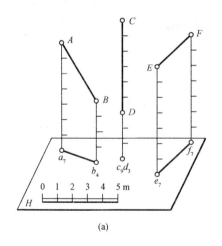
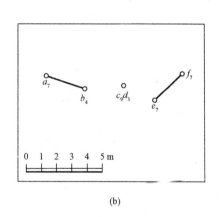

图 10.3　直线的标高投影

（a）立体图；（b）标高投影图

（2）当已知直线上一点和直线的方向时，也可以用直线上一点的标高投影加注直线的坡度和方向来表示，并规定实心全箭头表示下坡方向，i 为该直线的坡度。如图 10.4 所示，已知直线上一点 C 和直线的方向 $i=1:2$，可以用点 C 的标高投影 c_5 和直线的坡度 $i=1:2$ 来表示直线，其中箭头指向下坡。

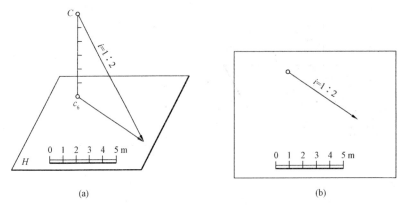

图 10.4 用坡度加方向法表示直线
（a）立体图；（b）标高投影图

10.2.2.2 直线的坡度和平距

直线的坡度，是指直线上两点的高差与两点间水平距离之比，如图 10.5 所示，用符号 i 表示，即

$$坡度(i) = \frac{高差(H)}{水平距离(L)} = \tan\alpha$$

由上式可知，当两点之间水平距离为 1 个单位时，两点之间的高差即为坡度。

直线的平距，是指两点之间的水平距离与它们的高差之比，如图 10.5 所示，用符号 l 表示，即

$$平距(l) = \frac{水平距离(L)}{高差(H)} = \frac{1}{\tan\alpha} = \cot\alpha = \frac{1}{i}$$

由上式可知，当两点的高差为 1 个单位时，两点之间的水平距离即为平距。

如图 10.6 所示，直线 CD 的高 $H=6$ m，用比例尺量得其水平距离 $L=5$ m，则该直线的坡度 $i = \frac{H}{L} = \frac{6}{5} = \frac{1}{1.2}$，一般写为 $1:1.2$；直线的平距 $l = \frac{L}{H} = \frac{5}{6}$，直线的坡度和平距互为倒数。

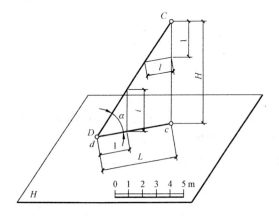

图 10.5 直线的坡度和平距

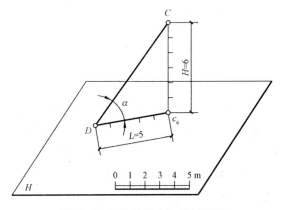

图 10.6 直线的坡度和平距举例

★ 特别提示

当两点之间的高差为 1 时，两点之间的水平距离即为平距，平距和坡度互为倒数，即 $i = \dfrac{1}{l}$。坡度越大，平距越小；反之，坡度越小，平距越大。例如，$i = 1$ 的坡度大于 $i = 0.5$ 的坡度；但 $i = 1$ 的平距小于 $i = 0.5$ 的平距。

【例 10-1】求图 10.7 所示直线 AB 的坡度与平距，并求出直线上点 C 的高程。

解：1）分析：坡度的计算可根据公式 $i = \dfrac{H_{AB}}{L_{AB}}$，其中 L_{AB} 为高差 10，L_{AB} 用比例尺在图中量取。利用坡度与平距的关系即可求得平距，或者利用平距公式 $l = \dfrac{L_{AB}}{H_{AB}}$ 求解。点 C 的高程的求解利用点 C 在直线 AB 上，坡度不变，用比例尺量得 L_{AC}，代入坡度公式即可求得点 C 的高程。

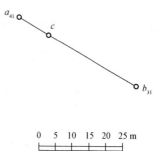

图 10.7 求直线上点 C 的高程

2）解题过程：$H_{ab} = 41 - 31 = 10.0$（m）；$L_{AB} = 40$ m（用比例尺量得），则：$i = \dfrac{H_{AB}}{L_{AB}} = \dfrac{10}{40} = \dfrac{1}{4}$；$l = \dfrac{1}{i} = 4$。

又量得 $L_{AC} = 10$ m，因为直线上任意两点之间的坡度相同，即：$i = \dfrac{H_{AC}}{L_{AC}} = \dfrac{H_{AB}}{L_{AB}} = \dfrac{1}{4}$；可得 $H_{AC} = L_{AC} \times i = 10 \times \dfrac{1}{4} = 2.5$（m）。

故 C 点的高程为 $41 - 2.5 = 38.5$（m）。

10.2.2.3 直线的实长和整数标高点

在标高投影中求直线的实长，可以采用正投影中的直角三角形法，如图 10.8 所示。图 10.8（b）以直线的标高投影为直角三角形的一边，以直线两端点的高差为另一直角边作直角三角形，其斜边 AB 即为实长，α 为直线对基准面的倾角。

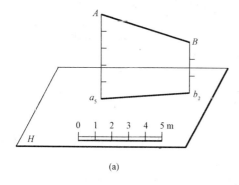

(a)

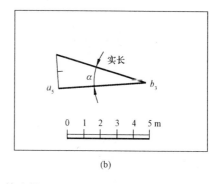

(b)

图 10.8 求线段 AB 的实长
(a) 立体图；(b) 标高投影图

实际工作中，直线两端点常常是非整数标高点，而很多时候需要知道直线上各整数标高点的位置。解决这类问题，可采用计算法和图解法两种方法，即利用定比分割原理作图。

（1）计算法。如图 10.9（a）所示，根据已给的作图比例尺在图中量得 $L_{AB}=8\text{ m}$，可计算出坡度 $i=\dfrac{H_{AB}}{L_{AB}}=\dfrac{9.2-5.3}{8}=0.487\,5$，由此可计算出平距 $l=\dfrac{1}{i}=2.051\,3\text{ m}$，点 $a_{5.3}$ 到第一个整数标高点 c_6 的水平距离应为 $L_{AC}=\dfrac{H_{AC}}{i}=\dfrac{6-5.3}{0.487\,5}=1.436$（m），用图 10.9（a）绘图比例尺在直线 $a_{5.3}b_{9.2}$ 上自点 $a_{5.3}$ 量取 $L_{AC}=1.436\text{ m}$，便得点 c_6。以后的各整数标高点 c_6、d_7、e_8、f_9 间的平距均为 $l=2.051\,3\text{ m}$，作图结果如图 10.9（b）所示。

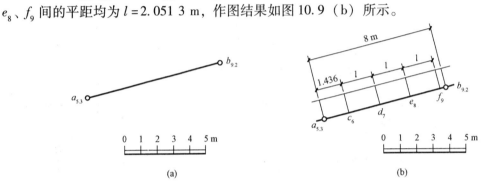

图 10.9 用计算法求整数标高

（a）立体图；（b）标高投影图

（2）图解法。如图 10.10 所示，欲求直线上各整数标高点，可按下列步骤利用定比分割原理作图：

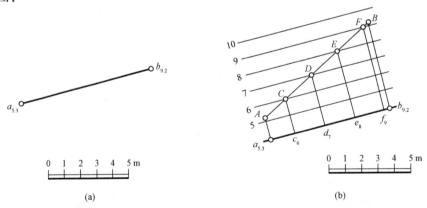

图 10.10 用图解法求整数标高

（a）立体图；（b）标高投影图

1）假想在过直线 $a_{5.3}b_{9.2}$ 的铅垂面上，平行于 $a_{5.3}b_{9.2}$ 作互相平行且间距相等的六条等高线，令其标高为 10、9、8、7、6、5。

2）由直线标高投影的两端点 $a_{5.3}$、$b_{9.2}$ 作平行线组的两垂线，在两垂线上按标高 5.3 和 9.2 确定 A、B 两点的位置。

3）连接 A、B 点，直线 AB 与平行线组的交点为 C、D、E、F。

4）从各交点向标高投影 $a_{5.3}b_{9.2}$ 直线上作垂线，得到的垂足即为直线上的各整数标高点 c_6、d_7、e_8、f_9，作图结果如图 10.10（b）所示。

> ★ **特别提示**
>
> 求解整数点标高投影的方法有计算法和图解法。其中，图解法采用了定比分割原理，利用这种方法求解可以得到准确的结果，而数解法在计算坡度和平距有时会四舍五入取近似值，降低了作图结果的准确性。但从理论上讲，其计算原理与方法是可行的。在工程应用中，为了提高作图结果的准确性，通常采用图解法。

10.3 平面的标高投影

平面的标高投影包括平面标高投影相关概念、平面的表示法、两平面的相对位置、求坡面交线、坡脚线或开挖线四部分。

10.3.1 平面标高投影相关概念

10.3.1.1 平面立体的标高投影

在标高投影中，平面立体是用其顶点、棱线和平面立体上的等高线来表示。如图 10.11 所示，以三棱锥为例来介绍平面的标高投影概念。如图 10.11 所示，三棱锥的底面在 H 面上，锥顶 S 的高程为 3，用高程分别为 1、2 的水平面去截三棱锥，在三棱锥的平面图上得到两个三角形截交线，即为三棱锥的等高线。在平面图中注出各等高线的高程值，就得到三棱锥的标高投影图。

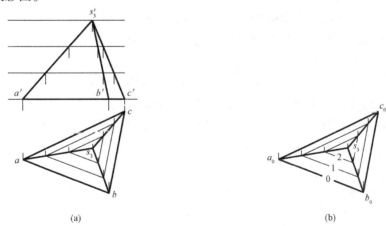

图 10.11 平面立体的标高投影
（a）平面立体标高投影图的形成；（b）平面立体标高投影图

10.3.1.2 平面上的等高线

在标高投影中，某一高度的水平面与所表达表面（可以是平面、曲面或地形面）的截交线，称为等高线。如图 10.12 所示，平面上的各等高线互相平行，并且各等高线之间的高差与水平距离成同一比例。在实际工程应用中，常取整数标高作为等高线，它们的高差一般取整数，如 1 m、5 m 等，并且把平面与基准面的交线，作为高程为零的等高线。图 10.12 (b) 是图 10.12 (a) 平面 P 上等高线的标高投影。

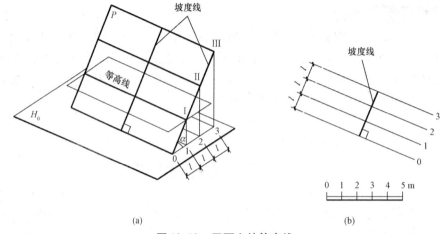

图 10.12　平面上的等高线
(a) 立体图；(b) 投影图

★ 特别提示

平面上等高线有以下特征：
(1) 平面上的等高线是直线。
(2) 等高线彼此平行。
(3) 等高线的高差相等时，水平间距也相等。

10.3.1.3　平面的坡度和平距

从图 10.12 的标高投影图中可以看出，平面上的等高线是一组互相平行的直线。当相邻等高线的高差相等时，其水平间距也相等。图 10.12 (b) 中相邻等高线的高差为 1 m，它们的水平间距就是平距。

如图 10.12 (a) 所示，平面上的坡度线就是该平面上对水平面的最大斜度线，它的坡度代表了该平面的坡度。平面的最大坡度线和等高线垂直，根据直线投影定理，它们的水平投影应互相垂直，如图 10.12 (b) 所示。最大坡度线的平距也为平面的平距，它反映了平面上高差为一个单位时，相邻等高线间的水平距离。

★ 特别提示

坡度线有以下特征：
(1) 平面上的坡度线与等高线互相垂直，其水平投影也互相垂直。
(2) 坡度线对水平面的倾角，等于该平面对水平面的倾角。因此，坡度线的坡度就代表该平面的坡度。

10.3.1.4　平面的坡度比例尺

将最大坡度线的标高投影，按整数标高点进行刻度和标注，并画成一粗一细的双线，称为平面的坡度比例尺，如图 10.13 所示，P 平面的坡度比例尺用字母 P_i 表示。

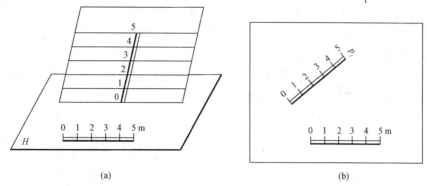

图 10.13 坡度比例尺
（a）立体图；（b）投影图

10.3.2 平面的表示法

在正投影中所介绍的用几何元素和迹线表示平面的方法在标高投影中仍然适用。在标高投影中，平面通常可采用 4 种表示方法，分别是：等高线表示法、坡度比例尺表示法、平面上的一条等高线和平面的坡度表示平面、平面上一条非等高线加平面坡度与倾向的表示法。

10.3.2.1 用确定平面的几何元素表示（五种表示方法）

如图 10.14 所示，为确定平面几何元素的五种表示方法。根据平面的几何元素可知，不在同一直线上的三点可确定一个平面，用上述五种方法都可以得到不在同一直线上的三点，从而确定一个平面。以平面上三个带有标高数字的点表示平面［图 10.14（a）］为例，给

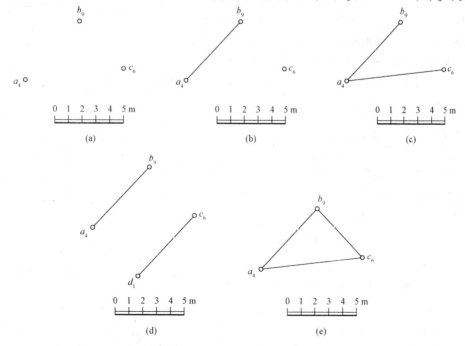

图 10.14 用确定平面的几何元素表示

出了平面上三个带有标高数字的点。假如用直线连接各点,则为三角形平面的标高投影。根据例 10-2 的解题过程可知,已知平面上三个带有标高数字的点,可以求得平面的坡度比例尺、平距、坡度等。再由三点确定一个平面的原理知,用平面上三个带有标高数字的点可以准确确定一个平面。

【例 10-2】 如图 10.15 所示,已知 A、B、C 三点的标高投影,求平面 ABC 的坡度比例尺、倾角 α 和平面上整数点标高的等高线。

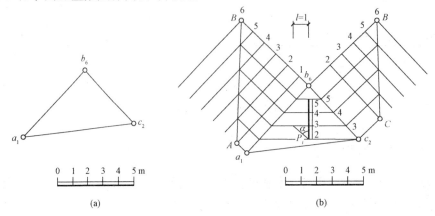

图 10.15 求平面 ABC 的坡度比例尺和倾角 α
(a) 已知条件;(b) 作图结果

解:1) 分析:坡度线垂直于等高线,带有刻度的坡度线的水平投影即为坡度比例尺。坡度线的倾角为平面倾角。

2) 作图过程:

①连接 a_1、b_6、c_2,任取两边,求出各边的整数标高点。
②分别连接相同整数标高点,得等高线。
③作等高线的垂线,得平面的坡度比例尺 P_i。
④作坡度线对水平面的倾角,得平面的倾角 α,如图 10.15 所示。

10.3.2.2 等高线表示法

等高线在前面已经介绍过,在实际应用中,一般采用高差相等、标高为整数的一系列等高线来表示平面,并把基准面 H 上的等高线,作为标高为零的等高线。如图 10.16 所示,用高差为 1、标高从 0 到 4 的一组等高线表示平面。从图中可知,平面的倾斜方向和平面的坡度都是确定的。当高差相同时,等高线间距也相等。

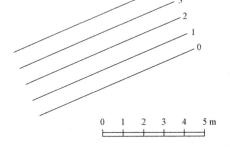

图 10.16 用一组等高线表示平面

10.3.2.3 坡度比例尺表示法

用带有标高数字(刻度)的一条直线表示平面,该条带刻度的直线也称为坡度比例尺,它既确定了平面的倾斜方向,也确定了平面的坡度。这种表示法实质上就是最大坡度线表示法,如图 10.13 所示。已知平面的等高线组,可以利用等高线与坡度比例尺的相互垂直的关系，作出平面上的坡度比例尺。如果坡度比例尺已知，则平面对基准面的倾角可以利用直角三角形法求得。如图 10.13（b）所示，是根据 P 平面的等高线作出的坡度比例尺。要注意在用坡度比例尺表示平面时，标高投影的比例尺或比例一定要给出。

10.3.2.4 用平面上的一条等高线和平面的坡度表示平面

如图 10.17 所示，用一条等高线和坡度表示一个平面可以采用两种表达方式，即用平面上一条等高线和一组间距相等、长短相间的示坡线表示平面，如图 10.17（b）所示；用平面上一条等高线和平面的坡度表示平面，如图 10.17（c）所示。已知面上的一条等高线，就可定出坡度线的方向。由于平面的坡度已知，该平面的方向和位置就确定了。图 10.17（d）是作平面上的等高线的方法，可利用坡度求得等高线的平距为 3，然后作已知等高线的垂线，在垂线上按图中所给比例尺截取平距，再过各分点作已知等高线的平行线，即可作出平面上一系列等高线的标高投影。

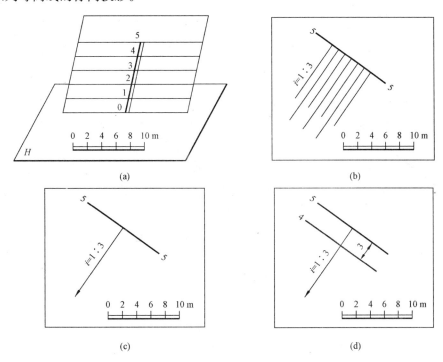

图 10.17 用一条等高线和坡度表示平面
（a）立体图；（b）表示方法；（c）表示方法；（d）作等高线

10.3.2.5 用平面上一条非等高线加平面坡度与倾向的表示法

如图 10.18 所示，为一标高为 9 m 的水平场地及一坡度为 1∶4 的斜坡引道，斜坡引道两侧的倾斜平面 ABC 和 DEF 的坡度均为 1∶2，这种倾斜平面可由平面内一条倾斜直线的标高投影加上该平面的坡度来表示，如图 10.18（b）所示。图中，a_6b_9 旁边的箭头只是表明该平面向直线的某一侧倾斜，并非代表平面的坡度线方向，坡度线的准确方向需作出平面上的等高线后才能确定，所以用细虚线表示。

如图 10.19 所示，表示了上述平面上等高线的作法。

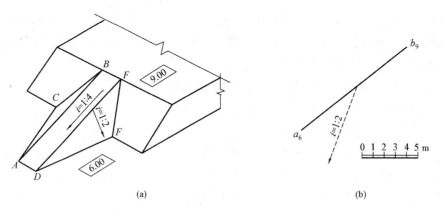

图 10.18　用非等高线和坡度倾向的方法表示平面
（a）立体图；（b）标高投影

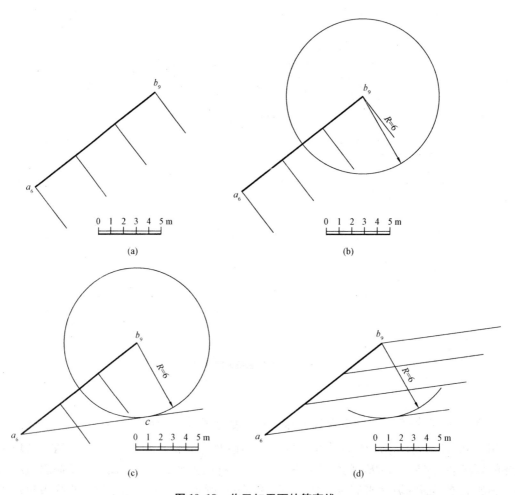

图 10.19　作已知平面的等高线
（a）将 $a_6 b_9$ 三等分；
（b）以 b_9 为圆心，以 $R=6$ 个单位长度为半径作圆
（其中，$R=6$ 是根据比例量取的 6 个单位长度，由坡度 $i=1:2$ 知，当高差为 3 时，平距为 6）；
（c）过点 a_6 作圆的切线 $a_6 c$；（d）过 $a_6 b_9$ 的三等分点作 $a_6 c$ 的平行线

10.3.2.6 用水平面标高标注的表示法

在标高投影图中,水平面的标高,可以用等腰直角三角形标注,如图 10.20(a)所示,其中涂黑的倒三角形一般表示绝对标高,不涂黑的倒三角形一般表示相对标高;也可以用标高数字外画细实线矩形框标注,如图 10.20(b)所示。

图 10.20 水平面标高的标注形式

10.3.3 两平面的相对位置

10.3.3.1 平行

如果两平面平行,那么它们的坡度比例尺、等高线相互平行,平距相等,且标高数字的增减方向也一致,如图 10.21(a)所示。

10.3.3.2 相交

在标高投影中,两平面的交线就是两平面上两对相同标高的等高线相交后所得交点的连线。两平面相交产生一条交线,可利用辅助平面法求两平面的交线。通常采用水平面作为辅助面,如图 10.21(b)所示,水平辅助面与 P、Q 两平面的交线是高度为 3、4、5 中任意两条等高线,两条等高线的交点就是两平面的共有点,连接 a_3、b_4、c_5 任意两点,就得到了两平面的交线。

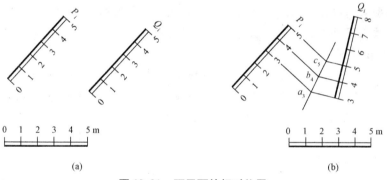

图 10.21 两平面的相对位置
(a)平行;(b)相交

【例 10-3】如图 10.22 所示,已知两平面,求它们的交线。

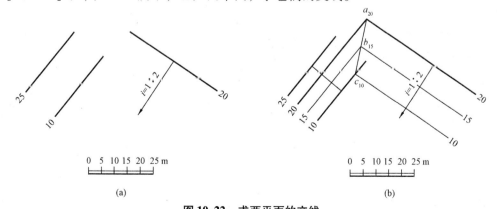

图 10.22 求两平面的交线
(a)已知条件;(b)作图结果

解：1）分析：求两平面的交线，只要求得两平面相同高程的等高线，根据两点确定一条直线的原理，只要求得两平面上两条相同高程的等高线，连接两直线，即为两平面的交线。

2）作图过程：在两平面内作出相同高程的等高线20 m和15 m（或其他相同高程），分别得到a_{20}、b_{15}两个交点，连接两点，则$a_{20}b_{15}$即为两平面交线的标高投影，作图结果如图10.22（b）所示。

10.3.4 坡面交线、坡脚线或开挖线

在工程中，把构筑物相邻两坡面的交线称为坡面交线；坡面与地面的交线称为坡脚线（填方边坡）或开挖线（挖方边坡）。

★特别提示

在工程中，倾斜坡面可以用长短相间的细实线图例来表示。这种细实线图例即为示坡线，它与等高线垂直，用来表示坡面，短线画在高的一侧。

【例10-4】已知主堤和支堤相交，顶面标高分别为7 m和5 m，地面标高为±1.00，各坡面坡度如图10.23（a）所示，试作相交两堤的标高投影图。

解：1）分析：可用坡度图解作出各坡面与地面的交线。为此，先作各坡面的坡度线，在坡度线上求整数高程的等高线，其为零的等高线就是各坡面的坡脚线，连接相同高程的等高线交点即为坡面间交点。

2）作图过程[图10.23（c）]：

①求坡脚线。以主堤为例，先求堤顶边缘到坡脚线的水平距离$L = H/i = (7-1) : (1/1.5) = 9$（m），再沿两侧坡面坡度线方向按比例量取，过零点作顶面边缘的平行线，即得主堤两侧坡面的坡脚线。用同样方法作出支堤的坡脚线。

②求支堤顶面与主堤坡面的交线。支堤顶面标高为5 m，与主堤坡面交线就是主堤坡面上标高为5 m的等高线中的b_5c_5一段。

③求主堤坡面与支堤坡面的交线。它们的坡脚线交于点a_1、d_1，a_1、b_5，c_5、d_1，即得坡面交线a_1b_5和c_5d_1；将结果检查加深，画出各坡面的示坡线。

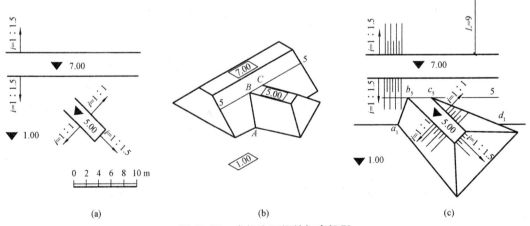

图10.23 求相交两堤的标高投影
(a) 已知条件；(b) 立体图；(c) 作图结果

【例 10-5】 如图 10.24 所示，一斜坡引道直通水平场地，设地面高程为 4 m，水平场地顶面高程为 7 m，试画出其坡脚线和坡面交线。

解：1）分析：可用坡度图解作出各坡面与地面的交线。为此，先作各坡面的坡度线，在坡度线上求整数高程的等高线，其为零的等高线就是各坡面的坡脚线，连接相同高程的等高线交点即为坡面间交点。

2）作图过程[图 10.24（b）]：

① 求坡脚线。水平场地边缘与坡脚线水平距离 $L_1 = 1.5 \times 3$ m $= 4.5$ m。斜坡引道坡脚线求法与图 10.24（b）相同，分别以 a_7 和 c_7 为圆心，以 $L_2 = 2 \times 3$ m $= 6$ m 为半径画弧，再自 b_4 和 d_4 分别作此两弧的切线，即为引道两侧的坡脚线。

② 求坡面交线。水平场地与斜坡引道的坡脚线分别交于 e_4 和 f_4，连 a_7e_4 和 c_7f_4，就是所求的坡面交线；将结果加深，画出各坡面的示坡线。

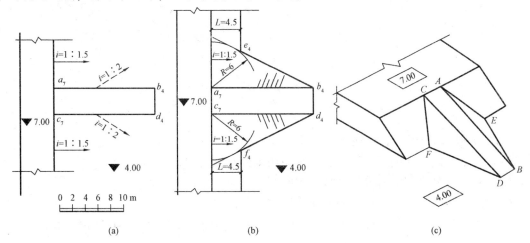

图 10.24　求引道与水平场地的标高投影
（a）已知条件；（b）作图结果；（c）立体图

10.4　曲面的标高投影

曲面的标高投影包括圆锥面的标高投影、同坡曲面的标高投影、地形面的标高投影、地形断面图四部分。

实际工程中，曲面也是常见的。在标高投影中，是用一系列高差相等的水平面与曲面相截来表示曲面的。常见的曲面有圆锥面、同坡曲面和地形面等。

10.4.1　圆锥面的标高投影

用一组与锥轴垂直且间距相等的水平面截正圆锥面，其截交线为一组同心圆，这些同心圆即为正圆锥面上的等高线。正圆锥面的等高线都是同心圆。当高差相等时，等高线之间的水平间距相等，如图 10.25（a）所示。锥面坡度越陡，等高线越密；锥面越度越缓，等高线越疏。当锥面正立时，越靠近圆心，等高线的标高数字越大；当锥面倒立时，则相反，如图 10.25（b）所示。非正圆锥面的标高投影如图 10.25（c）所示。

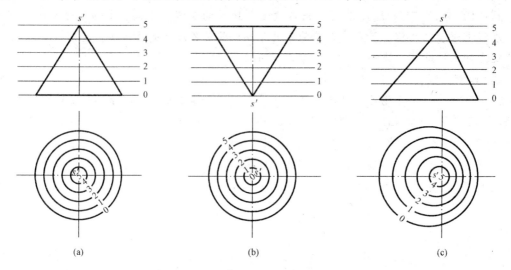

图 10.25 圆锥的标高投影
（a）正圆锥；（b）倒正圆锥；（c）斜圆锥

绘制圆锥标高投影时，应注意以下几点：
（1）圆锥一定要注明锥顶高程，否则无法区分圆锥与圆台；
（2）在有标高数字的地方等高线必须断开；
（3）标高字头应朝向高处以区分正圆锥与倒圆锥；

在土石方工程中，常在两平坡面的转角处采用圆锥面过渡，以保证在转弯处坡面的坡度不变，如图 10.26 所示。

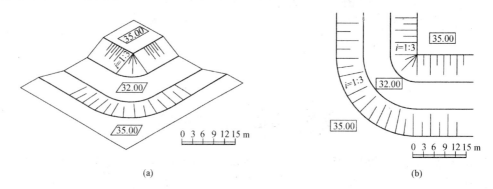

图 10.26 河渠的转弯边坡
（a）立体图；（b）标高投影图

【例 10-6】 在一河岸与堤坝的连接处用锥体护坡，河底标高为 210.00 m，图 10.27（a）所示为已知条件，求它们的标高投影图。

解：1）分析：作出各平面与曲面的等高线，再求出它们现地面同标高等高线的交点，连接交点即可得坡面交线。

2) 作图过程：

①作坡脚线。土坝、河岸、锥面护坡各坡面的水平距离分别为 $L_1 = L_2 =$ (220 − 210) × 1.5 m = 15 m；$L_3 =$ (220 − 210) × 2 m = 20 m。根据各坡面的水平距离，即可作出坡脚线。应注意，圆弧面的坡脚线是圆锥台顶圆的同心圆，其半径为锥台顶圆半径（R_1）与其水平距离（L_3）之和，即 $R = R_1 + L_3$，如图 10.27（b）所示。

②作坡面交线。各坡面高程值相同等高线的交点即坡面交线上的点，依次光滑连接各点，即得交线，如图 10.27（c）所示。

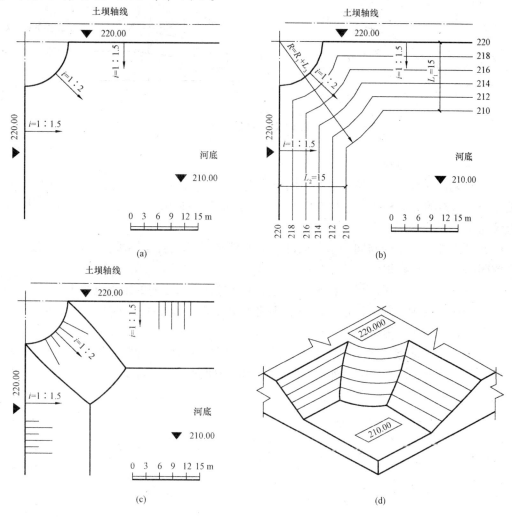

图 10.27 求河岸、堤坝、护坡标高示意图

(a) 已知条件；(b) 作图过程；(c) 作图结果；(d) 立体图

10.4.2 同坡曲面的标高投影

当正圆锥的轴线始终垂直于水平面，锥顶角不变，锥顶沿着一空间曲导线运动所产生的包络面，称为同坡曲面，如图 10.28 所示。同坡曲面与圆锥面的切线是这两个曲面上的共有坡度线，在土建工程中同区弯曲盘旋道路、弯曲的土堤斜道等的两侧的坡面，往往为同坡曲

面。图 10.28（a）所示为道路上的一段路面倾斜的弯道。如图 10.28（b）所示，曲坡曲面上的等高线与圆锥面上的同高程等高线一定相切，切点在同坡曲面与圆锥面的切线上。作同坡曲面上的等高线，就是作圆锥面等高线的包络线。

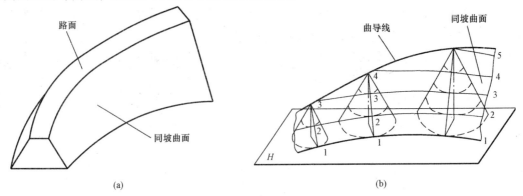

图 10.28 同坡曲面

同坡曲面有如下的特征：

（1）运动的正圆锥在任何位置都与同坡曲面相切，切线即为曲面在该处的最大坡度线，且坡度与正圆锥的坡度相同，即其坡角等于圆锥表面直素线与底面的夹角。所以，同坡曲面是直纹面。

（2）两个相切的曲面与同一水平面的交线必然相切，也就是同坡曲面的等高线与运动正圆锥同标高的等高线相切。

（3）同坡曲面上的等高线互相平行，高差相等时，它们之间的距离也相等。

（4）当曲导线为直线时，这时同坡曲面将变为平面，该平面上的等高线变为直线，该平面与运动的正圆锥面相切。

（5）用一水平面截交运动的圆锥面，其截交线为一系列圆，圆心的轨迹即为空间曲导线在此平面上的投影，这些圆的外包络曲线即为同坡曲面上的等高线。

同坡曲面上等高线的作图方法：

作图关键：作出同一高程上一系列轨迹圆，然后作出包络线。

假设同坡曲面的坡度为 1 m，在空间曲导线上取一点 P_i，高程为 Z_i，则在高程为 H 上的等高线圆的半径为：$R = m \times (Z_i - H)$。

为简化作图，如图 10.29 所示在空间曲导线上取高差为 1 的一系列点，如 a_0、p_1、p_2、…、p_n、b，则过 A 点的等高线，可分别以 p_1、p_2、…、p_n、b 为圆心，以 1 m、2 m、3 m、…、nm 为半径画圆，再作它们的外包络线。

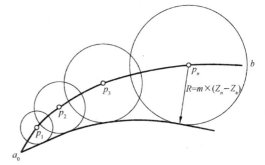

图 10.29 外包线简化图

【例 10-7】图 10.30（a）所示为一弯曲、倾斜的支路与干道相连，干道顶面标高为 16.00 m，地面标高为 12.00 m，弯曲引道由地面逐渐升高与干道相连，画出坡脚线与坡面交线。

解：1) 分析：如图 10.30 所示，弯道由地面逐渐升高与主线相连接，弯道两边的边坡就是同坡曲面，作出同坡曲面与主线坡面的交线，连接两坡面上同高程等高线的交点，即可得到两坡面的交线。

2) 作图过程：

① 计算出边坡平距，$l_1 = 1/(1:1.5) = 1.5$ 单位；$l_2 = 1/(1:1) = 1$ 单位。

② 在坡顶线上（同坡曲线的导线）定出曲导线上整数标高点 a_{16}、e_{15}、f_{14}、g_{13}、c_{12}，其中 a_{16}、c_{12} 已给出。

③ 分别以整数标高点 a_{16}、e_{15}、f_{14}、g_{13} 为圆心，以 $R = 1、2、3、4$ 为半径画同心圆，得出各个正圆锥的等高线。

④ 作正圆锥上相同标高等高线的公切曲线（包络线），即得边坡的等高线。

⑤ 用前面介绍的平面标高投影中的方法作出支路与干道边坡的交线，如图 10.30 (b) 所示。

⑥ 将图线加深，并画上示坡线，完成作图，如图 10.30 (c) 所示。

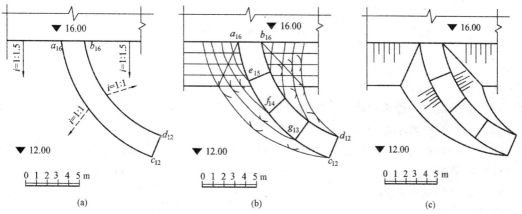

图 10.30 求支路与干道的标高投影
(a) 已知条件；(b) 作图过程；(c) 作图结果

10.4.3 地形面的标高投影

因为建筑物是在地面上修建的，在设计和施工中，常需要了解表示地面起伏状况的地形图，以便在图纸上解决有关的工程问题。由于地面的形状比较复杂，用多面正投影法表示，不易表达清楚，因此在实践中常采用标高投影法来表示地形面。

10.4.3.1 地形平面图

在多面正投影中，当物体的水平投影确定以后，其正面投影的主要作用是反映物体各特征点、线、面的高度。若能在物体的水平投影中标明它的特征点、线、面的高度，就可以充分确定物体的空间形状和位置。所注高度称为高程（标高）（高程以 m 为单位，不需注明。同时，在标高投影图上必须注明绘图的比例或比例尺）。

地形面是一个不规则曲面，在标高投影中仍然是用一系列等高线表示。假想用一组高差相等的水平面切割地形面，截交线即是一组不同高程的等高线，如图 10.31 所示，画出等高线的水平投影，并标注其高程值，即为地形面的标高投影，通常也叫作地形平面图。通过阅读地形平面图可以较全面了解该区域地形起伏变化的情况。从图 10.31 中可以看出，该图为一山丘的标高投影图。

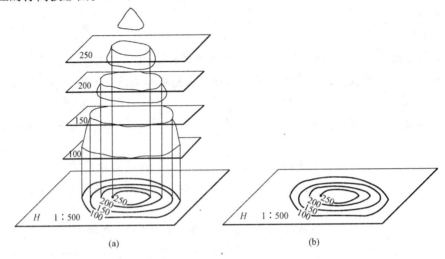

图 10.31 地形图表示法
(a) 立体图；(b) 投影图

地形图有下列特性：

(1) 其等高线一般是封闭的不规则的曲线。

(2) 等高线一般不相交（除悬崖、峭壁外）。

(3) 同一地形内，等高线的疏密反映地势的陡缓——等高线越密地势越陡，等高线越稀疏地势越平缓。

(4) 等高线的标高数字，字头都是朝向地势高的方向。

(5) 地形图的等高线能反映地形面的地势地貌情况。

如图 10.32 所示，在一张完整的地形等高线图中，为了方便看图，一般每隔二条、三条或四条等高线，要加粗一条等高线，这样的中粗等高线称为计曲线。其余不加粗的等高线称为首曲线。

以下为在地形图上典型地貌的特征（图 10.33）：

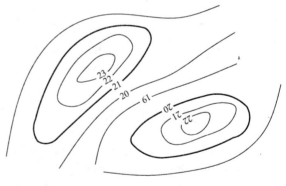

图 10.32 地形等高线

(1) 山丘：等高线闭合圈由小到大高程依次递减，等高线也随之渐稀。

(2) 盆地：等高线闭合圈由小到大高程依次递增，等高线也随之渐稀。

(3) 山脊：等高线凸出方向指向低高程。

(4) 山谷：等高线凸出方向指向高处。

(5) 鞍部：相邻两峰之间，形状像马鞍的区域称为鞍部，在鞍部两侧的等高线形状接近对称。

10 标高投影

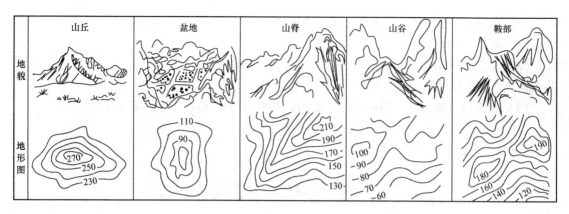

图 10.33 典型地貌在地图上的特征

10.4.3.2 地形断面图

用铅垂面剖切地形面，在剖切平面与地形面的截交线上画上相应的材料图例，称为地形断面图。其作图方法如图 10.34 所示。

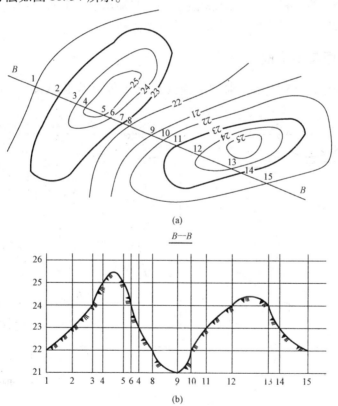

图 10.34 地形断面图的画法
(a) 已知条件；(b) 作图结果

（1）过 $B-B$ 作铅垂面，它与地形面上各等高线的交点为 1、2、3、…，如图 10.34（a）所示。

· 243 ·

(2) 以 $B-B$ 剖切线的水平距离为横坐标，以高程为纵坐标，按等高距及比例尺画一组平行线，如图 10.34（b）所示。

(3) 将图 10.34（a）中的 1、2、3、…各点转移到图 10.34（b）中最下面一条直线上，并由各点作纵坐标的平行线，使其与相应的高程线相交得到一系列交点。

(4) 光滑连接各交点，即得地形断面图，并根据地质情况画上相应的材料图例。

10.5 标高投影在土木工程中的应用

标高投影在土木工程中的应用包括平面与地形面的交线、曲面与地形面的交线两部分。在土建工程中，经常要应用标高投影来求解工程构筑物坡面的交线以及坡面与地面的交线，即坡脚线和开挖线。由于构筑物的表面可能是平面或曲面，地形面也可能是水平地面或是不规则地面，因此，它们的交线形状也不一样，但是求解交线的基本方法仍然是采用水平辅助平面来求两个面的共有点。如果交线是直线，只需求出两个共有点并连成直线；如果交线是曲线，则应求出一系列共有点，然后依次光滑连接。

10.5.1 平面与地形面的交线

【例 10-8】如图 10.35 所示，求坡平面（给定了等高线和坡度及倾向）与地形面的交线。

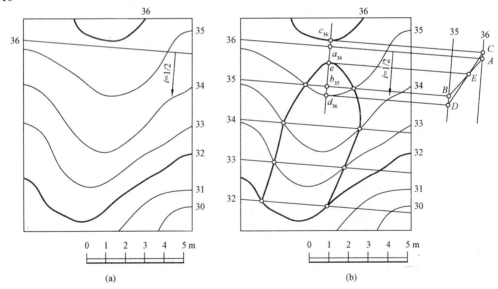

图 10.35 求平面与地面的交线
(a) 已知条件；(b) 作图结果

解：1) 分析：求平面与地形面的交线，就是求平面与地形面同高程等高线的交点，顺次用光滑曲线连接这些点，便得到了平面与地形面的交线。

2）作图过程：

①根据已知的坡面的倾斜方向和图中所附的比例尺，作标高36的等高线的平行线组（平距为2，则平行线组间距为2个单位），可得到坡面上的等高线。

②用断面法求出交线的最高点，求解结果如图10.35（b）e点。

③光滑连接坡面上和地形面上标高相同的等高线的交点，这些交点是所求交线上的点（k_1、k_2可用延长等高线求得）。

【例10-9】已知管线的两端高程分别为21.5 m和23 m，作管线 AB 与原地面的交点，如图10.36（a）所示。

解：1）分析：作出包含直线的铅垂剖切面与地形面的截交线，再求直线与截交线的交点，就是直线与地形面的交点。

2）作图过程：

①等高线的间隔为5个单位，则在坐标系里作间距为5个单位的平行线组，如图10.36（b）所示。

②将图10.36（a）中直线 $a_{21.5}b_{23.5}$ 与地形面上各等高线的交点按它对应的高程和水平距离点到平行线组中，连接各点得到地面截交线。

③将管线两端点的标高投影 $a_{21.5}$、$b_{23.5}$ 按其对应的水平距离点到平行线组中，连接 AB，则直线 AB 与截交线的交点 K_1、K_2、K_3、K_4，即是 AB 直线与地面的交点。

④对照交点的高程，在图10.36（b）中找出四点的位置，并将地面以下的部分画成虚线，则作图完成。

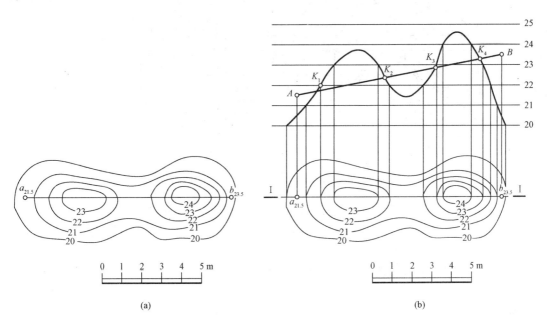

图10.36 求管线与地面的交点
（a）已知条件；（b）作图结果

【例10-10】如图10.37（a）所示，在河道上修一土坝，坝顶面标高为72 m，土坝上游坡面坡度为1:2.5，下游坡面坡度为1:2，试求坝顶，上下游边坡与地面的交线。

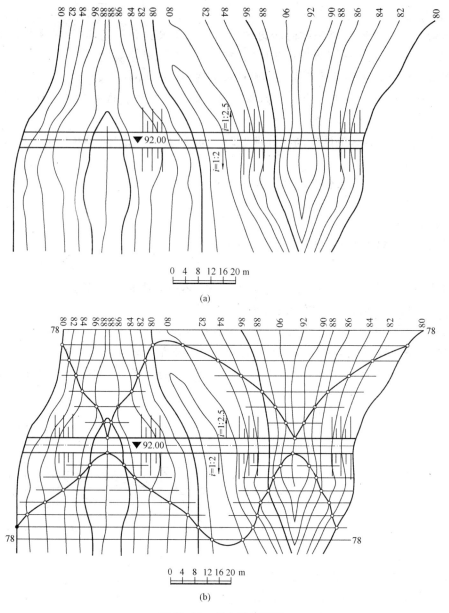

图 10.37 求土坝平面图

(a) 已知条件；(b) 投影作图

解： 1) 分析：坝顶高程为 92 m，高出地面，属于填方。地坝顶面为水平面，坝两侧坡面均为一般平面，它们在上下游与地面都有交线，由于地面是不规则曲面，所以交线是不规则曲线。

2) 作图过程：

① 土坝顶面高程为 92 m 的水平面，它与地面的交线是地面上高程为 92 m 的等高线。延长坝顶边线与高程为 92 m 的地形面等高线相交，从而得的坝顶两端与地面的交线。

② 求上游坡面同地形面的交线。作出上游坡面的等高线。等高线的平距为其坡面坡度的倒数，即 $i=1:2.5$，$l=2.5$，则在土坝上游坡面上作一系列等高线，坡面与地形面上同高程等高

线的交点就是坡脚线上的点。依次用光滑曲线连接共有点,就得到上游坡面的坡脚线。

③下游坡面的坡脚线求法与上游坡面相同,只是下游坡面坡度为 1∶2,所以坡面上的相邻等高线的平距 $l=2$ m。

④标注示坡线,完成作图,如图 10.37(b)所示。

【例 10-11】在地面上修筑一公路,填方坡度为 1∶1;挖方坡度为 1∶1.5,如图 10.38 所示,用地形剖面法求作开挖线与坡脚线(比例为 1∶500)。

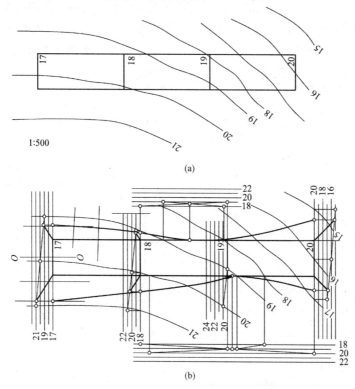

图 10.38　求作开挖线与坡脚线
(a)已知条件;(b)作图结果

解:1)分析:比较路基顶面和地形面的标高,可以看出左边道路比地面低是挖方,右边比地面高是填方,上侧路基的填挖分界点约在路基边缘高程 18 m 与 19 m 处,下侧路基的填挖分界点近似在地形线 19 m 与路基标高线 19 m 交点处,准确位置通过作图确定。

2)作图过程:

①利用断面法求得上侧路基的填挖分界点,从图中近似直接取得下侧路基的填挖分界点。

②在各路基标高处作剖切,下面以路基标高 17 m 横断面为例,在路基标高 17 m 左侧用与地形图相同的比例作路基标高 17 m 处的地形断面图。

③按道路断面画出路基及边坡线。路基标高 17 m 地面比路基顶面高,所以边坡应按挖方断面图出,边坡坡度为 1∶1,坡顶交于两点。断面图按道路前进方向画,如图 10.38(b)所示。

④在路基标高 17 m 断面图上量取水平投影长度画至路基标高 17 m 剖切线中心两侧,定出交点。

⑤同理标出其他路基横断面与地形面的各交点。

10.5.2 曲面与地形面的交线

求曲面与地形面的交线，即求曲面与地形面上一系列高程相同的等高线的交点，然后把所得的交点依次相连，即为曲面与地形面的交线。

断面法：求解一般曲面与地形面的交线问题，一般采用求曲面与地形面同高程等高线交点的方法来解决。但当有一段道路坡面上的等高线与地形面上等高线近似平行，用等高线不易求出同高程等高线的交点时，应改用断面法，即沿着某一中线，每隔一定距离作垂直于中线的铅垂面为辅助剖平面去剖切平面上的地形与构造物横断轮廓线，即为工程中的横断面图。

【例 10-12】 如图 10.39（a）所示，要在山坡上修筑一带圆弧的水平广场，其高程为 32 m，填方坡度为 1:1.5，挖方坡度为 1:1，求填挖边坡与地形面的交线（即填挖边界）。

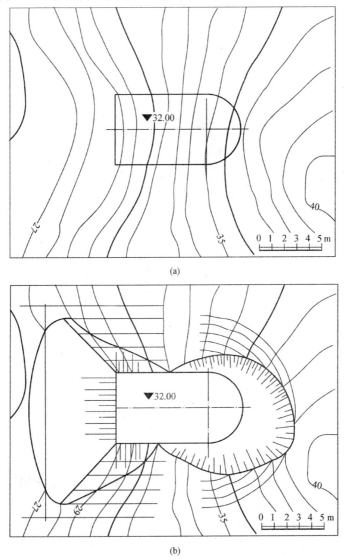

(a)

(b)

图 10.39 求水平广场的标高投影

(a) 已知条件；(b) 投影作图

解：1）分析：等高线32为此广场的填挖分界线；用对应等高线的水平面剖切坡面，得到与等高线的交点，然后把交点相连，即得到交线。

2）作图过程：

①填挖分界线的确定。水平广场高程为32，则地面标高为32的等高线为填挖分界线，32等高线与广场边缘的交点即为填挖分界点。

②坡面形状的确定。高程比32高的地形，是挖土部分，即广场两侧的坡面是平面，坡面下降方向是朝着广场内部的，广场圆弧边缘的坡面是倒圆锥面；高程比32低的地方是填土部分，其坡平面下降的方向，朝着广场外部。

③作等高线确定截交线。挖方部分坡度为1∶1，得平距为1，则可在挖土部分两侧平面边坡作间隔为单位1的等高线，同理，填方边坡也求作出等高线（平距为1.5），在广场半圆边缘作间隔为单位1的圆弧，即为倒圆锥面上的等高线，连接等高线的交点，即为填挖边界线，作图结果如图10.39（b）所示。

【**例10-13**】如图10.40（a）所示，在所给定的地形面上修筑一条弯曲的道路，道路的路面标高为20 m，道路两侧的边坡，填方为1∶1.5，挖方为1∶1，求填、挖边界线。

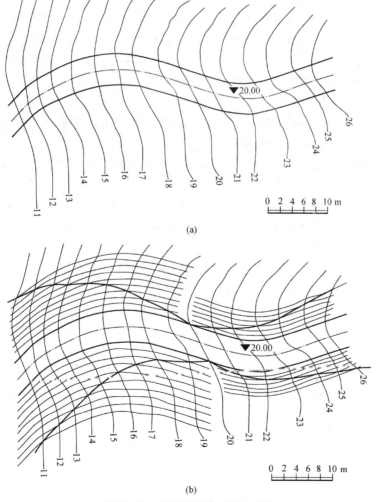

图10.40 求弯道的填、挖边界线

（a）弯道的已知条件；（b）作图结果

解：1）分析：弯曲道路的两侧坡面为同坡曲面，求填、挖边界线就是求该同坡曲面与地形面的交线。填、挖分界线是在地形面上与路面上高程相同的等高线20。分界线右边部分为挖方；左边部分为填方。

2）作图过程：

①由题可知各坡面为同坡曲面，同坡曲面上的等高线为曲线。路缘曲线，就是同坡曲面上高程为20 m的等高线。

②根据填、挖方的坡度算出同坡面的平距（左边平距为1.5，右边平距为1），作出等高线，如图10.40（b）所示。因为路面是标高为20的水平面，所以边坡等高线与路缘曲线平行。

③连接坡面上各等高线与相同高程的地形等高线的交点，即得填挖边界线。

【例10-14】 如图10.41所示，地形上修筑道路，已知路面位置及道路的标准断面，试求道路边坡与地面交线的标高投影，比例为1∶500。

解：1）分析：

①求道路边坡面与地形面的交线，一般采用求坡面与地形面同高程等高线交点的方法来解决。但本例中，有一段道路坡面上的等高线与地形面上等高线近似平行，用等高线不易求出同高程等高线的交点，因此改用断面法，即沿着道路中线，每隔一定距离作垂直于中线的铅垂面为辅助剖平面去剖切平面上的地形与道路横断轮廓线，即为道路工程中的横断面图。

②从图10.41（a）中可以看出，地形面高程约为84 m的一端要开挖，另一端则要填筑。道路路基两侧的填挖分界点，应根据作图确定。

2）作图过程：

①沿路线里程按中心桩号作横断剖切，如图10.41（b）所示。下面以桩号K4＋025（表示4 km加025 m的桩位）的横断面为例。

②用与地形图相同的比例作K4＋025桩位的形断面图，用细单点长画线标出道路中心位置（$O-O$）。

③按道路断面画出路基及边坡线。桩号K4＋025的桩位地面比路基顶面低，所以边坡应按填方断面画出，边坡坡度为1∶1.5，坡脚相交于$1'$、$2'$。断面图按道路前进方向画，如图10.41（b）中的$D-D$。

④在桩号K4＋025断面图上，量取水平投影距离$O1'$、$O2'$，分别于线路平面桩号K4＋025的剖切线上的中心，向右量$O1'$，向左量$O2'$，距离长度定出点1、2。

⑤同理标出其他桩号路基横断面与地形面的各交点。

⑥确定路基两侧填挖分界点。运用内插法在路面上作出83.6 m、83.7 m、83.8 m、83.9 m、诸等高线，同时，也作出地形面上的83.2 m、83.4 m、83.6 m、83.8 m诸等高线，依次连接相同高程的两加密等高线的交点。

由图可看到，路面等高线84 m和地面等高线84 m相交于点f，路面和地面加密等高线83.8 m相交于点e。延长直线ef和左右侧路缘分别交于a、b两点。如图中画出的虚线曲线，这也是扩大斜坡路面与地形面的交点，即点a、b为所求分界点。

⑦用曲线依次连接所求同侧各点，即得道路与地形面的填、挖分界线。

⑧画出示坡线，完成作图［图10.41（b）］。

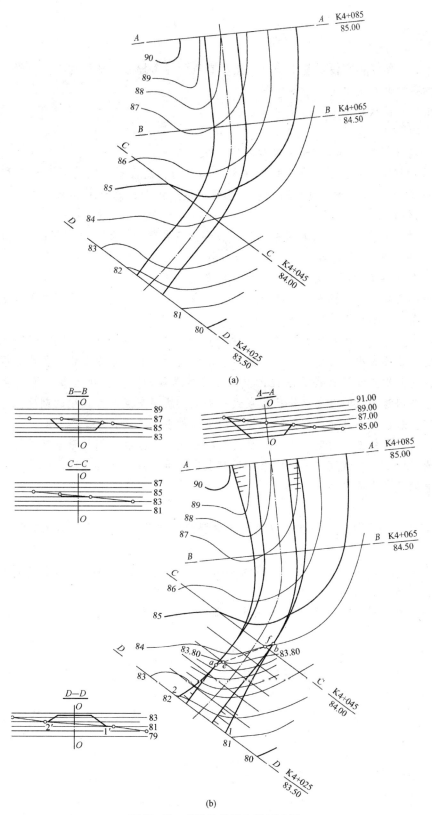

图 10.41　求道路边坡与地面交线

（a）弯道的已知条件；（b）作图结果

本章小结

本章主要介绍了标高投影基本概念、点和直线的标高投影、平面的标高投影、曲面的标高投影、标高投影在土木工程中的应用。

本章重要知识点总结如下：

一、点和直线

1. 点的标高投影 = 小写字母 + 高程数字。
2. 直线的标高投影：① = 水平投影 + 两个端点的标高投影（当为铅垂线时积聚一点注意连着标）；② = 直线任意一点标高投影 + 直线坡度 + 方向；③ = 由其水平投影 + 标高数字（直线为等高线）。
3. 直线端点标高不为整数时可在其标高投影上定各整数标高点（直线的刻度）。
4. 直线的坡度 i = 高差 H/水平距离 L = $\tan\alpha$。
5. 直线的平距 $l = 1/i$（坡度大平距小，坡度小平距大）。

题型一：已知直线的标高投影及比例尺，求作直线的真长，对水平面的倾角 α，直线上任意一点的高程、刻度、坡度、平距。

解法：①量出直线的水平距离并求出两端点的高差，进而计算得出直线实长，倾角 α，坡度，平距；②作直线的任意平行线，然后以比例尺的 1 m 为距作一组平行线，顺次标注其高程数字，过两端点作平行线的垂线，找与对应等高线的交点，连接着两个交点成一条新线，由新线与组等高线的各交点作已知直线的垂线，所得交点即为直线的刻度。

题型二：若已知条件变成直线标高投影的第二种表示方法。

解法：①过已知点作坡度方向线水平投影的垂线。②按照比例尺量取高差得一点，利用坡度求出水平距离并在坡度方向线的水平投影上量取得一点，连接这两点即为直线真长。其他所求结合题型一中的方法。

二、平面

1. 坡度线 = 平面对水平基准面 H 的最大倾斜线（坡度线垂直于平面上的等高线及其水平投影）。
2. 坡度比例尺 = 有刻度的坡度线的水平投影（一粗一细的双线 + 有 i 的下标）。
3. 平面的标高投影的表示方法：

(1) 确定平面的几何元素：①不在同一直线上的三点；②直线及线外一点；③相交两直线；④平行两直线。

(2) 平面上的一组等高线（两条或两条以上）。

(3) 平面上的一条等高线及一条坡度线或一条坡度线及端点的高程。

(4) 坡度比例尺。

(5) 平面上的一条与水平面倾斜的直线、坡度、在直线一侧的大致下降方向（注意与坡度线的区别，一般这个是虚线）。

题型一：求作以已知高程的三点定平面的等高线。

解法：①连接这三点成一三角形；②过任意一点作一条边的刻度（过该点任作一直线将其等分为边的高程差段，将最后一段与另一点相连，顺次平行线）；③将剩下一点与对应刻度相连即为一条与该点高程相等的等高线，过其他刻度作平行线即为所求。

题型二：已知一平面（倾斜直线、坡度、下降大致方向）及比例尺，求作等高线。

解法：①以高程较高的点为圆心，以两点水平距离为半径作圆；②作直线的刻度；③过低高程点作圆的切线，顺次得一组平行等高线。

4. 两平面平行的画法：两平面的等高线应平行且两平面的下降方向及相等高差的等高线之间的水平距离应相同（即坡度线应平行且坡度相等）。

5. 两平面相交交线的画法：作出这两个平面上的两个任意高程的两对同高程等高线的交点，连接着两个交点即两平面的交线。

6. 示坡线的画法：用长短相间的细线按坡面上坡度线的方向从高处画向低处，即长线和短线都从坡顶画出，长线可画到坡脚，也可只画比短线长一倍左右。示坡线可在坡面上全部画出，也可沿坡顶只分别画出一段。

题型一：已知一条等高线、坡度线及另一个平面的坡度比例尺，求作两平面的交线。

解法：①根据一条等高线及坡度线作另一条等高线；②在另一个平面的坡度比例尺上找到两条等高线所在的高程的点，作垂线，与对应等高线各有一交点，连接两交点即为所求。

题型二：已知标高为 x 的水平面，在地面上挖一基坑，基坑底的标高为 a，已知各边的坡度线（与各边垂直），求作坡面与地面、坡面与坡面交线。

解法：①求出各底边与顶边的高差，乘以平距得其水平距离；②按照比例尺在图中量取各水平距离，沿坡度线的上升方向作各底边的平行线即为坡面与地面的交线；③将坡面顶边交点与坡面底边交点相连即为坡面之间的交线。

题型三：已知标高为 x 的水平面，在地面上挖一基坑，基坑底的标高为 a，已知各边的坡度线（与各边有夹角），求作坡面与地面、坡面与坡面交线。

解法：①以圆锥的顶点的标高投影为圆心，以该点与水平面的高程差为半径画圆弧；②过该边的另一个端点作圆弧的切线与其他切线的交点即为坡面底边的交点。

三、曲线、曲面和地面

1. 曲线的标高投影＝其水平投影＋曲线上一系列点的标高投影（可以只写诸点的水平投影位置和标高）。

2. 曲面的标高投影＝曲面上一系列间隔相等的整数标高的水平面截切曲面所得的等高线。

3. 同坡曲面＝各处坡度都相等且坡度都为 1∶1（如圆锥面等）。

4. 同坡曲面的作法：①在曲面上取一些点，分别以这些点为圆心，以这些点和水平基准面的高程差为半径作圆；②依次作等高线圆的公切线即为等高线；③画好示坡线，其方向为圆心和对应切点的连线方向。

5. 了解地形图的规定。

地形断面图的画法：①作铅垂的截平面并在其水平迹线两端分别画两端粗实线（剖切位置线）并标出编号，编号应写在剖切位置线的投影方向；②在投影方向作一系列的剖切位置线的平行线，平行线间的距离是等高线的高程差；③从剖切位置线与诸等高线的交点作剖切位置线的垂线，与对应诸平行线相交，将所得的交点顺次连接成光滑曲线，即为截交线的真形；④在土地一侧画上自然土壤的材料图例。

6. 直线与地形面的交点的作法：①作出地形面的断面图；②作出直线的断面图；③确定断面图上的贯穿点对应回剖切位置线上即为所求。

7. 注意断面图和剖面图的区别，在标高投影图中一般作地形面的断面图，而非剖面图。

参 考 文 献

［1］于习法．土木工程制图［M］．2 版．南京：东南大学出版社，2016.
［2］林国华，等．土木工程制图［M］．2 版．北京：高等教育出版社，2012.
［3］乐颖辉，等．建筑工程制图［M］．青岛：中国海洋大学出版社，2010.
［4］中华人民共和国住房和城乡建设部．GB/T 50001—2017 房屋建筑制图统一标准［S］．北京：中国建筑工业出版社，2018.
［5］王晓东．土木工程制图［M］．北京：机械工业出版社，2018.
［6］张裕媛，等．画法几何与土木工程制图［M］．北京：清华大学出版社，2012.
［7］邱小林．画法几何及土木工程制图［M］．武汉：华中科技大学出版社，2015.
［8］严寒冰．工程制图［M］．北京：科学出版社，2018.
［9］杜廷娜，蔡建平．土木工程制图［M］．2 版．北京：机械工业出版社，2010.